Architecture Design Manual Ⅲ

Office Building

建筑设计手册 Ⅲ

办公建筑

佳图文化 编

中国林业出版社

图书在版编目（CIP）数据

建筑设计手册. 第3辑. 办公建筑 / 佳图文化主编. -- 北京 : 中国林业出版社, 2015.10

ISBN 978-7-5038-8051-3

Ⅰ. ①建… Ⅱ. ①佳… Ⅲ. ①办公建筑—建筑设计—作品集—中国—现代 Ⅳ. ①TU206

中国版本图书馆CIP数据核字（2015）第145412号

中国林业出版社·建筑与家居出版分社
责任编辑：李 顺 唐 杨
出版咨询：（010）83223051

出 版：中国林业出版社（100009 北京西城区德内大街刘海胡同7号）
网 站：http://lycb.forestry.gov.cn/
印 刷：北京卡乐富印刷有限公司
发 行：中国林业出版社营销中心
电 话：（010）83143500
版 次：2015年10月第1版
印 次：2015年10月第1次
开 本：889mm×1194mm 1 / 16
印 张：17
字 数：200千字
定 价：298.00元

前言

本套书为佳图文化“建筑设计手册”系列图书，同时也是已出版的《建筑设计手册Ⅱ》的延续之作。随着中国经济进入“新常态”，以及建筑业全球化的步伐加快，建筑设计单单满足社会属性、文化属性、艺术属性以及功能属性上的需求是远远不够的。差异化设计、绿色技术、互联网大数据等新思维都为不同类型的建筑设计提出了新的课题与要求。因此，建筑设计的理论是需要革新和深究的。本套书紧跟建筑设计的时代脉搏，站在建筑设计的专业角度，精选国内外案例，系统探讨设计理论，希望能够为建筑设计师以及相关行业读者带来新的视觉和设计灵感。

作为“建筑设计手册”系列图书中承前启后的专业读本，本套书精选案例均为国内外优秀案例，体现了当下建筑设计的前沿思维。内容编排上，由浅入深，从案例的定位、设计理念、设计关键点等方面入手，并配合大量的专业技术图纸，如平面图、效果图、实景图等，力求通过图文并茂的方式为读者全方位深度解构案例使其感受案例设计之精髓。此外，本书沿用“理论＋案例”模式进行内容编排。本套书资料独家、翔实且专业，是不可多得的建筑设计手册。

编者

2015 年 7 月

CONTENTS 目录

第一章　理论分析

第二章　案例分析

产业园办公建筑

总部办公建筑

综合办公建筑

高层办公建筑

第一章
理论分析

在现代城市中，办公建筑与居住建筑一样属于大量性民用建筑，是城市建筑的重要组成部分。又因为公共建筑的属性，办公建筑以其高大的体量与引人注目的形象成为城市地标。从某种意义上说，办公建筑支配着现代城市，只要看一看纽约、伦敦、北京等城市的中央商务区，就会发现那里熠熠闪光的各式办公楼使其他建筑相形见绌。主宰现代城市天际线的已不再是象征上帝和皇权的教堂和宫殿，而是代表经济实力和公司形象的高层办公建筑。

正如工业建筑是工业化时代的象征一样，办公建筑是今天后工业化时代知识经济的象征。办公建筑在当前的社会经济活动中担负着回收、处理、贮存和生成信息与知识的功能，在西方发达国家，超过 50% 的从业人员在各种各样的办公建筑中工作。办公建筑已经成为城市社会、经济、文化发展水平的标志。可以说，办公建筑是进入 20 世纪以来最重要的建筑类型。

一 现代办公建筑的演变

（一）现代办公建筑的诞生

在 20 世纪初期，西方国家办公室工作变得十分普遍且分布广泛。在英国，办公室工作者从 1851 年占工作人口的 0.8%，增加到 1921 年的 7.2%。办公室工作规模的扩大和性质的改变对办公建筑设计产生了巨大影响。这一时期，对现代办公建筑影响深远的设计实践主要来自美国。

路易斯・沙利文 1895 年在纽约州布法罗设计的信托银行大厦，是以同样单元和楼层重复组成的高层建筑物。高层建筑的基本特征就是有许多完全相同的楼层，建筑设计上需要处理好这种重复的韵律。在信托银行大厦的立面上就可以看到整齐排列的细胞式标准办公室，建筑立面主体强调垂直线条，和水平的底层和顶层形成对比。

1904 年由弗兰克・劳埃德・赖特设计的拉金大厦建成（1950 年被拆除），这座大厦的规模、布局和应用技术标志着现代企业办公建筑的到来。拉金大厦将公司员工安排在一个巨大的开放办公空间里，开放空间是企业统一整体理念的体现。拉金大厦为把自然光线和新鲜空气引入建筑，中心部分是 5 层高的采光天井，上面有玻璃顶棚，大厦还配备有原始形式的空调设备。

1911 ~ 1913 年由卡思・吉尔贝特设计的纽约伍尔沃斯大厦建成，大厦高达 52 层，241 m，体形高耸入云，当时记者把它比之为“摩天楼”。直到 1930 年，这座办公建筑都一直是世界上最高的大厦，也是一个技术上的杰作。大厦使用了一套先进的支撑体系，入口与钢框架形成整体，采用模制陶片，赋予建筑立面以彩色条纹效果。大厦的体量和构图使其像一座灯塔，屹立在城市建筑丛林之中。伍尔沃斯大厦完美体现了现代办公建筑相当于“商业大教堂”的理念，被设计成独立的城市地标，无论对公司客户还是从商业理念来说，都具有明显的纪念意义。

20 世纪初建成的这三座办公建筑展现了现代办公建筑的主要特征，典型地反映了直到现在依然重要的办公建筑三项基本要点：适应需求的灵活租用空间、开放式的办公平面布置和公司办公建筑的形象认同感。

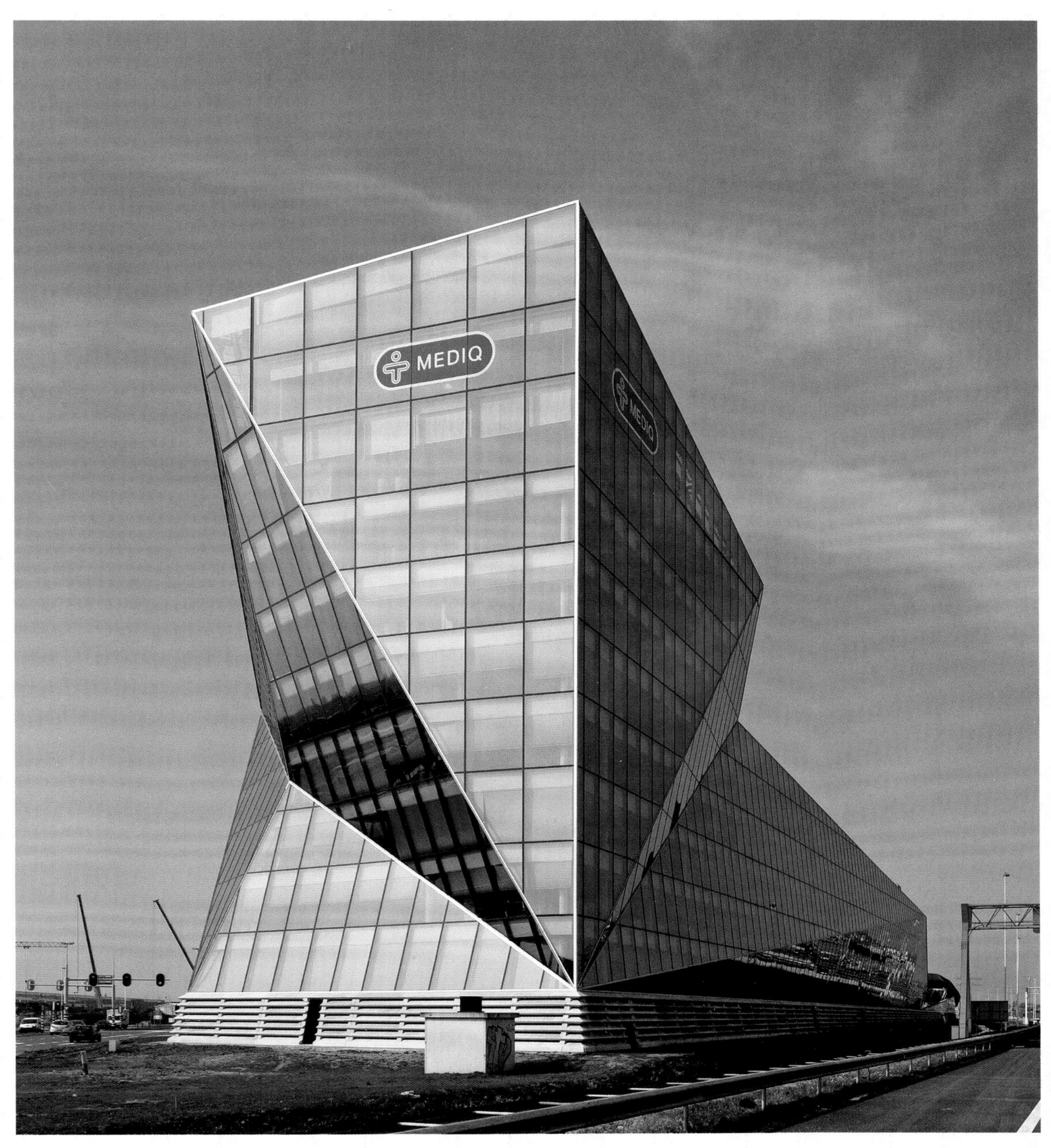

（二）玻璃摩天楼

20 世纪 50 年代，西方国家从二战后的废墟中站立起来，开始了一个无比繁荣的黄金时代，经济的复苏进一步加快了办公工作规模的扩大。乐观主义是这一时期的主要特征。在建筑设计领域，乌托邦式的现代主义理想与商业特色混合导致了现代办公建筑形式的又一次演变，玻璃幕墙表面的高层办公建筑应运而生，风格的引领者依然是美国。

由于建造技术的改进和建筑美学新构思，高层办公建筑获得了新的推动力。在 50 年代先后建成的联合国秘书处大厦、纽约利华大厦、纽约西格拉姆大厦在视觉上最显著的特点就是连续光亮的玻璃幕墙立面。这种新的办公建筑原型很快在美国，以至为全世界大部分地区所沿用，成为风行一时的样板，形成了“国际风格”。

（三）景观式办公空间

西方国家在 20 世纪 60 年代逐渐进入信息时代，信息技术日益普及要求办公建筑能适应企业组织机构的快速变化。变化主要体现在办公建筑内部办公空间模式的探索，这一次欧洲代替了美国，成为办公建筑设计的先锋。

景观式办公空间是德国的一个咨询团体魁克伯纳小组提出的新型办公建筑理念，主要是基于强调互相交流、适应组织机构快速变化和应用新技术的想法，是对早期现代主义办公建筑忽视人际交往的一种摆脱。随着空调技术的采用，大进深办公建筑空间在 20 世纪 60 年代得到认同，这种新型的办公空间受到了美国办公建筑的启发：办公区宽敞、呈开放式、使用空调和人工照明以使大进深空间适于办公、布局自由、色彩柔和、周围环以绿色植物。在景观式办公建筑内部，人际交流不受墙和门的妨碍而自由进行，没有私人办公室，办公桌与其他设备散布各处，员工不论级别都在同一空间内。德国贝塔斯曼出版社的办公楼是第一座景观式空间办公建筑，建筑平面为矩形开放式平面，设有移动式屏风和轻型家具。

景观式办公空间抓住了当时社会更加开放的时代精神，试图消除等级障碍，使办公室成为一个由不同成分组成的有机整体，从而提高办公效率。与传统的办公建筑相比，景观式空间办公建筑除了易于组织办公布局外，建造成本低也是最重要的优点之一。景观式办公空间的大量实践还催生了新型办公家具的出现，办公家具根据不同工作人员的不同行为而专门设计，由一系列模数化的组团式立柜、各种形式的桌子和一些灵活隔断组成。

（四）组合式办公空间

1973 年石油危机引起的经济衰退，降低了景观式办公空间建筑的受欢迎程度。办公空间采暖和照明费用的提高，使景观式办公空间的优点变得昂贵。另外，景观式办公空间自然采光差、缺少室外视野、缺乏自然通风的缺点逐渐暴露出来。调查显示办公室员工们已经不再欢迎景观式办公空间了。欧洲一些国家还出台了相关条例，规定每个员工的使用空间，以保证员工获得自然采光和室外视野的权利。

反映这种趋势的一个实例是1978年滕布姆建筑师事务所设计的佳能公司瑞典总部，这座办公建筑创造了一种组合式办公空间方案，将隔间式办公室与开放式空间相结合。隔间式办公空间是设有玻璃隔断的小房间，沿建筑物周边布置，可以享受自然采光和室外视野，是员工的私用空间，不受其他同事干扰。开放式空间位于建筑中部，配备公用设施，如复印机、档案室、会议室等，开放空间起到了起居厅的作用，促进员工之间的相互交流。

（五）电气化办公空间

20世纪80年代，能源危机接近尾声，商业活动有所恢复，80年代中期，个人计算机成为办公室的普通设备，出现在员工的办公桌上。办公建筑的计算机化成为全球化的发展趋势，办公建筑必须处理数据电缆和个人计算机带来的额外制冷负荷。1986年理查德·罗杰斯设计的伦敦的劳埃德大厦就是为满足这种对电气化办公空间的需求而进行的建筑实践。劳埃德大厦富于表现力的高科技外观，表达了公司的信心和实力。建筑的附属功能设施，如电梯、楼梯、厕所都环绕在建筑物周边，建筑内部有一个从地面到顶部高达72 m的巨大的中庭，中庭之上是一个拱形采光顶，为大进深的平面形式引入天然采光。办公区设计了更高的楼层空间和吊顶，以便安装大量电缆和管线装置。

（六）虚拟式办公空间

20世纪90年代起，随着移动电话、笔记本电脑之类的硬件及诸如互联网浏览器与电子邮件之类的软件等信息技术的发展，带来了办公建筑的“虚拟化”，办公可以变得更“自由”，可以没有固定的上班地点和上班时间。于是，人们开始谈论适合自己的工作场所，当时的杂志也大量刊登人们在咖啡馆、在家里、在水池边工作的图片。随之而来就产生了办公建筑上的变化，也就是虚拟式办公空间模式。一个有趣的例子就是荷兰政府的动态办公大厦，这座大厦综合了组合式办公空间与桌面共享办公的理念，构思的出发点来自员工在大厦内的活动行为，针对不同的活动行为设计了不同的工作场所：有单独活动的专用办公室、适合团组工作的开放式办公空间以及各种非正式办公区。

现代办公建筑演变一览表

时 间	典 型	时代特征	代表地区
20世纪初	白领工厂	战前	美国、欧洲
20世纪50年代	玻璃盒子	战后	美国、欧洲
20世纪60年代	景观式办公	组织机构快速变化、建造成本因素	德国、瑞典
20世纪70年代	实验性办公	1973年石油危机、能源问题、经济衰退	欧洲（瑞典、荷兰）、英国
20世纪80年代	电气化办公	经济恢复、个人计算机使用、信息技术、智能建筑	英国、北欧
20世纪90年代～至今	虚拟式办公	信息技术发展（互联网、笔记本电脑）、“自由办公”	英国、北欧

二 办公建筑的分类

随着现代商业的蓬勃发展、互联网技术的不断深化以及社会的高度分工，办公建筑从过往单一的办公空间演变出不同类型的办公建筑。本书则根据办公建筑的职能性，将办公建筑划分为综合办公建筑、高层办公建筑、产业园办公建筑以及总部办公建筑四大类型。

（一）综合办公建筑

它指在一个建筑物中同时拥有多种功能的办公楼，在这类办公楼的设计中，重要的是要设定整体的概念，决定如何将不同的功能组合在一起。根据这个要求就必须合适的对综合的功能进行整理和统一，流线设计很重要，还有在上下楼层不同功能重合时，要对结构、跨度的调整进行研究。

（二）高层办公建筑

它是高层建筑和办公建筑两个“集合”的“交汇”。它既具有高层建筑的共性，又具有办公建筑的特性。它也是为各种组织机构办公活动使用的高层建筑物。值得一提的是，国外高层办公建筑形式可以归纳为三种：可供出租使用的高层办公建筑、专用高层办公建筑以及政府办公楼。

（三）产业园办公建筑

它又称为“产业园独栋办公园区”或“商务公园”。在国外，它以密度低和宜人环境为特点共享公园式办公。在国内，它依然处于初级发展阶段，为固定企业单位服务，员工组成、空间要求明确，发展为定位明确、服务多元、可租可售、完善配套的产业园。

（四）总部办公建筑

它最大的关注点在于企业形象。企业的性质乃至其追求的企业形象直接反应在总部办公建筑上。由于它和企业有着紧密的联系，所以在功能需求上呈现出复杂性，在办公空间上呈现特殊化。此外，它注重公司内部交流活动，注重体现企业文化和企业形象。

三 办公建筑设计建议

（一）建筑设计

现代办公建筑的组成通常分为建筑外壳和承租人改造两部分。承租人可以利用各式各样的空间性能来对适应办公楼的内部构造进行改造，空间类型包括办公会议室场所、自动数据处理设备室、图书室空间、零售店、餐饮部等。另外，办公楼建筑通常还要设立地下停车场以及地面停车场。现代办公楼建筑设计要考虑的方面有很多，包括建筑外观、经济目标、用途、附属结构要求、运转时间、开放情况、防火等级、建筑安全问题，还有建筑受攻击可能性评估等级、长期需求的持续性、发展可能性、组织和群体大小、集会必备设施，以及电子技术和设备要求、特殊装卸升降和仓储条件、交通运输工具的要求和类型等。

高层办公建筑往往以其宏伟的尺度和巨大的体量，给观者以强烈的视觉感受，同时也决定和影响着所在城市区域的艺术风格和美学价值。通过对基地环境的细致分析，来寻求既能体现现代化办公建筑新颖、独特的整体风范，还要与城市周边环境协调一致的建筑形象。当真正把建筑看做是城市环境的一部分时，建筑设计不仅仅是简单意义的单纯设计，单纯满足使用功能、技术和经济等方面的要求，已不再是设计的全部内容。强调环境与城市对存在于其中的建筑的重要性，探求空间形体与内在秩序的和谐统一，是设计方案的基点。设计首先要对建筑环境进行理性分析和比较，提出一个符合美观、高效、适用、经济等发展原则的布局方案，力求达到城市景观界面的连续性。以北方为例，根据气候寒冷的特点，应采用集中布局，主要入口应有交通便利的道路，并能提供宽阔的城市公共空间，在视觉效果方面和谐统一，同时还要考虑其他三个方面与城市景观是否和谐，界面是否连续，以此来确定建筑位置，主体与裙楼的体量、形式以及功能布置。创造一个造型新颖、轮廓优美的建筑形象，体现现代化建筑对城市环境的尊重，显示现代办公建筑的气势不凡，别具一格的高层主体。

建筑型体组合与造型是办公建筑设计中的重要环节。建筑型体组合与造型是建筑空间组合的外在因素，它是内在诸因素的反映。建筑的内部空间与外部体型是建筑造型艺术处理问题中的矛盾双方，是互为依存，不可分割的。完美和谐的建筑艺术形象往往总是内部空间合乎逻辑的反映。

（二）结构设计

高层办公建筑多为生产、办公综合性建筑，不同的功能要求建筑提供适应的空间形式，不同使用性质要求建筑塑造与之相协调的风格特点。作为现代办公建筑，功能要求必须放在首位，平面布局把行政办公部分与技术用房分开，并尽可能使平面布局具有更大的灵活性。集中中心可设一个现代化中枢，使之与功能空间形成一个整体，为各层提供一个不同形式的趣味空间。多功能报告厅可布置在裙楼首层，在院内设单独入口，满足大量人流疏散要求。生产技术、智能化技术用房集中在建筑主体塔楼部位，相对比较独立，现代化中庭与办公走廊连接，中庭设有回廊，共同形成“办公室内街”，将高层办公建筑的内部功能划分变得富有弹性，既能形成明确的竖向分区，又能满足不同要求的大、中型办公室，在使用过程中，可动态地根据需要改变格局，具有更大的可变性和适应性。

总部办公建筑的设计充分考虑到该建筑坐落的位置，以现代建筑优美的韵律体现高格调的形式美，表达建筑规整、大气、稳重的城市印象。空间设计风格新颖、别致，完整的建筑群组空间内力求秩序与理性，强调体积感。位于核心区域内的办公，立面风格强化主角地位，但仍然简洁大方，突出体积感带来的力度，群组建筑底部商业部分变化比较丰富，营造商业气氛，广告、站牌框窗固定设计位置。设计在统一中追求变化与节奏重点突出。

外檐材料采用高级涂料、铝板、玻璃幕墙，强调材料细节构造做法，既突出总部办公建筑的时尚感，又表现了办公环境的朴实、亲切。

四 办公建筑设计发展趋势

（一）智能化

随着国门的开放及信息化、全球化的深入，现代的办公建筑要求设备系统先进的智能化水平。办公建筑内部一般都要配有更为先进的设施设备：中央空调、高速电梯、监控设备、有用现代通讯手段的高级会议室等。而智能化建筑至少应具备五大要素：楼宇自动化系统、保安自动化系统、消防自动化系统、通讯自动化系统、办公自动化系统。此外，还有智能化建筑的综合布线系统把各系统有机地联系在一起，把现有的、分散的设备、功能和信息集中到同一的系统之中，实现系统集成，实现图文、数据、语音信息的快速传递。办公建筑的智能化为客户的生活和工作提高了效率和提供了方便外，同时，也给建筑设计公司带来了管理上的挑战。

大量高新技术和多学科技术竞相在办公建筑物业应用，可视电话、多媒体、自动控制技术已不再陌生，国际信息高速公路、能量无管线传输等尖端科技也会在这片沃土上扎根，因此这就给建筑设计行业提出新的要求，如何提高从业人员，特别是专业技术人员的专业知识，更好地提高管理服务水平，是亟待解决的问题。对智能化建筑建筑设计来说，建筑设计应该是高新技术服务性行业，即便是目前一般的高层大厦，楼宇自控、宽带网络已比较普及，也离不开技术人员的专业服务，否则保证设备设施的高效运行就无从谈起。如果对用户提出的问题，一问三不知，服务质量就是一句空话，智能化建筑的建筑设计，只有满腔热情是不够的。

根据现有的建筑设计法规，各专项业务可委托专业公司承担。但是对整个智能化的弱电系统来说，专业面比较广，它集楼宇自动化、通信自动化、办公自动化、综合布线和系统集成于一体，况且目前社会专业化服务体系还不完备，完全依赖专业公司是不现实的，也很难保证服务质量和服务水平，这还不同于电梯保养、空调保养等相对独立的单项业务分包。

因此物业公司应积极吸收和引进计算机技术和电气自动化专业的人才，建立良好的培训机制，除加强对从业人员的服务意识培训外，还要对专业技术人员加强综合布线系统、自动控制理论和计算机技术的培训，不断适应日益发展的智能化建筑需要。

（二）个性化

由于城市土地资源的紧缺和人口的增长，加上强大的市场推动力，从建筑形式来看，建造越来越高的办公建筑仍是主要趋势。办公建筑突出的外部造型特征可以有效彰显公司形象。

在城市规划层面，办公建筑的城市空间分布特征呈现一种集约化倾向，不同类型的办公建筑相对集中于城市的一定区域内，如中央商务区、行政中心区、金融中心区、科技创新园区等。办公建筑作为城市整体环境的组成部分，其单体的开发建设与城市规划设计紧密关联。办公建筑的外部形象设计应以城市整体环境功能和形态考虑为先，研究与城市及相邻建筑间的关系，在此基础上进行建筑单体形象设计。办公建筑在城市特定区域成簇群的出现，使整个办公建筑群体成为具有标识性的场所，办公建筑形象的意义因为群体标识性而得以扩展。办公建筑必须处理好城市群体标识性与单体造型特征塑造之间关系，过分追求单体建筑的个性特色，往往造成城市景观的光怪陆离与杂乱无章。北京中关村创新园区在建设之前进行了城市设计，总体空间布局采用了“整体设计、点轴结合、组团布局”的原则，也有 45 m、60 m、80 m 三个控制高度。局部亦形成了较为统一的城市片段。但从总体建成效果来看，虽然单体建筑各有

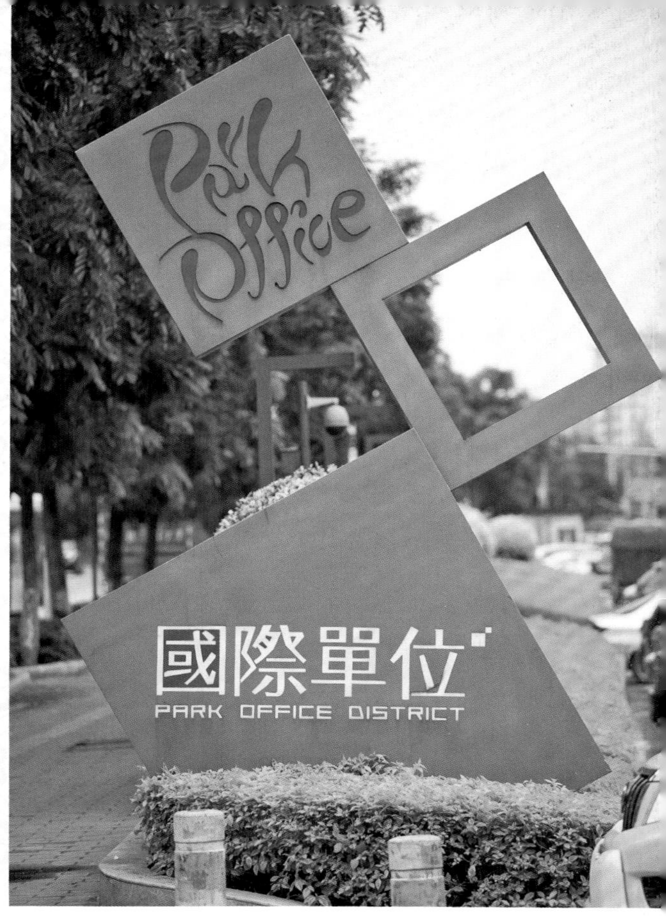

创新，可是由单体罗列形成的群体，仍显得凌乱无序。究其原因，还是单体建筑之间缺乏设计逻辑上的联系，单体的个性远大于群体的共性。

（三）人性化

办公空间的组织模式更加强调员工的工作环境。人们认识到办公环境如何布局，员工如何交流想法，如何吸引最杰出的人才，是企业运作成功的关键，工作环境也反映出企业文化。办公建筑设计将更加关注室内办公环境，在办公空间设计方面有三种趋势：一是更开放更透明的空间；二是无区域划分式办公空间；三是建筑内部流线组织的变化。开放透明的大空间仍将是办公建筑主流的空间组织方式，具体做法是将开放式办公空间与中庭和空中花园相结合。中庭是极具魅力的空间，可以将自然光线引入建筑空间的深处。办公区域有绿化和休闲活动空间穿插其间，为人们的休憩、洽谈、交流提供良好环境。同时，人们还希望能够控制自己的环境，渴望拥有自己的个人领域，能够看到室外景观，更喜欢自然采光。办公空间不仅要有高效的利用率和灵活性，还应满足人类天性的基本需求。

无区域划分式办公空间是一种新潮思维，员工只有个人小橱柜，没有固定的办公场所，员工相互共享他们的办公空间，有可能每天被指派到一个不同的地点工作。互联网和移动技术的发展，使这种“无领土”的办公观念成为可能，员工甚至可以在休息廊或咖啡厅里工作。英国电信大厦的许多办公空间都是无区域划分式的，远程办公的发展使员工在办公室的时间可以更少，其结果是英国电信大厦中的3 000 位员工共享 1 300 个办公空间，从而也节省了办公空间。

办公建筑内部不同的人流动线组织模式会带来办公空间设计上的变化。传统的办公建筑多在入口处设置专用门厅，人们经由门厅进入电梯厅，乘坐电梯至各个楼层，最后到达办公场所。在这样的流线组织中，交通流线空间都是封闭的，空间昏暗、令人郁闷。当代办公建筑采用开放式大堂空间组织流线，并在其中设有休息和服务设施，电梯与中庭相结合，设置玻璃景观电梯，使公共空间开敞明亮，提高建筑内部人流动线的可视化程度，建筑内部的公共场所也会增添安全感。

（四）绿色节能化

节能建筑是指遵循气候设计和节能的基本方法，对建筑规划分区、间距、太阳辐射、建筑朝向、群体和单体以及外部空间环境进行研究后，设计而成的低能耗建筑。由于节能建筑具有良好的冬暖夏凉效果，可以使房间的气温不随着室外的气温变化而变化，这样大大减少了能源的浪费。随着我国经济的飞速发展，对能源的需求也在迅速增长，在能源日益匮乏的今天，绿色节能办公建筑的发展是必然趋势。

第二章
案例分析

产业园办公建筑

- 专业集群
- 前沿基地
- 工业设计
- 科创一体

中林科技产业园

- 项目地点：中国广东省深圳市宝安区
- 建设方：深圳市宝能投资集团有限公司
- 设计单位：华阳国际设计集团
- 总建筑面积：600 000 m^2
- 容积率：2.89

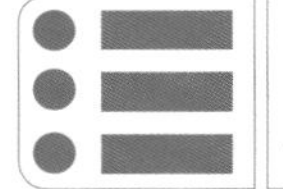

产业园办公建筑

关 键 词

● 形象鲜明 ● 错落天际线 ● 半围合空间

项目亮点

在厂区的造型设计上，设计方遵循体现高科技现代产业园区形象面貌的原则，通过体量的组合穿插与表面材质的变化，营造与环境相融的园区建筑形态。整体造型上，大尺度的建筑体量彼此镶嵌，构成错落的天际线使得整个园区形象鲜明，并赋有标志性。

项目概况

中林科技产业园位于深圳市九大重点发展园区之一的“龙华—观澜—坂雪岗高新区”的区域中心位置。基地所处地区将是特区外新的产业聚集区域，也是深圳市新城区最重要的组成部分。

总体规划

项目总体规划上，将单层木材加工厂设置在地块西北侧，将仓库设于东侧紧邻五和大道，产业厂房设于地块中部，便于货物车辆和人流的进出。各部分相互形成两条空间主轴贯穿园区，划分了不同的功能区间及环境。园区厂房采用回环半围合的方式，通过四栋 L 型及板式厂房的转折连续组合，使空间得以流动，既避免了简单围合的封闭，又形成了亲人尺度的丰富环境。

在园区中心通过大尺度的围合，形成大型的中心主题广场，配合下沉的地下室广场，提供了鲜明的园区形象的同时提升生活质感。而居中的高科技研发厂房主动后退留出城市小广场，厂房间的围合所构建的绿化环境人性化地绽放于城市环境中，营造丰富的尺度之外，最大限度地实现多样化的生活场景。

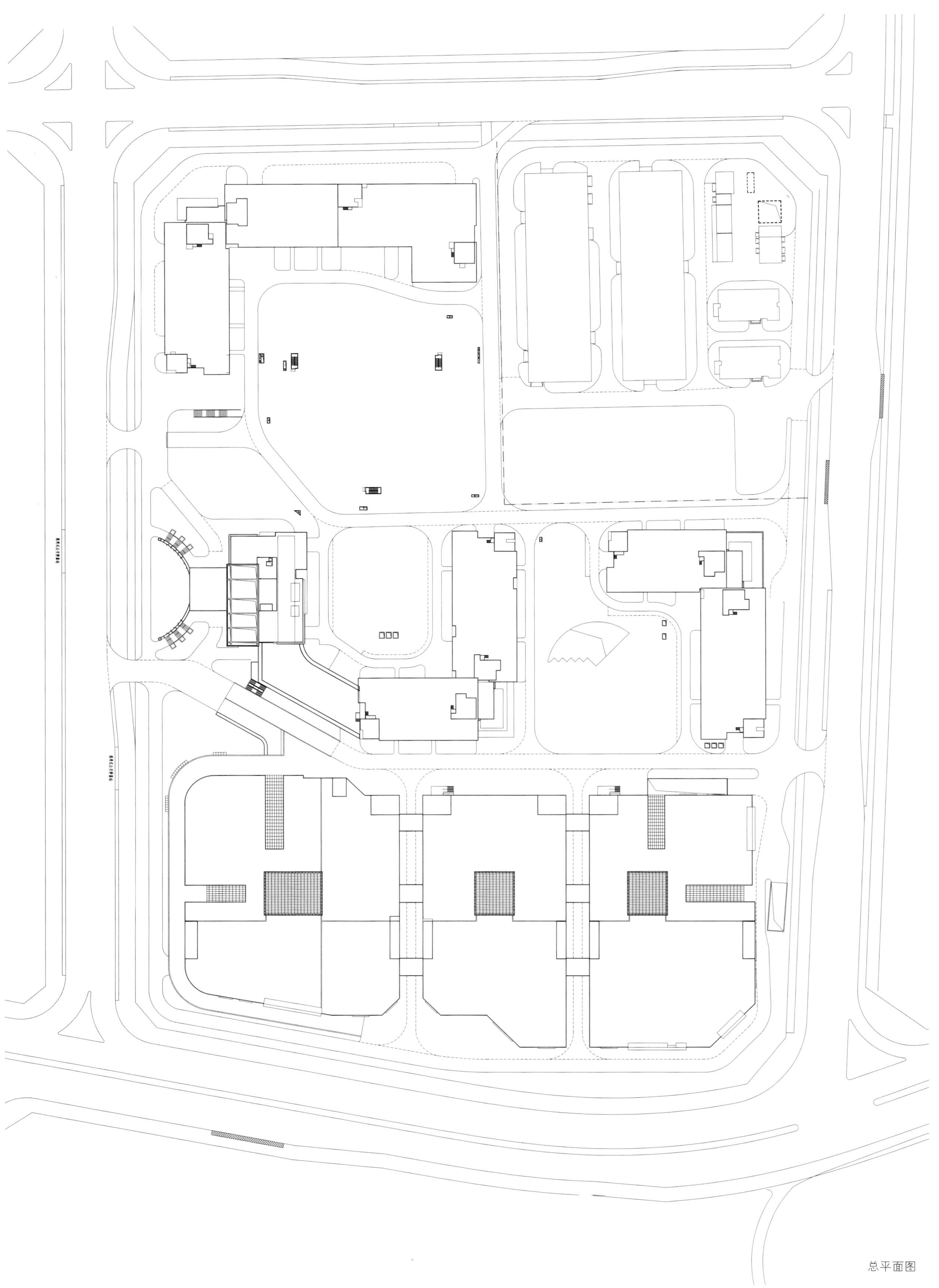

总平面图

设计思路

作为具有国际化标准的综合性现代化环保生态型高科技产业基地，设计的挑战是如何做到“小中见大”，在有限的空间内打造更多休闲公共空间；如何组织梳理交通流线；如何闹中取静，避免外界的不利影响以创造自然环境及周边建筑群体的和谐共生。

造型设计

在厂区的造型设计上，设计方遵循体现高科技现代产业园区形象面貌的原则，通过体量的组合穿插与表面材质的变化，营造与环境相融的园区建筑形态。整体造型上，大尺度的建筑体量彼此镶嵌，构成错落的天际线使得整个园区形象鲜明，并赋有标识性。建筑的单体设计上，仓库强调变化中的联系，摒弃不必要的装饰，通过南、中、北分块，外墙局部进退和随机的开窗方式，兼顾了造型与功能之需。

景观设计

整体园区环境以生态、环保、健康为原则，为使用者提供一个优良的工作与交往空间。仓库屋顶和地面设置多层次的绿化；园区通过厂房间的相互围合，形成各种尺度的广场与绿化空间。同时，地面绿化结合下沉广场，使绿化景观立体化及多样化，增加了环境的趣味和实用性。在公共空间的处理上，除了传统意义上的入口、空中花园、阳台等空间外，通过相互半围合的空间关系，增加了各栋建筑之间的关联，更重要的是为公共空间生活带来更多的可能性，焕发新的光彩。

6 栋 A 型厂房北立面图

7 栋 A 型厂房南立面图

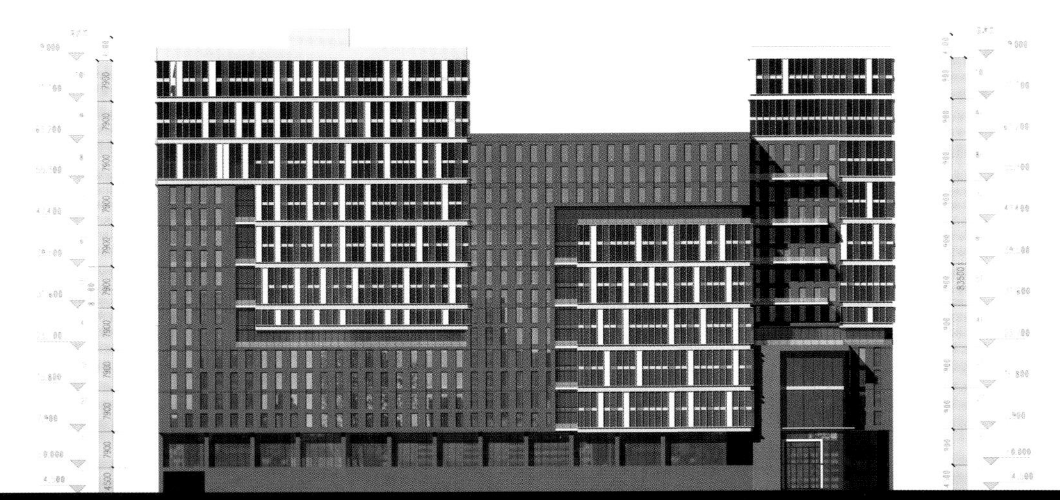

9 栋 A 型厂房西立面图

150万m²城市商务综合体

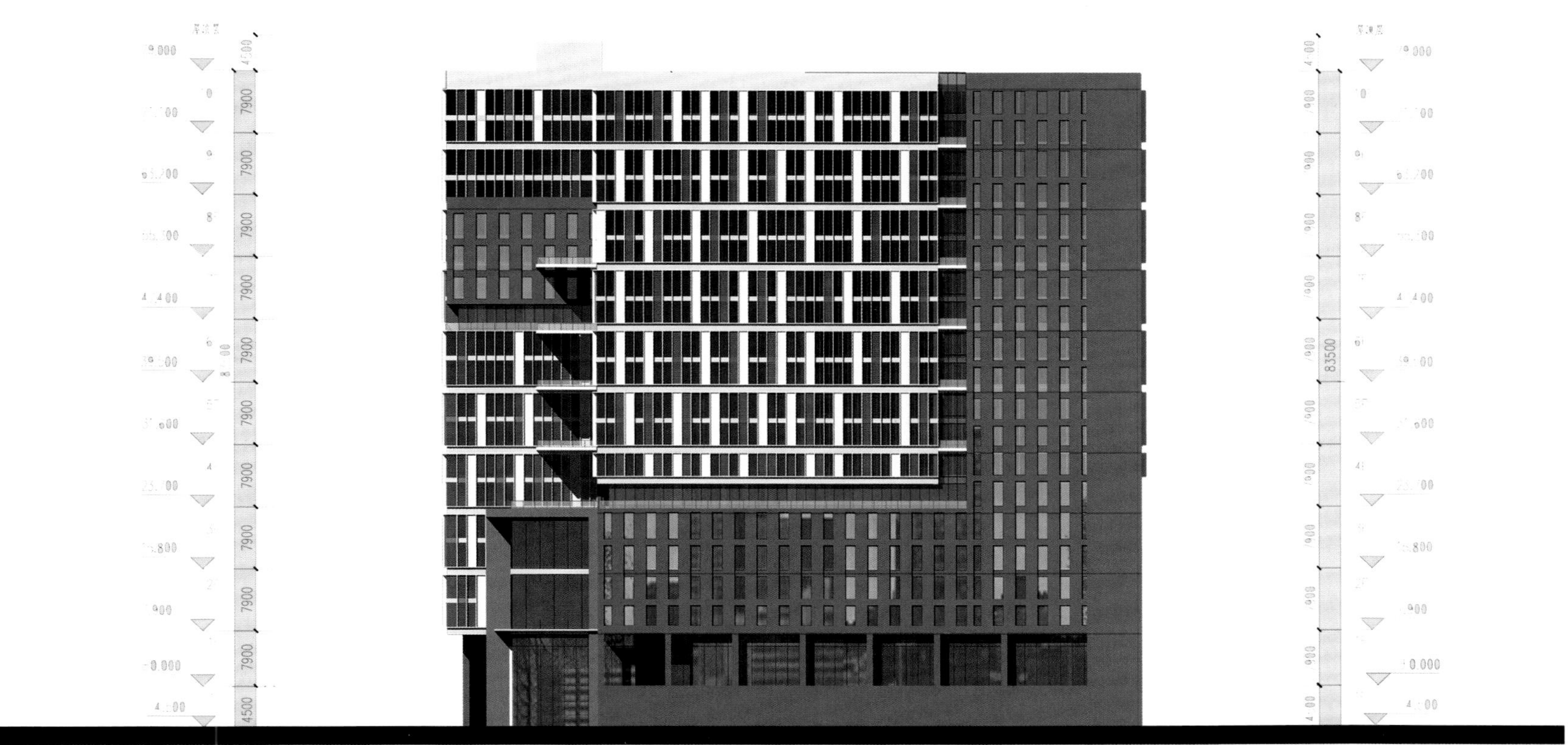

9 栋 A 型厂房南立面图

8 栋 B 型厂房南立面图

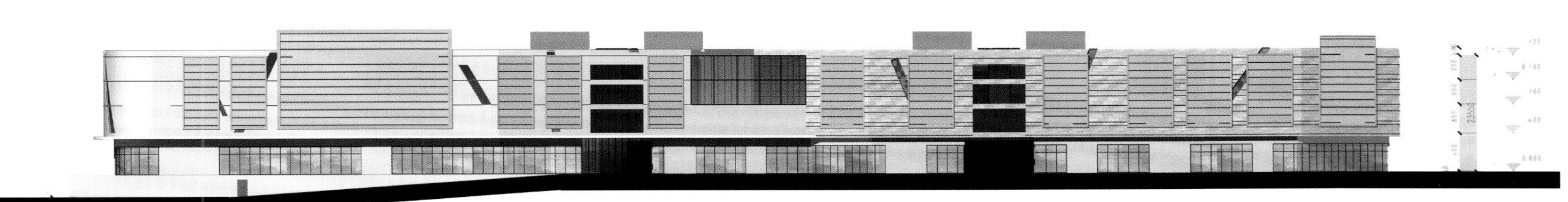

345 栋仓库东立面图

345 栋仓库南立面图

厦门机场查验业务用房

- 项目地点：中国福建省厦门市
- 建设单位：厦门国际航空港集团有限公司
- 建筑设计：美国 KLP 建筑设计有限公司
- 用地面积：30 000.967 m^2
- 建筑面积：39 500 m^2
- 容积率：1.1
- 绿化率：35%
- 竣工时间：2014 年 5 月

关键词 ● 立面简洁 ● 庄重大方 ● 虚实相宜

建筑的外观设计着重体现机场查验业务用房庄重大方的公众形象；简洁的立面彰显各部门高效迅捷的执法能力；符合公共建筑应具有持久的生命力、且不过时的要求。

项目概况

厦门机场查验业务用房项目用地位于厦门市湖里区墩上，五石路以南，与机场相邻。总用地面积 30 000.967 m^2，总建筑面积 39 500 m^2，其中地上建筑面积 33 000 m^2，地下建筑面积 6 500 m^2。本项目由机场查验业务用房主楼及附属驻勤宿舍楼、餐厅、多功能用房、室内体能训练场馆等用房组成。

规划布局

建筑功能布局合理，易于施工；南北向布局，满足建筑通风采光的要求。主楼沿南面规划路布置，具有良好的可视性和可抵达性，与周边环境相谐调。辅楼沿东侧规划路设置，与主楼相呼应，办公区和生活区均有最佳视景。

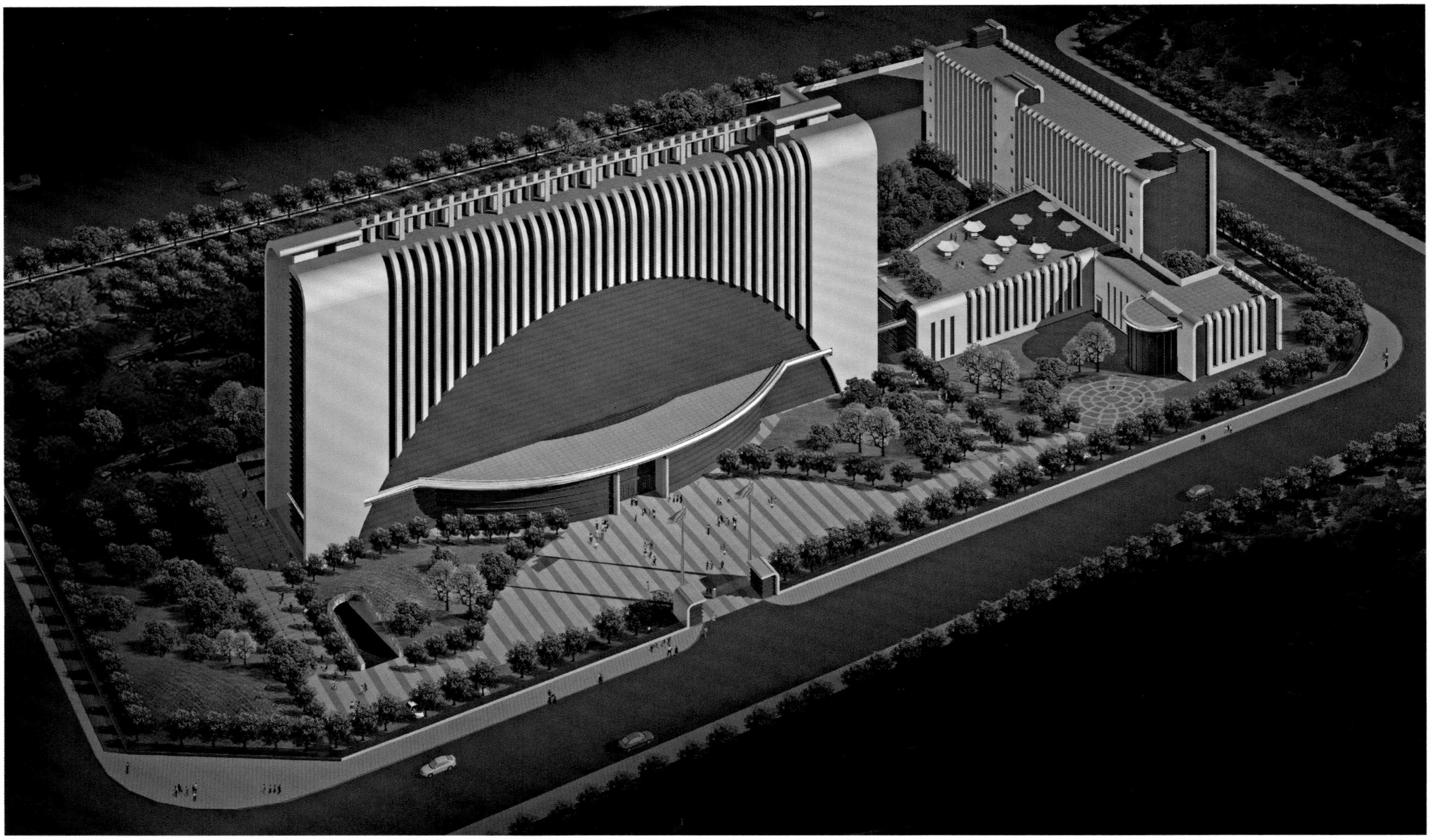

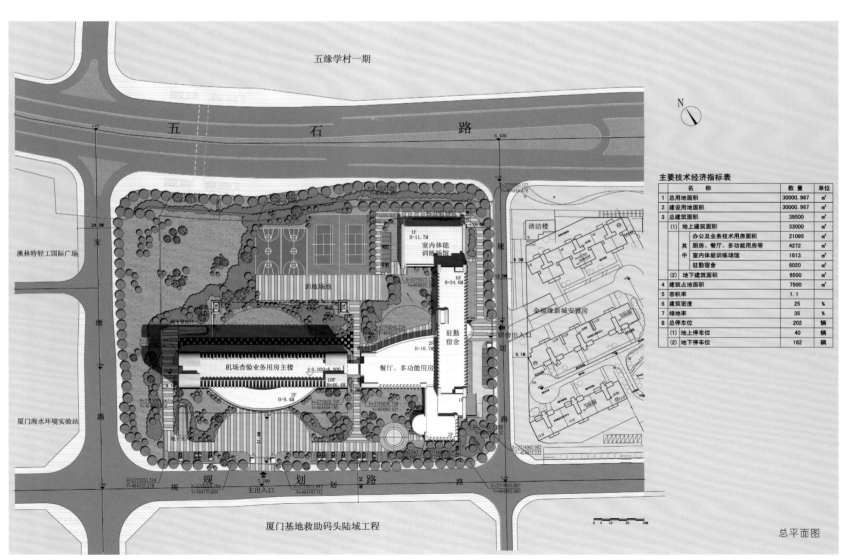

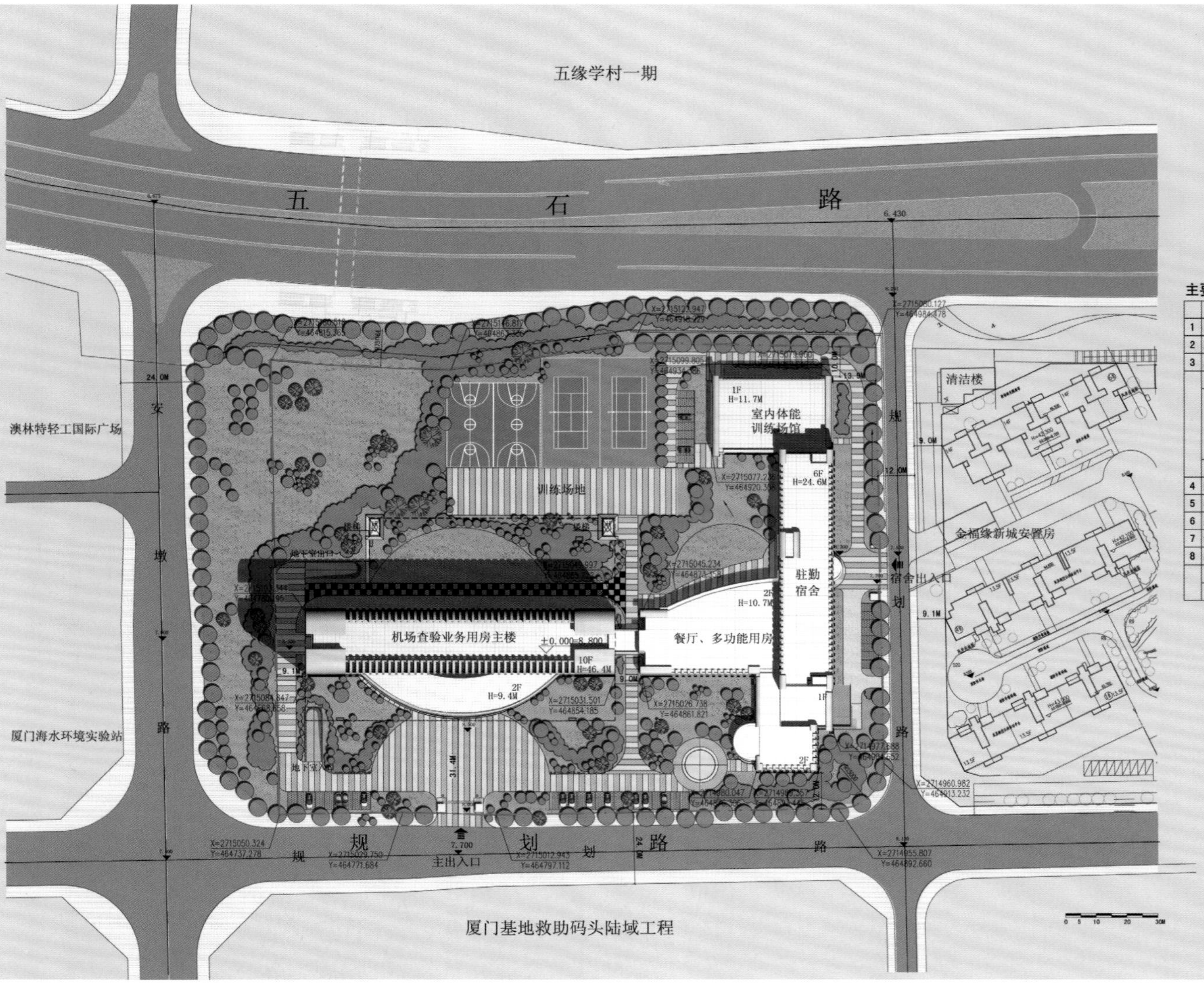

主要技术经济指标表

	名称			数量	单位
1	总用地面积			30000.967	m²
2	建设用地面积			30000.967	m²
3	总建筑面积			39500	m²
	(1)	地上建筑面积		33000	m²
		其中	办公及业务技术用房面积	21095	m²
			厨房、餐厅、多功能用房等	4272	m²
			室内体能训练场馆	1613	m²
			驻勤宿舍	6020	m²
	(2)	地下建筑面积		6500	m²
4	建筑占地面积			7500	m²
5	容积率			1.1	
6	建筑密度			25	%
7	绿地率			35	%
8	总停车位			202	辆
	(1)	地上停车位		40	辆
	(2)	地下停车位		162	辆

总平面图

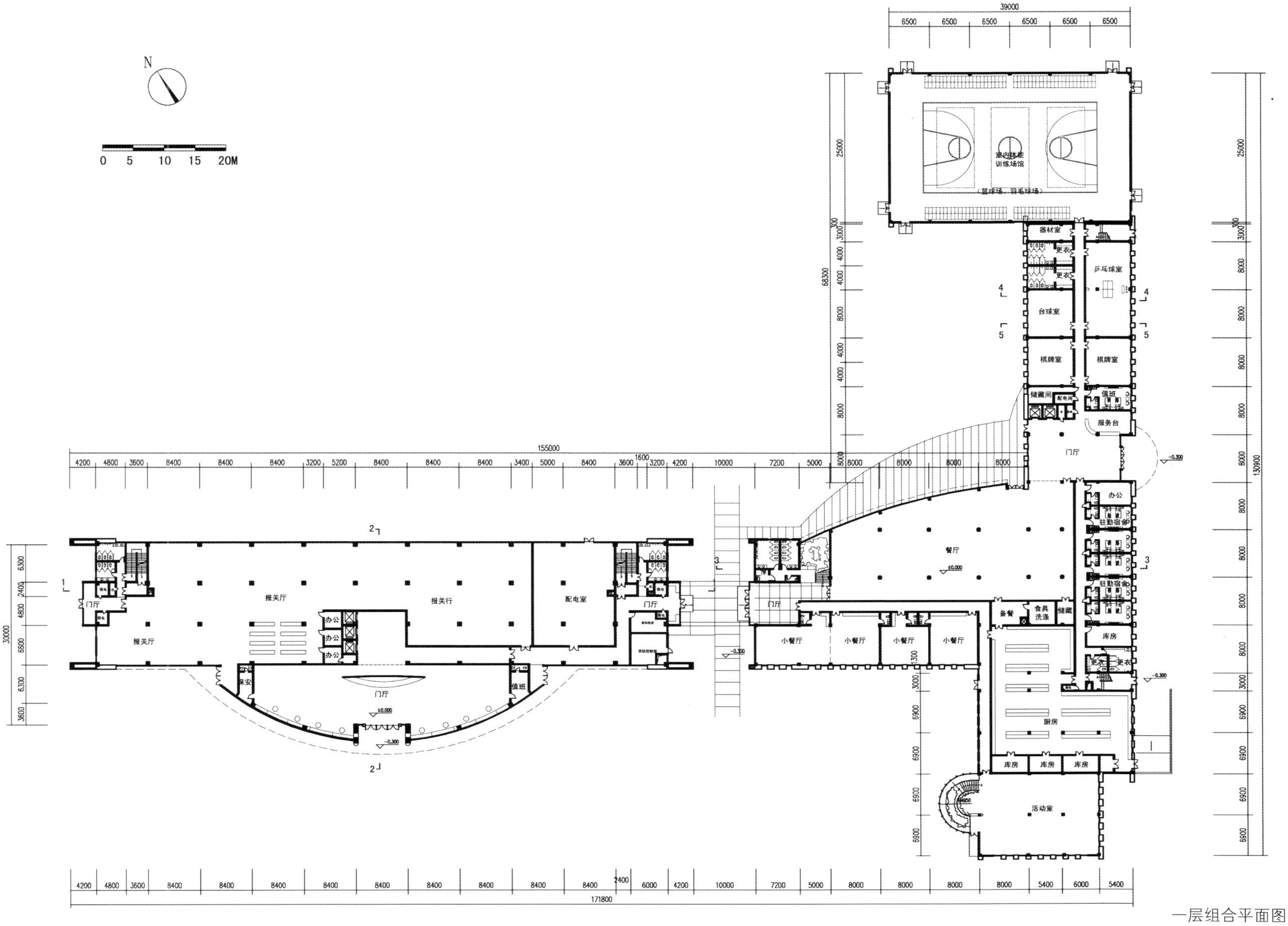

一层组合平面图

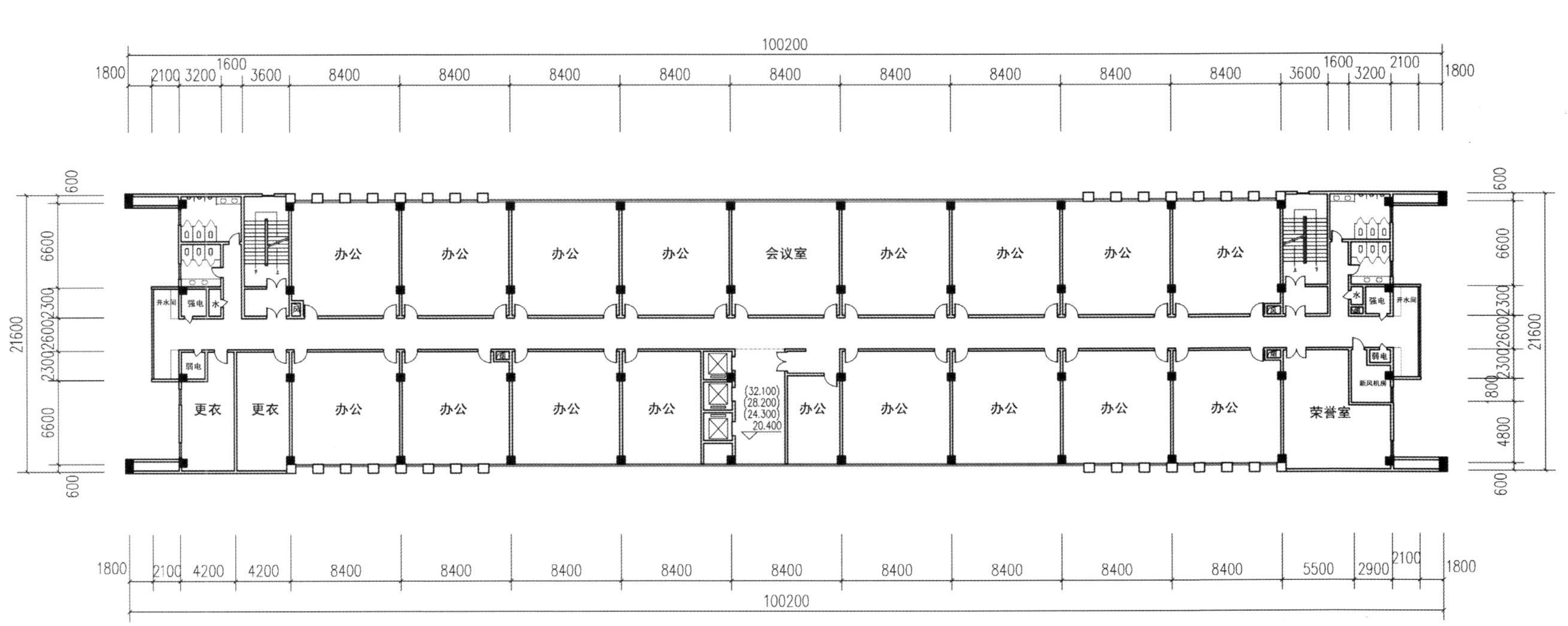

主楼 六～九层平面图

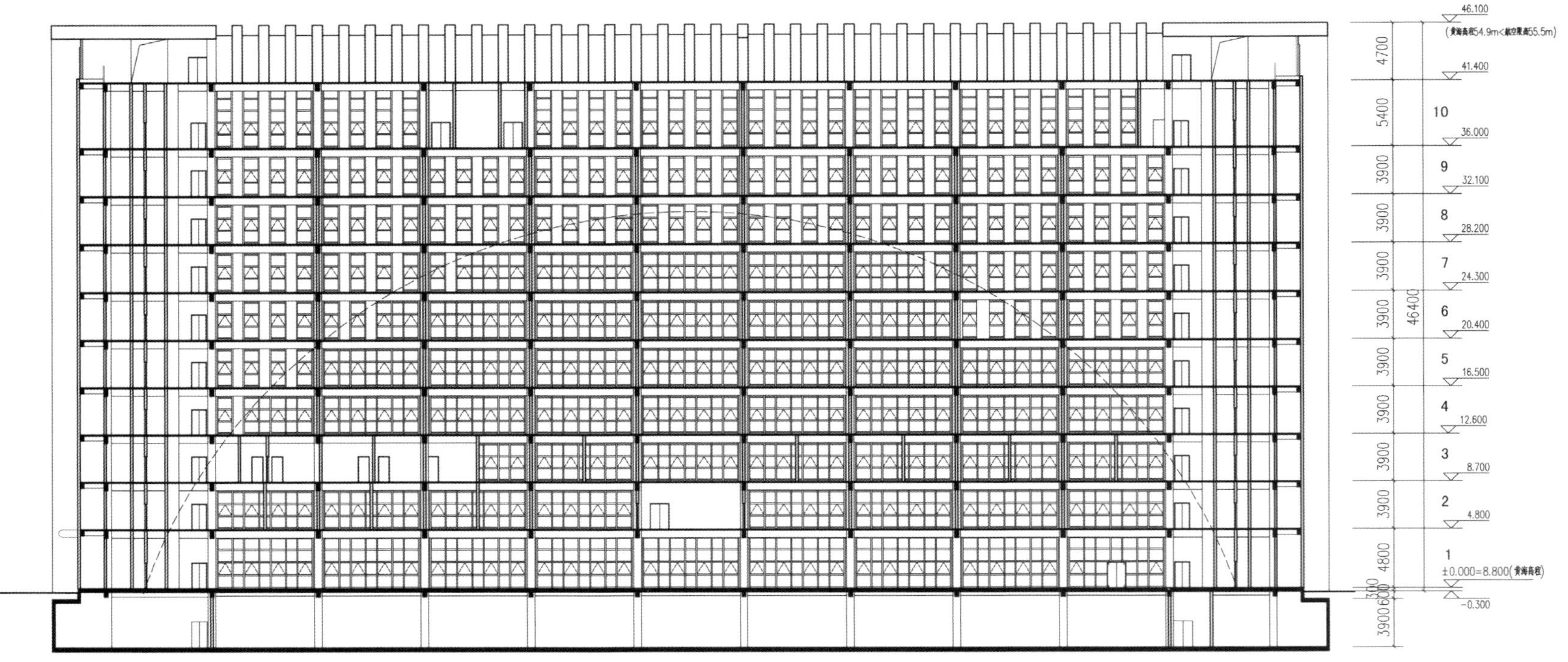

46.100
(黄海高程54.9m<航空限高55.5m)
4700
41.400
5400
10
36.000
3900
9
32.100
3900
8
28.200
3900
7
24.300
3900
46400
6
20.400
3900
5
16.500
3900
4
12.600
3900
3
8.700
3900
2
4.800
4800
1
±0.000=8.800(黄海高程)
300
600
-0.300
3900

主楼　1–1 剖面图

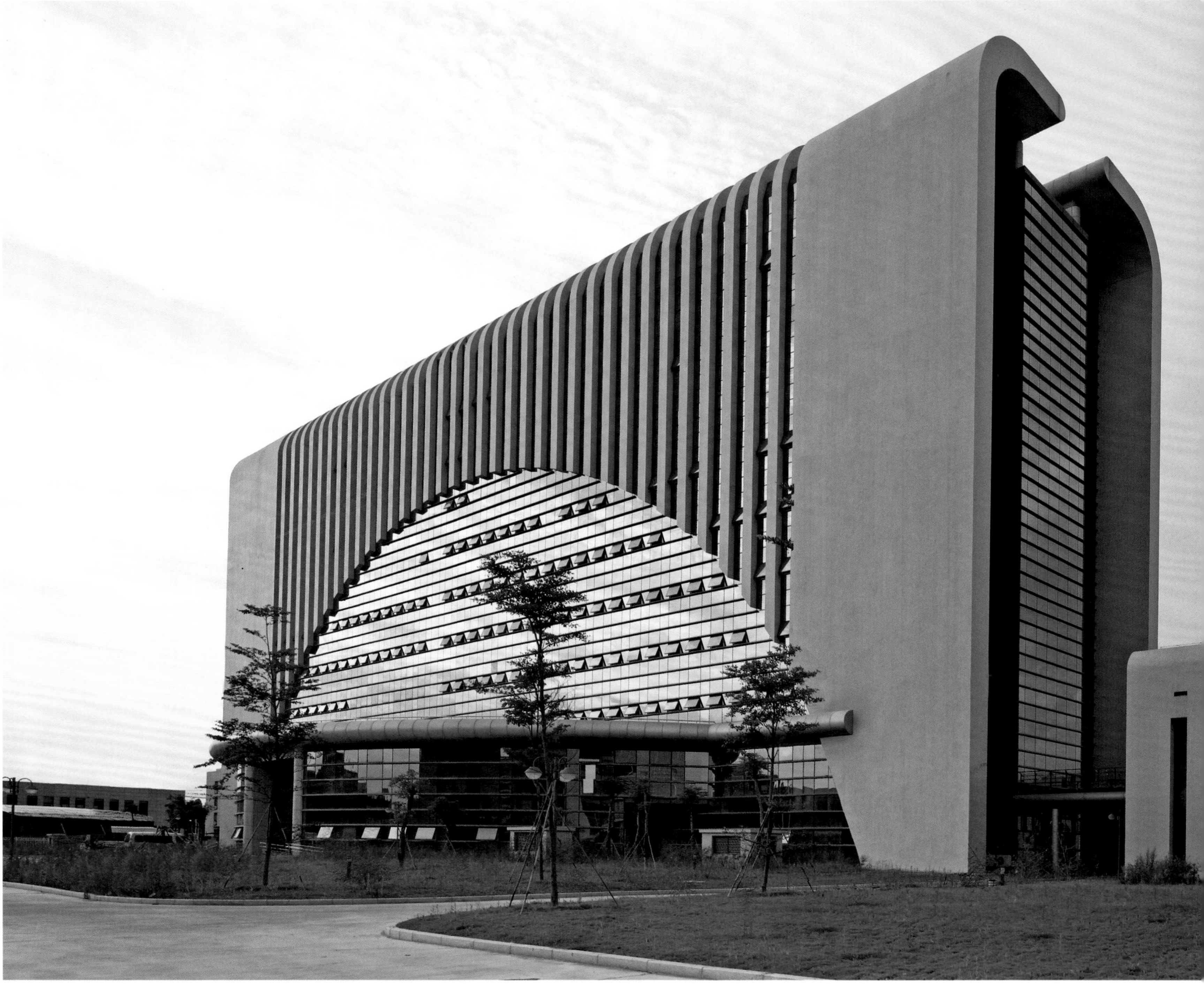

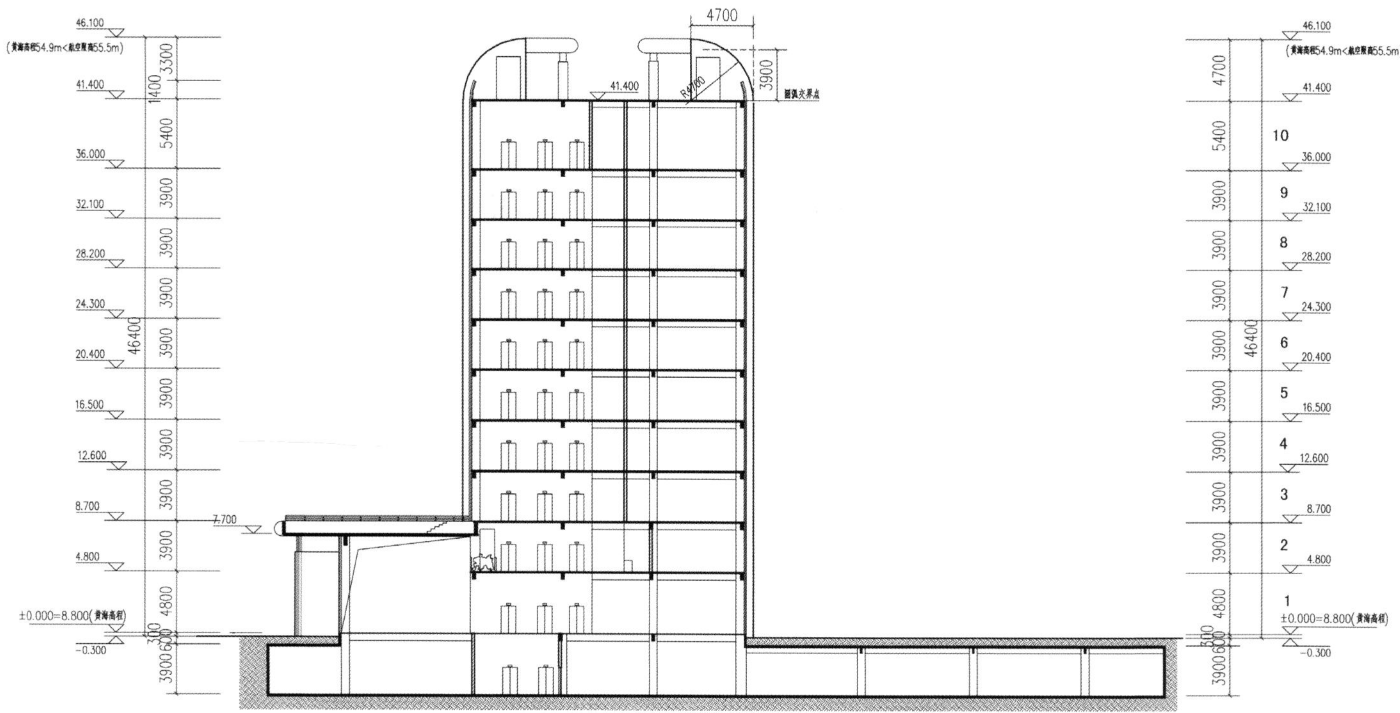

主楼 2-2 剖面图

立面设计

建筑立面由简洁的几何线条“方”和“圆”构成，开竖向条窗，顶部弧形收头，削弱建筑的天际线，使得所有的纵向线条隐入浩荡晴空。正立面圆拱内的玻璃上加有横向遮阳板，整体建筑虚实相宜、对比强烈。建筑两端侧面呼应立面简洁造型。

建筑的外观设计着重体现机场查验业务用房庄重大方的公众形象；简洁的立面彰显各部门高效迅捷的执法能力；符合公共建筑应具有持久的生命力、且不过时的要求。

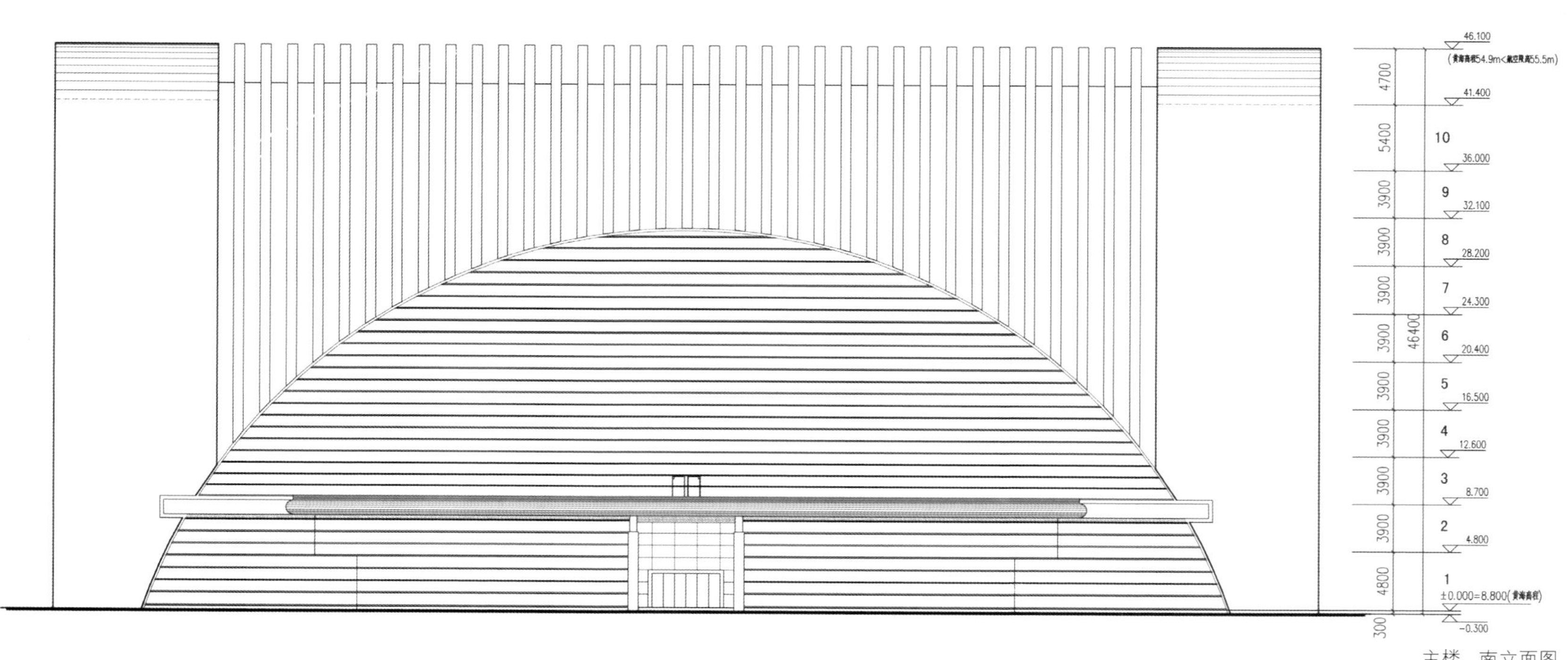

46.100
41.400
4700
10
5400
36.000
9
3900
32.100
8
3900
28.200
7
3900
24.300
6
3900
46400
20.400
5
3900
16.500
4
3900
12.600
3
3900
8.700
2
3900
4.800
1
4800
±0.000=8.800
300
-0.300

主楼　南立面图

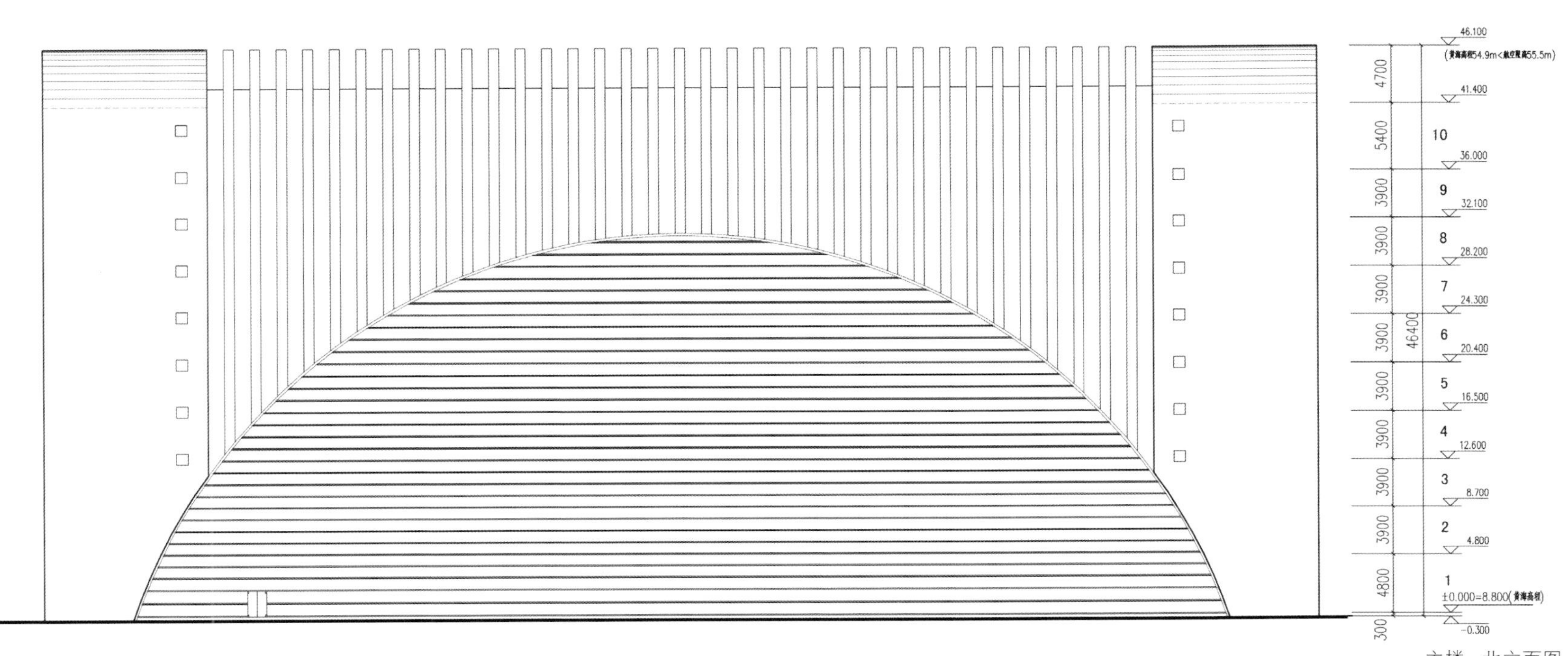

46.100
4700
41.400
5400
10
36.000
3900
9
32.100
3900
8
28.200
3900
7
24.300
3900
46400
6
20.400
3900
5
16.500
3900
4
12.600
3900
3
8.700
3900
2
4.800
4800
1
±0.000=8.800
300
-0.300

主楼 北立面图

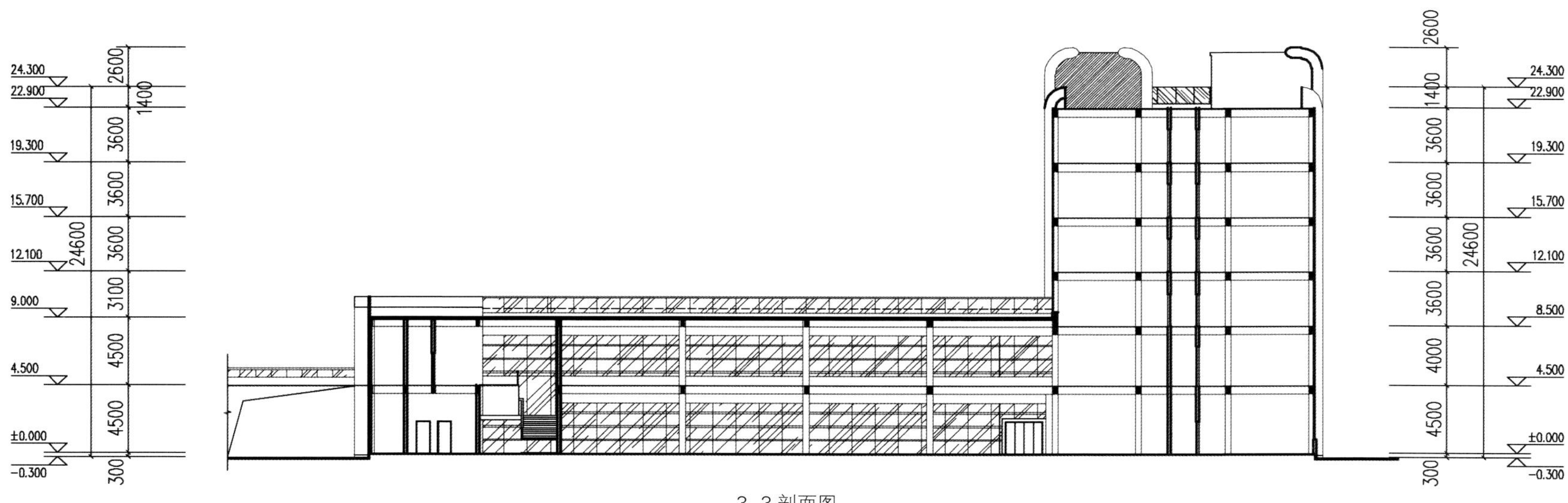

3-3 剖面图

驻勤宿舍剖面图

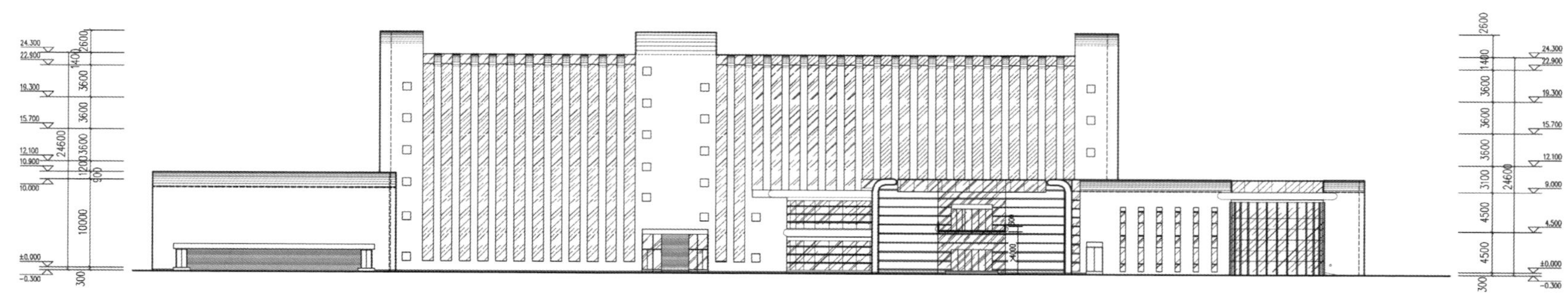

西立面图

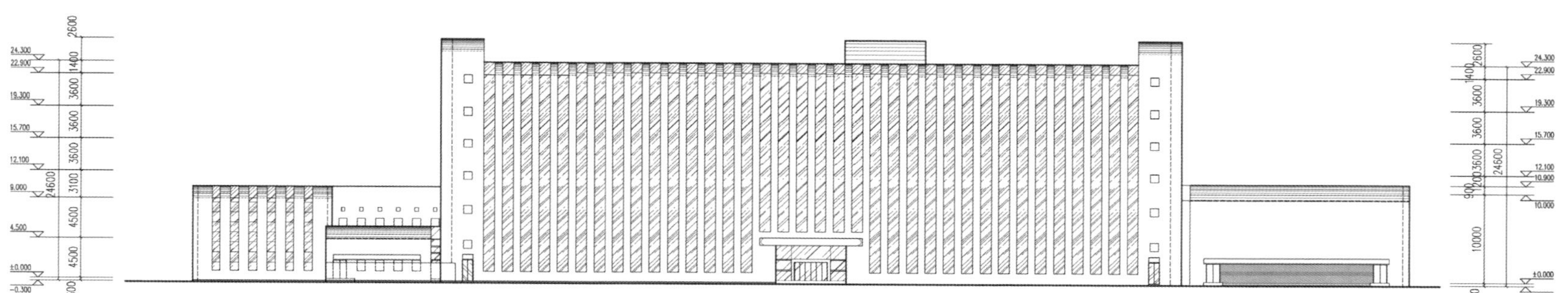

东立面图

2600
1400
3600
3600
3600
3100
4500
4500
300
24600
24.300
22.900
19.300
15.700
12.100
9.000
4.500
±0.000
-0.300

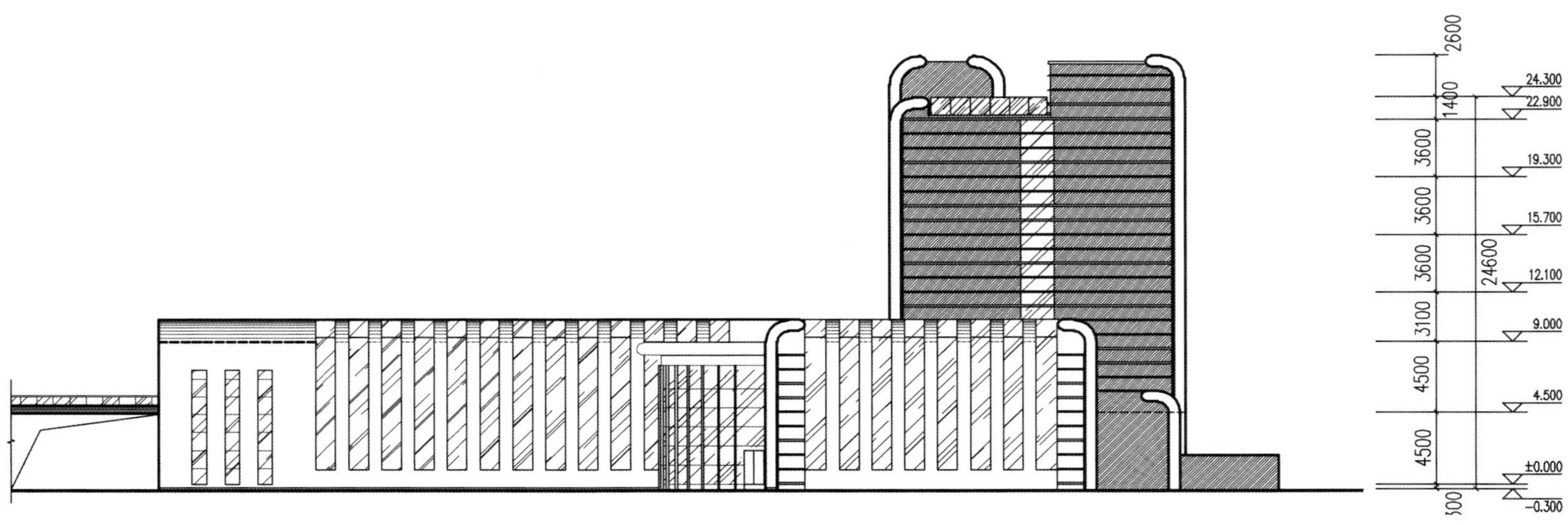

南立面图

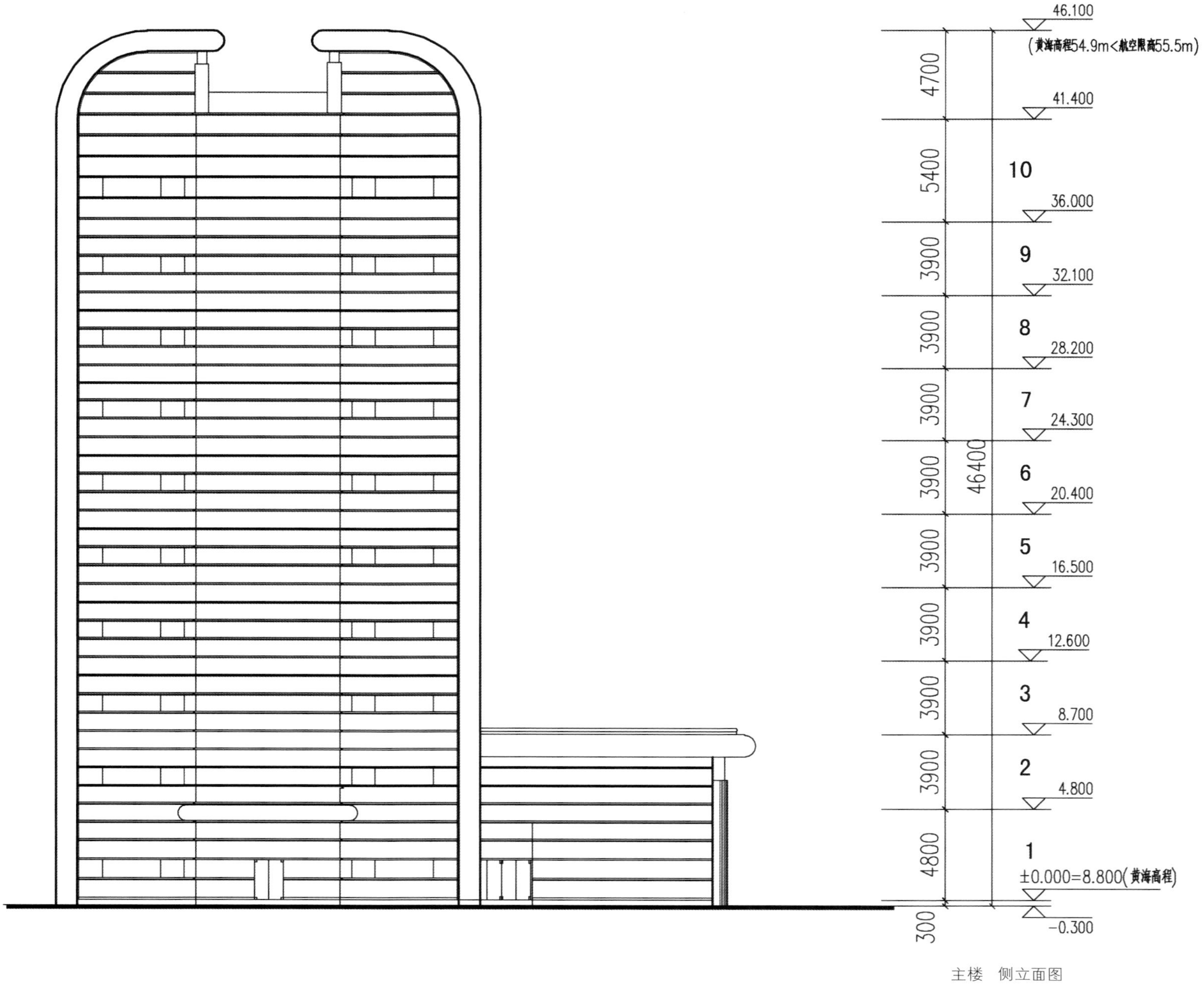

46.100
(黄海高程54.9m<航空限高55.5m)
4700
41.400
5400
10
36.000
3900
9
32.100
3900
8
28.200
3900
7
24.300
3900
46400
6
20.400
3900
5
16.500
3900
4
12.600
3900
3
8.700
3900
2
4.800
4800
1
±0.000=8.800(黄海高程)
300
-0.300

主楼　侧立面图

固安卫星导航产业港展示中心

- 项目地点：中国河北省廊坊市
- 客户：华夏幸福基业固安航天城发展有限公司
- 建筑设计：维思平（WSP ARCHITECTS）
- 主设计师：吴钢
- 设计团队：谭善隆、余劲松、高超、王斐然
- 用地面积：114 320 m^2
- 建筑面积：144 099 m^2
- 容积率：1.25
- 竣工时间：2014 年

关 键 词

● 简洁地形 ● 转角空间 ● 适度私密性

项目亮点

景观设计为强调项目整体品质和项目的独特个性，将建筑元素从建筑形体上延伸到景观铺地上，形成项目的整体基调。具有韵律的铺地为项目营造统一基底，在基底上用简洁线条划分出道路与绿地，在内庭与商业形成便捷的联系。

项目概况

项目位于河北省固安工业园区航天科技城东端入口，紧邻科技大道和规划三路两条城市主干道。尤其是东西向贯穿园区的科技大道，是本项目最重要的交通干线和景观展示方向。

规划布局

为了展示本项目的整体特征，方案将 1.1 期选址于科技大道和规划三路的交汇处，包含了整个入口区和研发、生产的所有典型单元组团。规划结构将研发组团结合入口区设计于用地南侧，临科技大道展开；生产单元组团设计于北侧。南入口面对主入口区，作为整个园区的形象入口；北入口设置于安康路，作为功能性入口。南北入口之间，设计园区的主景观轴线，沿景观轴线建筑间距适当放大，构成园区中央花园。

道路结构布局

道路结构采用“外环 + 内部”路网格局，外环路作为园区的主干路，满足大部分货流的运行需求，内部路网主要为小车和人行使用。停车方式为全地上模式，利用外环路一侧设置大部分停车位，剩余部分分散设置于内部路网沿线。

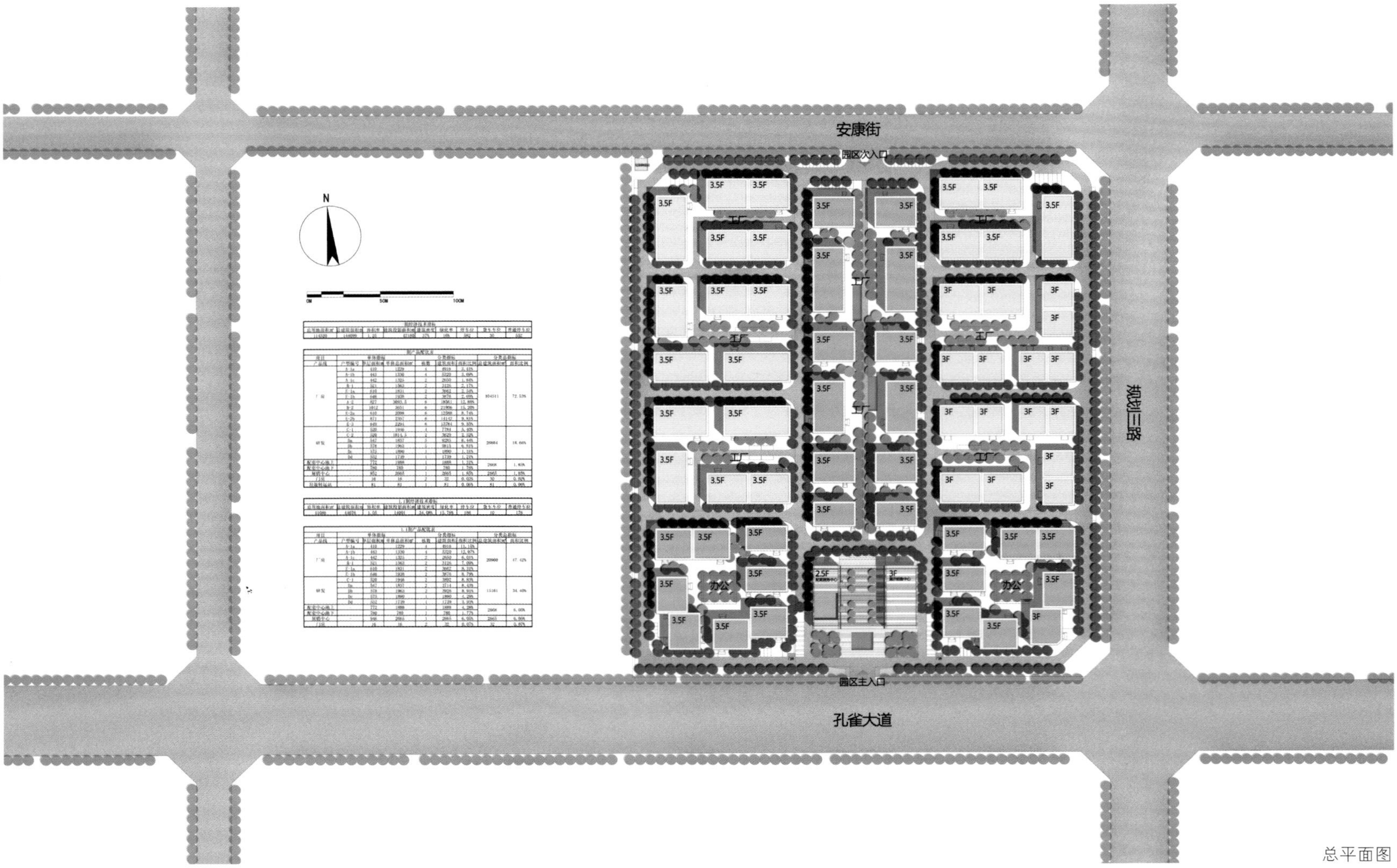

总平面图

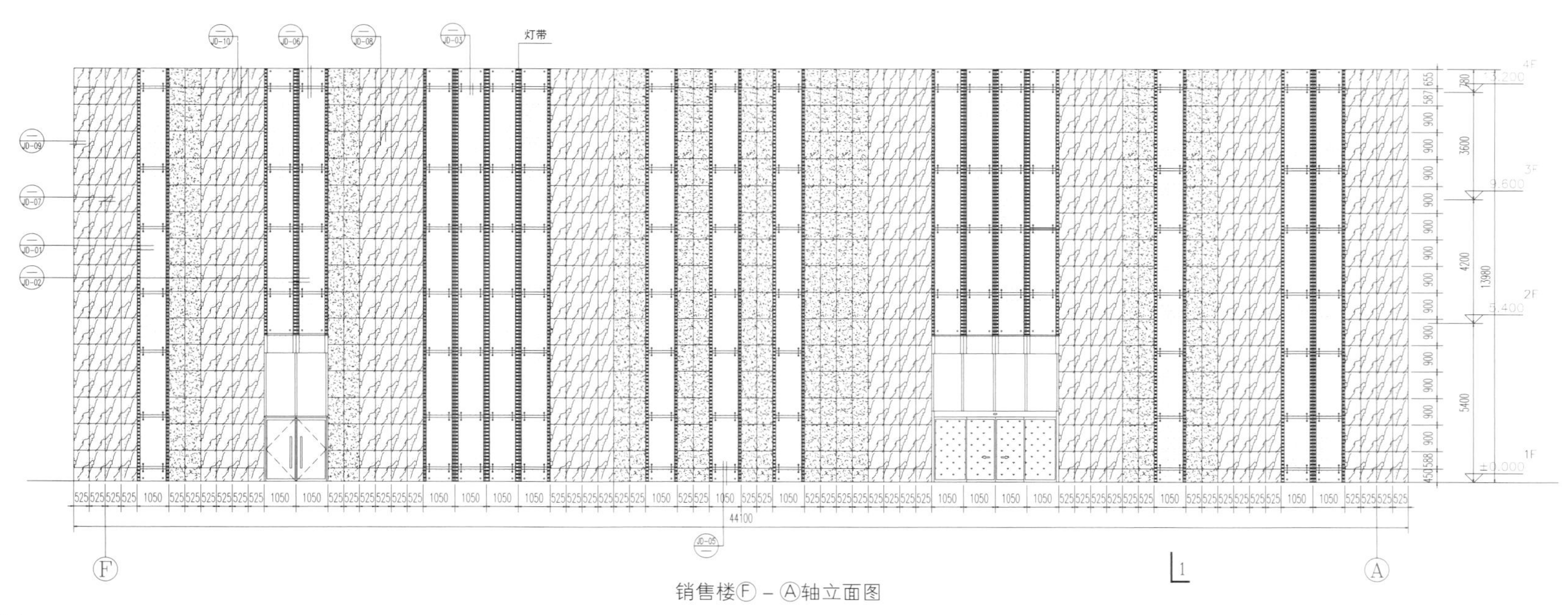

销售楼Ⓕ－Ⓐ轴立面图

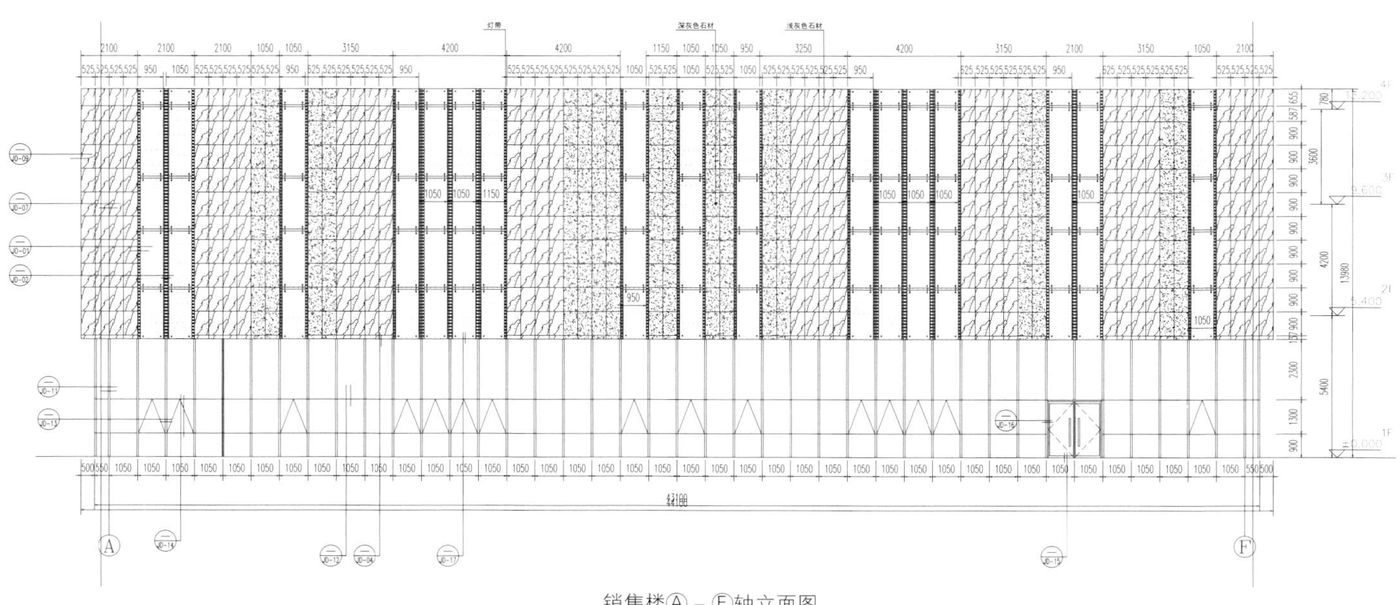

销售楼Ⓐ－Ⓕ轴立面图

组团设计

研发组团

研发组团位于园区南侧入口区的两侧。研发组团是园区的对科技大道临街组团，其产品定位略区别于生产组团，将以研发办公和试验作为招商方向，功能定位灵活，体量拼接灵活。单体体量为 3.5 层，在东南角转角处降为 3 层，以呼应转角空间的需求。研发单元的一层也设计为 6 m 层高，便于兼作生产空间使用。第 3.5 层有半层露台，可以作为研发人员的活动平台，提高空间的灵活度。

生产组团

生产组团位于园区的中部和北侧，是园区内的主要产品。生产单元的空间结构与研发组团相似，层高首层 6 m、2 层 4.5 m、3 层 3.6 m，以适应由生产到办公的不同楼层需求。生产单元为 3 层平层。组团方式为两种：中央花园组团为开放式组团，组团景观对园区开放，作为公共花园；两侧组团为半私密模式，组团景观主要对内使用，以形成适度的私密性。

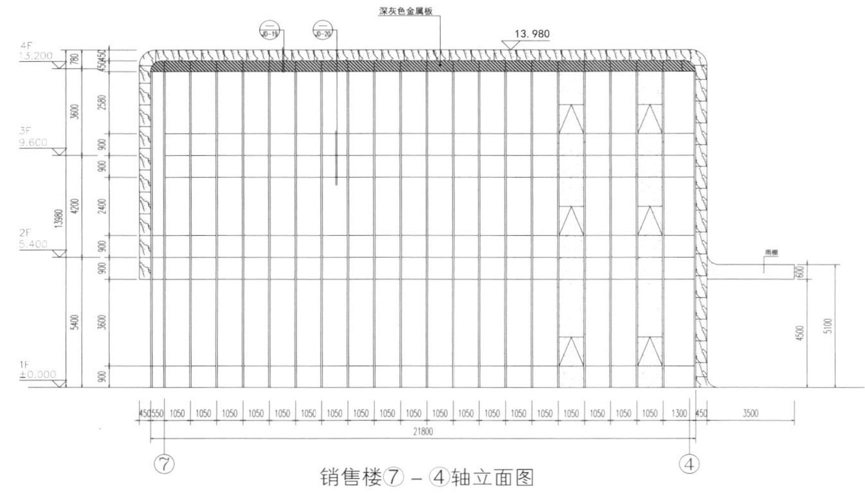

销售楼⑦ – ④轴立面图

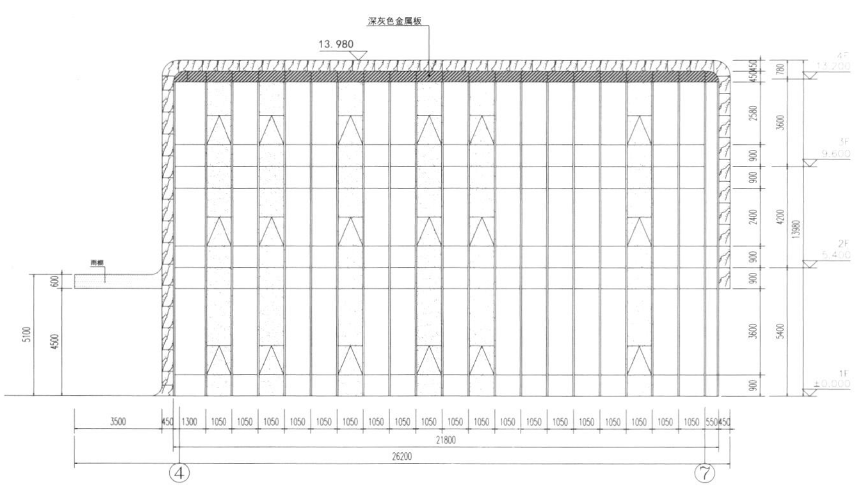

深灰石材
浅灰石材
3mm铝板
6+12+6深灰镀膜中空玻璃
6+12+6low-e浅灰中空玻璃

销售楼④ – ⑦轴立面图

1–1 剖面图

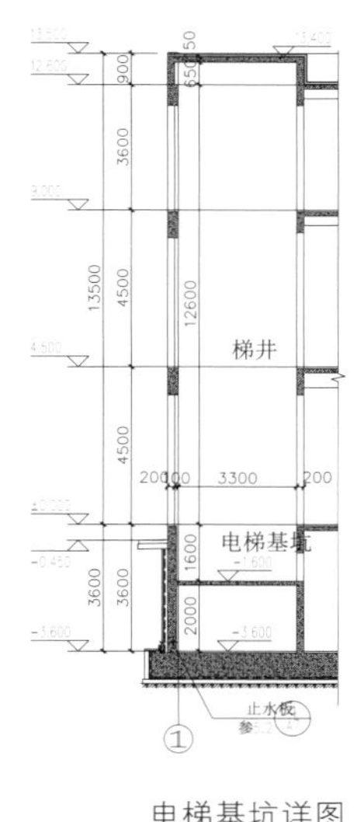

电梯基坑详图

景观设计

景观设计为强调项目整体品质和项目的独特个性，将建筑元素从建筑形体上延伸到景观铺地上，形成项目的整体基调。具有韵律的铺地为项目营造统一基底，在基底上用简洁线条划分出道路与绿地，在内庭与商业形成便捷的联系。在临街商业区，景观设计将铺地、灯光与坐凳与建筑立面相一致，打造浑然一体的纯粹商业。在内庭与商业间简洁的轴线景观中，引入生态设计，利用自然排水收集雨水、营造水景，利用铺地形成各种休闲场所。在内庭中，营造简洁地形，尽可能地种植树木，形成一种自然生态环境。

景观设计延续建筑简练的手法。设计统一的基调、简洁的道路、自然的绿地、生态的水景营造一种前卫的生活方式。

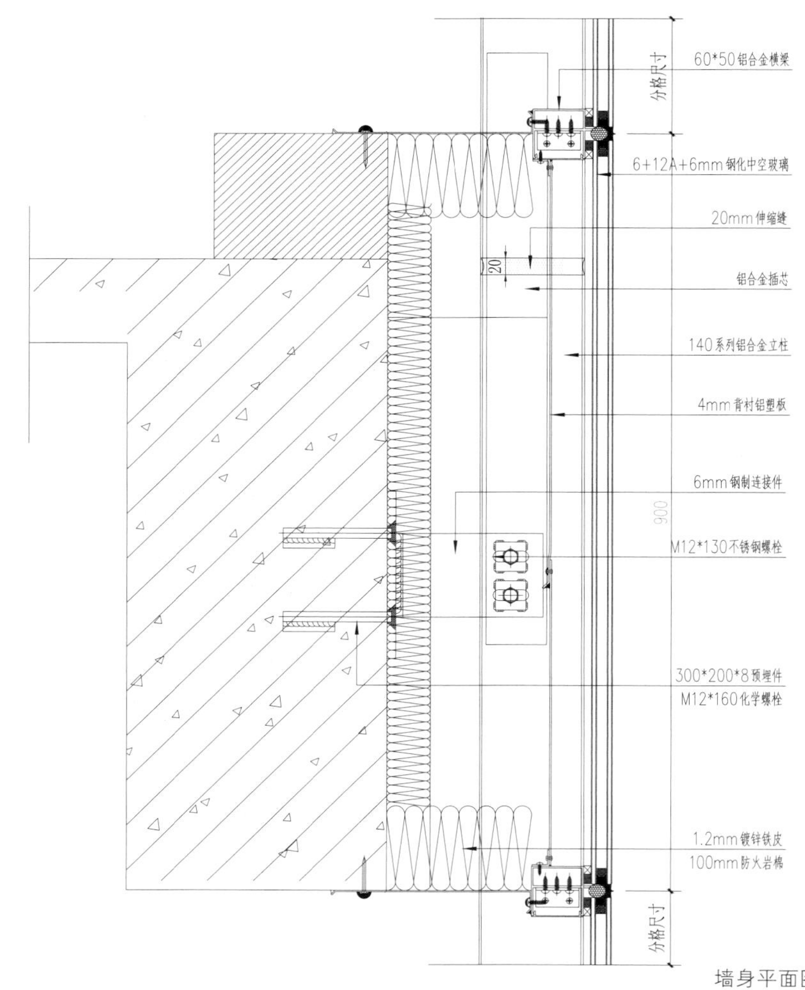
分格尺寸
60*50铝合金横梁
6+12A+6mm钢化中空玻璃
20mm伸缩缝
20
铝合金插芯
140系列铝合金立柱
4mm背衬铝塑板
6mm钢制连接件
900
M12*130不锈钢螺栓
300*200*8预埋件
M12*160化学螺栓
1.2mm镀锌铁皮
100mm防火岩棉
分格尺寸

墙身平面图 1

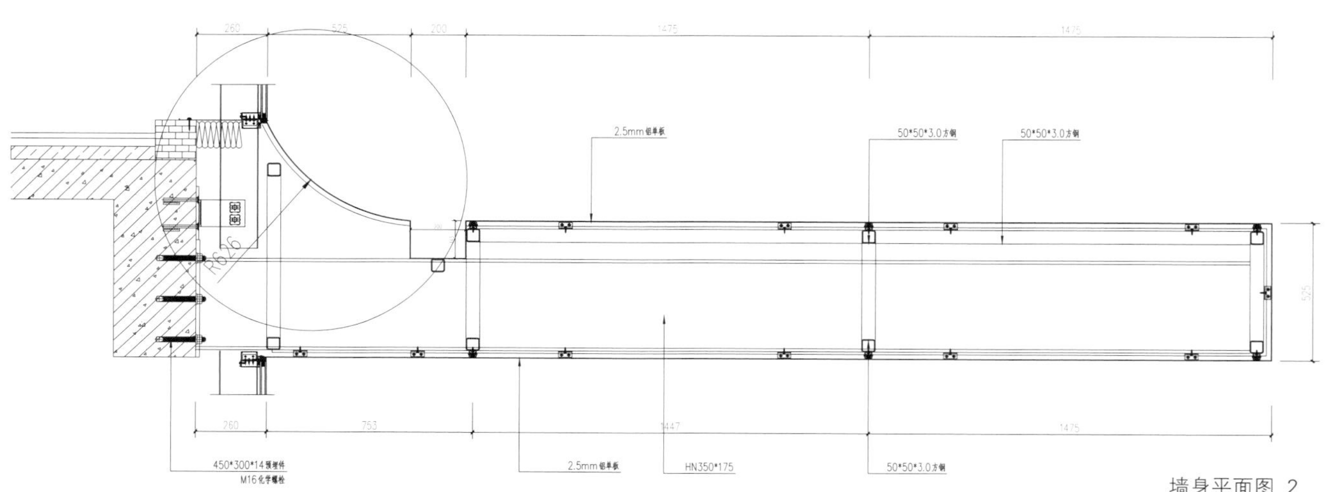
2.5mm铝单板
50*50*3.0方钢
50*50*3.0方钢
450*300*14预埋件
M16化学螺栓
2.5mm铝单板
HN350*175
50*50*3.0方钢

墙身平面图 2

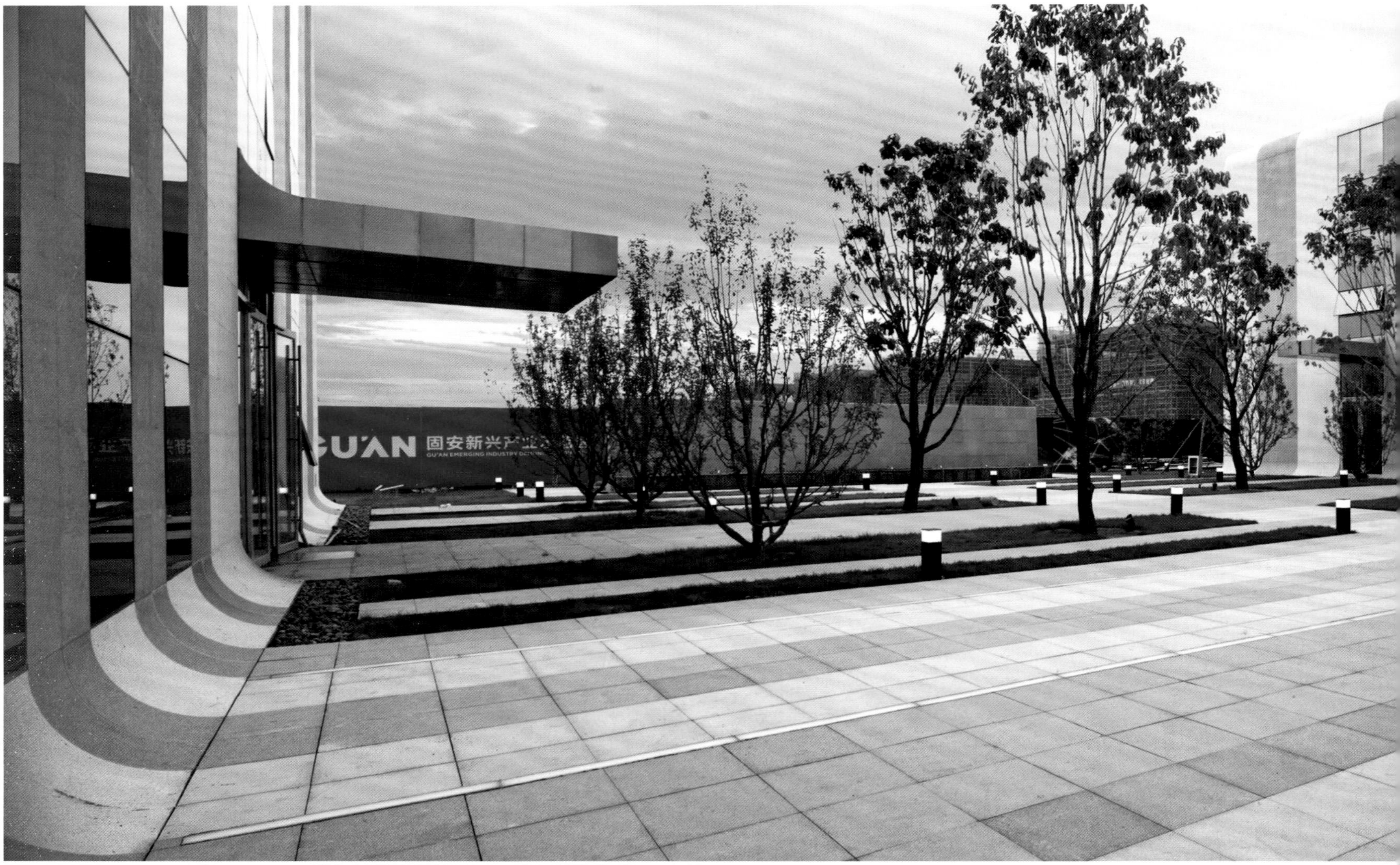
GU'AN
固安新兴产业
GU'AN EMERGING INDUSTRY

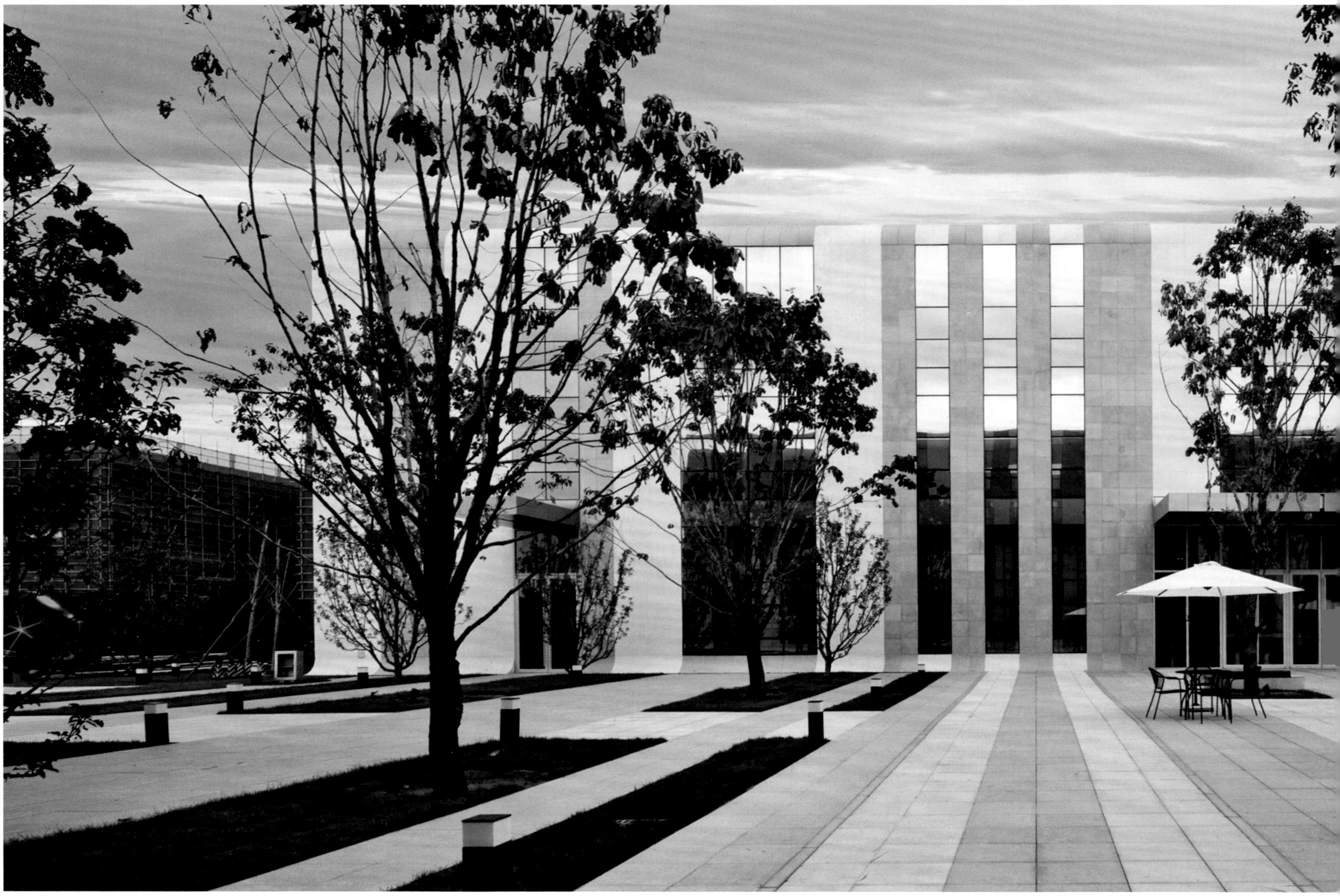

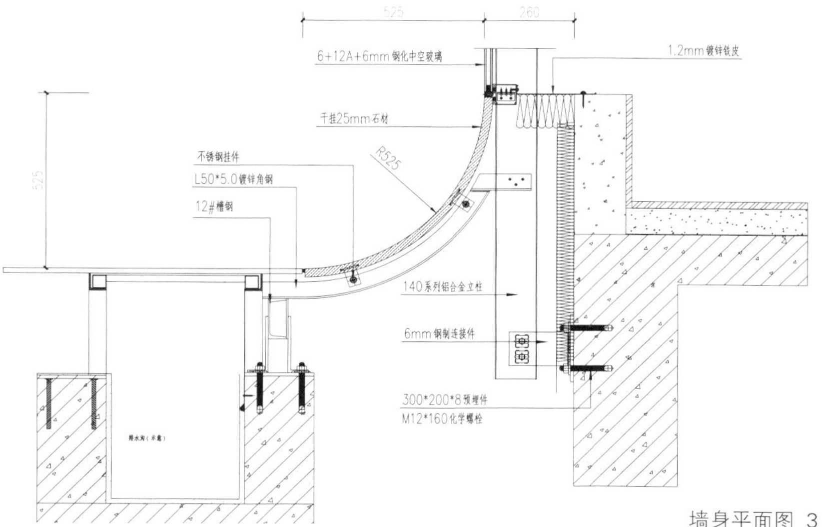

墙身平面图 3

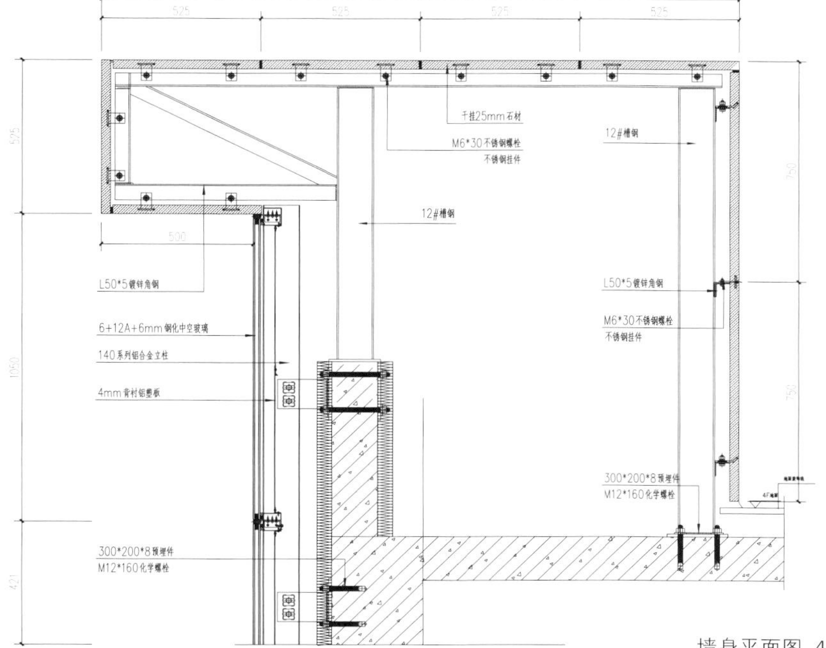

墙身平面图 4

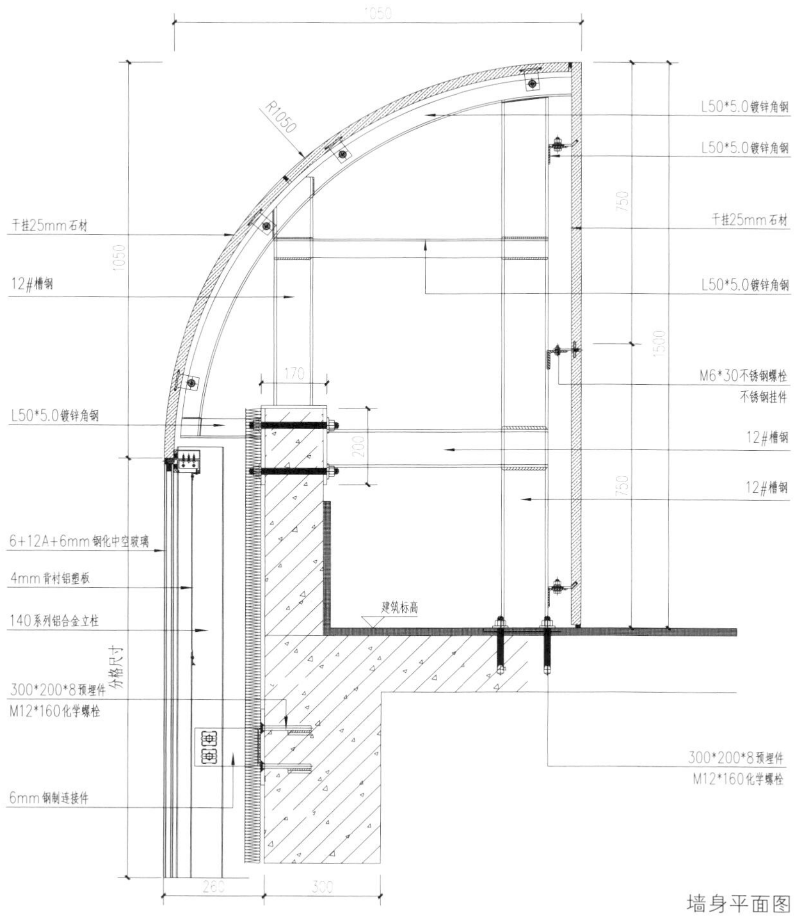

墙身平面图 5

扬州信息产业服务基地·中国声谷

- 项目地点：中国江苏省扬州市
- 设计单位：张雷联合建筑事务所
- 合作设计：扬州市城市规划设计研究院有限责任公司
- 总用地面积：160 000 m^2
- 建筑面积：320 000 m^2
- 摄影：侯博文

产业园办公建筑

关 键 词 ● 强烈秩序感 ● 整体性突出 ● 集约化布局

项目亮点 项目建筑外墙并未采用幕墙等高造价高维护成本的建筑系统，而选择使用低造价的窗墙系统，以及普通的外墙建材，通过对细节的精细雕琢与完美把控，从而实现不输幕墙系统的高品质效果。

项目概况

项目位于扬州广陵新城，紧邻扬州东长途汽车总站，项目分两期实施。

功能布局

项目由外而内形成“城”的概念，以内向的庭院式布局为主，按照中国古代传统造城理念，在南北向设计有明确的中央轴线，建筑功能以庭院和轴线逐步展开，整体性突出，秩序感强烈，并呈现出丰富的层次感。

园区的产业功能，如呼叫产业办公、研发、孵化器等，布局以集约化为主，临基地外围布置，规整、严谨，形成“城”的界面；其公共功能，如会所、餐饮等，划整为零，布置在园区的庭院，或紧邻中央轴线，自由布局、活泼生动，形成“城”的中心，同时将整个园区的建筑串联一体。

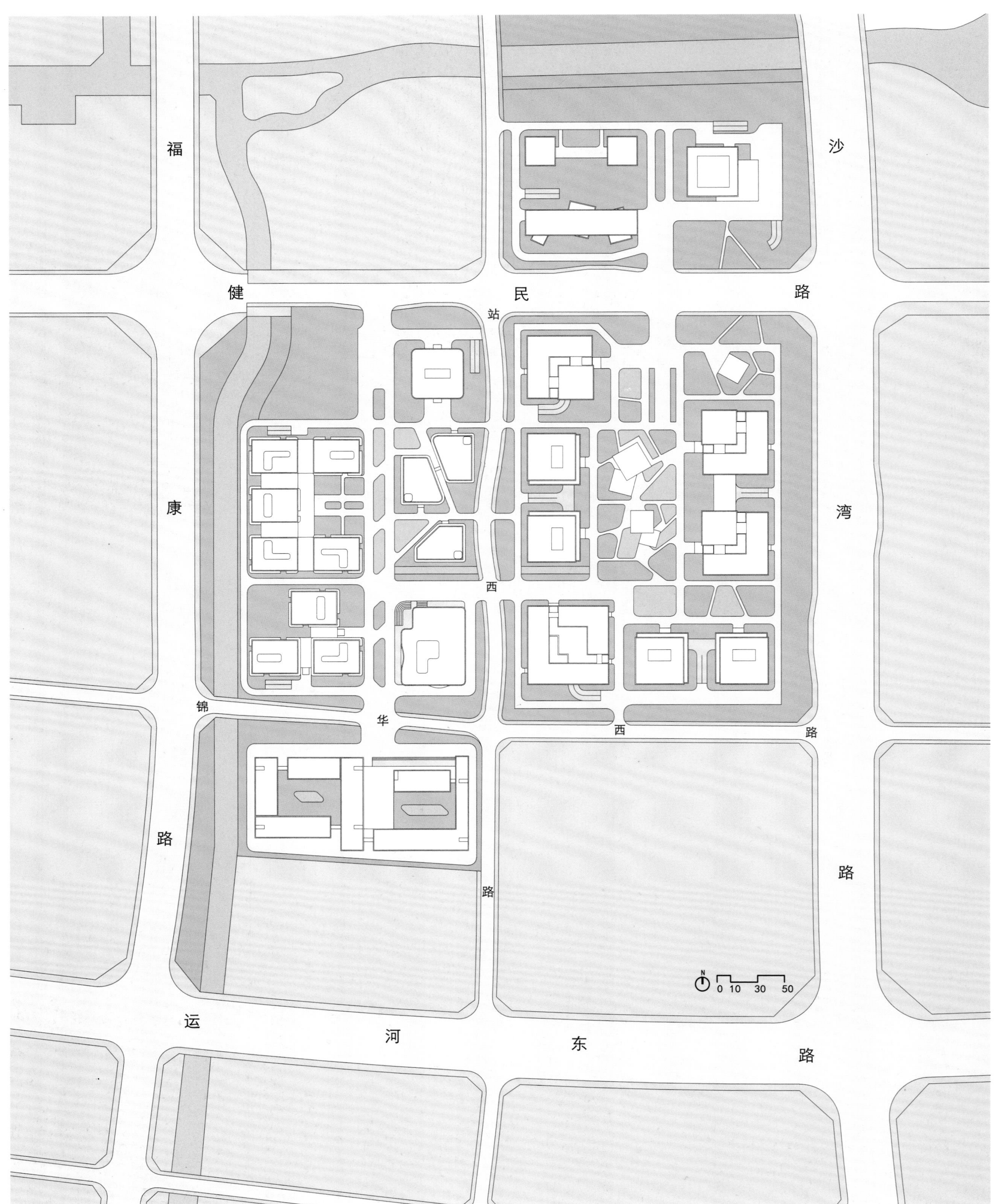

总平面图

空间布局

项目的单体建筑空间灵活多变，易于使用，以标准化模块化的空间单元组织使用功能，既有利于园区土地的合理使用，又增强了空间的灵活性，满足不同规模企业的入驻需求。

孵化器——核心筒位于体量中部，适宜小企业灵活分组。研发办公楼——核心筒布置在体量中部，办公空间围绕其布置，可分可合，方便灵活，是最适合科研办公的高效率布局。产业办公楼，核心筒位于体量中部，可作为整体使用，也可以拆分成两个独立单元，每个单元均有独立的交通系统，给未来园区的使用提供最大的可能性。

控制成本维护

项目强调精细化设计、集约化设计、标准化设计，以设计本身的方式确保建筑的高品质，并且得以控制建造成本以及日常维护成本，以满足中小型入驻科技企业的使用需求。

项目建筑外墙并未采用幕墙等高造价高维护成本的建筑系统，而选择使用低造价的窗墙系统以及普通的外墙建材，通过对细节的精细雕琢与完美把控，从而实现不输幕墙系统的高品质效果。

VOICE PARK

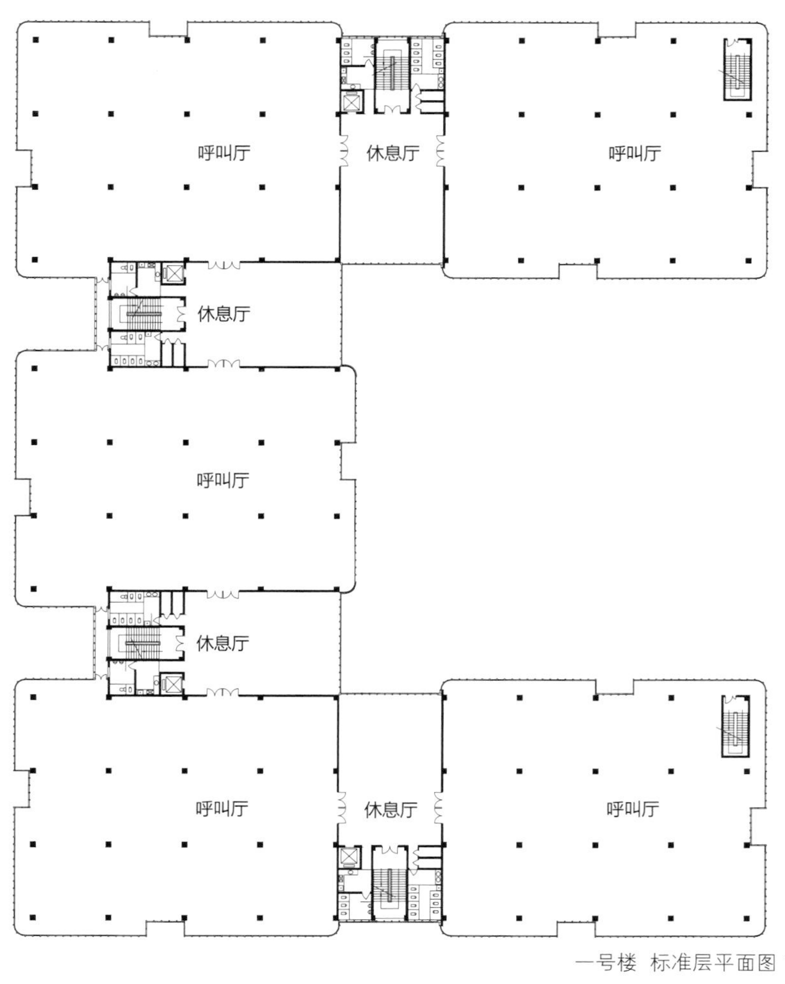

一号楼 标准层平面图 1

绿色技术

在充分研究了《绿色建筑评价标准》和 LEED 绿色建筑评价标准的基础上，项目合理运用绿色生态技术和材料，并着重考虑和回应未来运行使用中的经济性与合理性。

项目采用适宜的绿色生态节能设计，彰显了绿色环保生态理念：庭院式布局有利于自然采光通风；木质遮阳系统能够调节室内采光，改善了室内微气候并增强人体舒适性；建筑形体简洁，体形系数较好，有利于节约能耗。

79150
8400
11960
呼叫厅
休息厅
呼叫厅
休息厅
呼叫厅
休息厅
呼叫厅
休息厅
呼叫厅
12460
100020

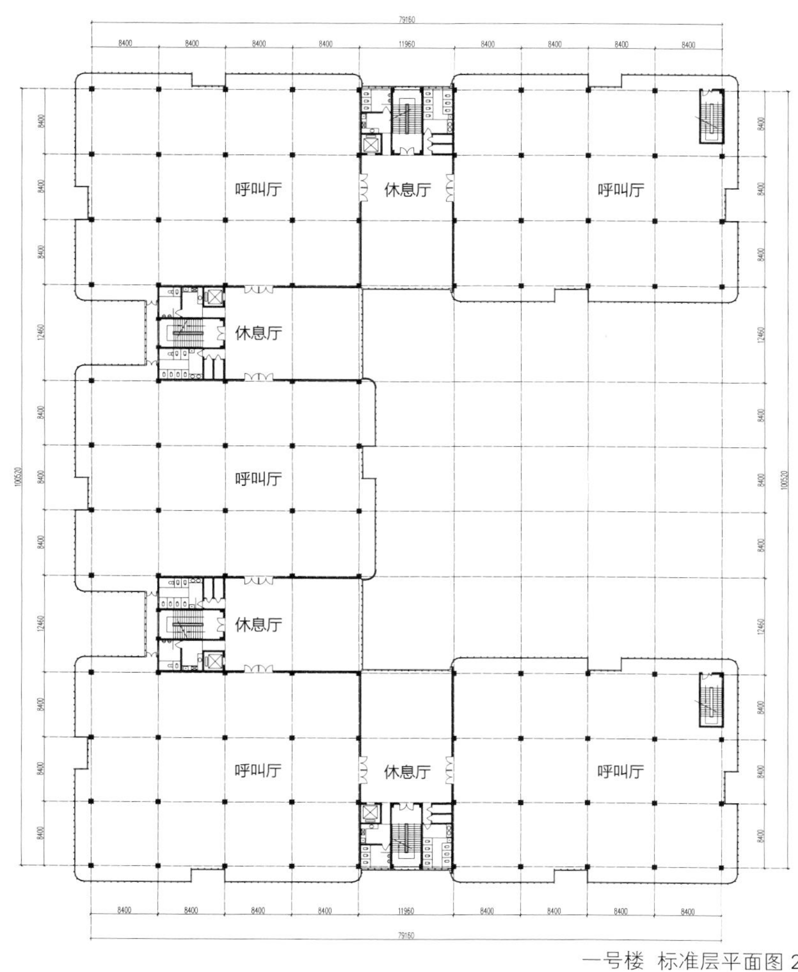

一号楼 标准层平面图 2

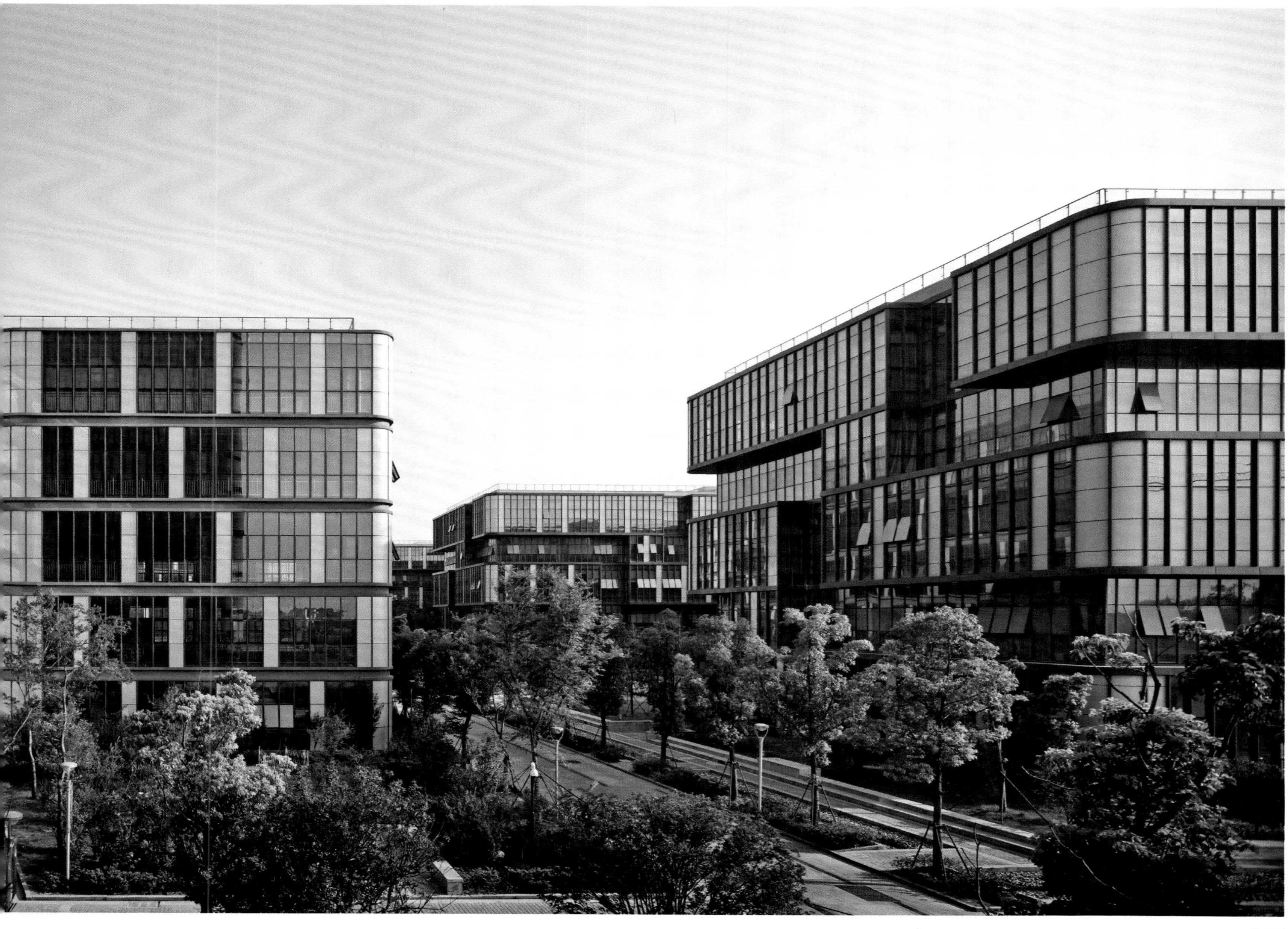

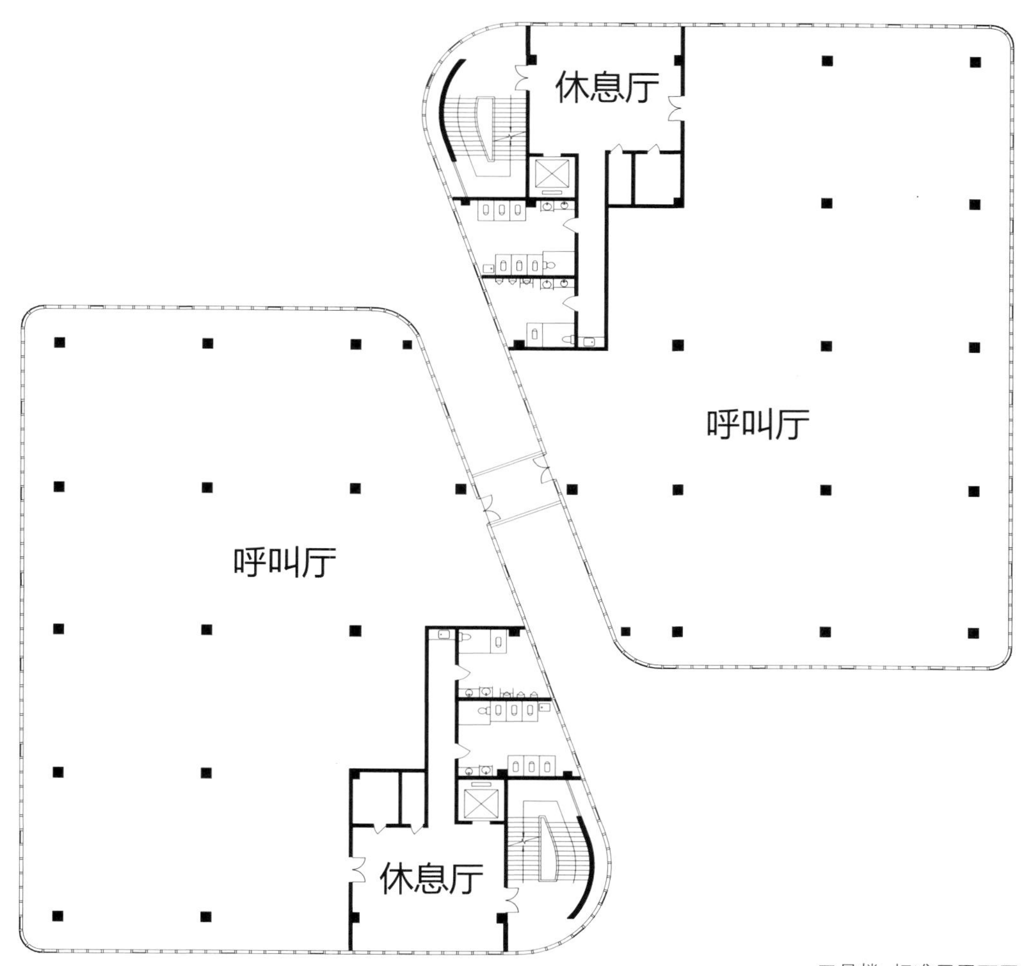

四号楼 标准层平面图 1

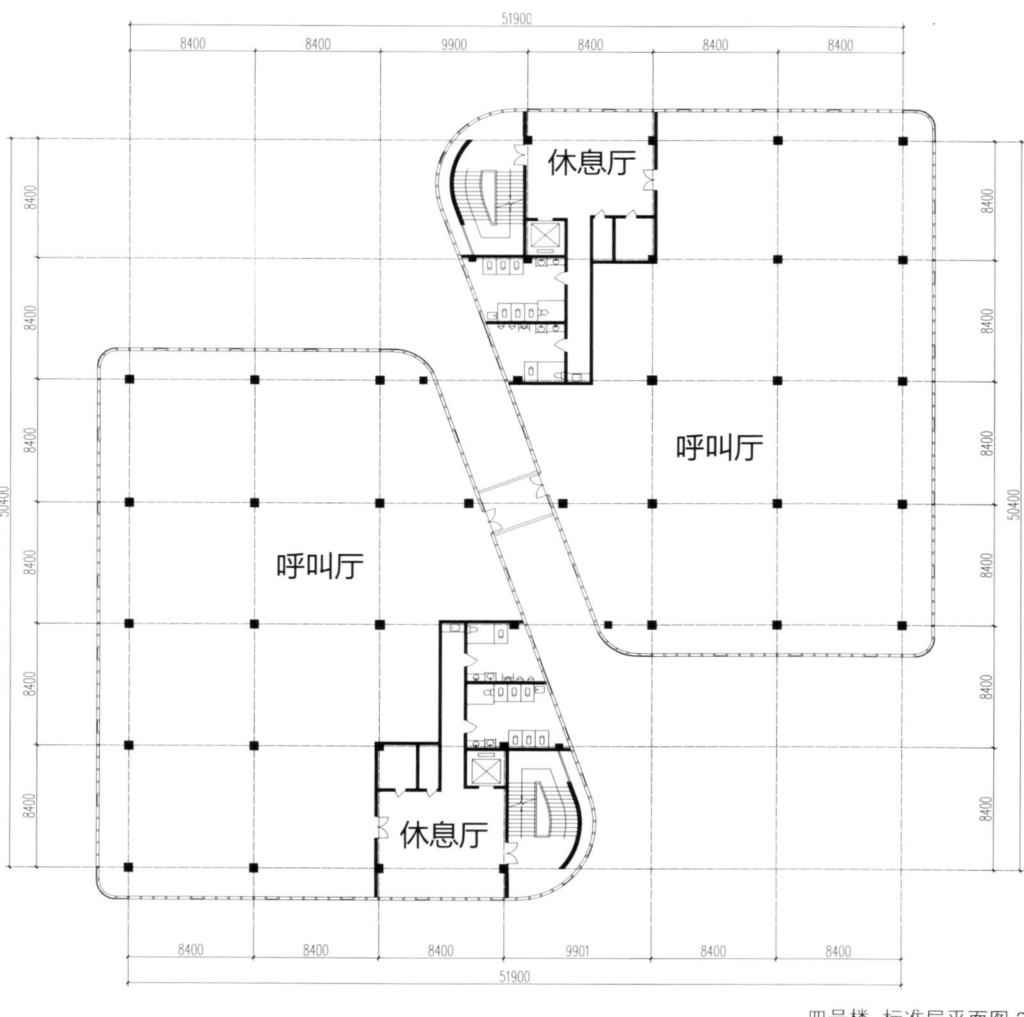

四号楼 标准层平面图 2

南昌绿地未来城

- 项目地点：中国江西省南昌市
- 开发商：绿地集团
- 建筑设计：万千国际
- 规划 / 景观设计：水石国际
- 用地面积：94 556 m^2
- 建筑面积：229 967.93 m^2
- 容积率：2.0
- 绿化率：30%
- 建成时间：2014 年

高层办公建筑

关 键 词

● 丰富体量 ● 空间共享 ● 花园办公氛围

项目亮点

高层区外墙采用米黄色仿石材涂料，利用整体大气的体量组合与富于变化的窗型，突出科技感。低层办公则采用丰富体量穿插与现代材质搭配，激活建筑尊贵经典的精神气质，提升产品品质。

项目概况

南昌绿地未来城位于南昌市高新区麻丘镇，东至麻中东路，南至规划路，西邻麻中大道，北临东湖路。距市区 17 km，昌北机场 27 km。该用地性质为工业用地，主要由九幢高层研发楼、十三幢低层研发楼、一幢综合服务中心及大型地下车库构成。

板块价值

项目所在的高新区创建于 1991 年 3 月，在 1992 年 11 月被国务院批准为江西省唯一的国家级高新区。辖区面积 231 km^2，已开发面积 60 km^2。建区前 10 年，高新区主要依托局部优化的小环境，为高新技术产业化搭建了较好的平台。2001 年以后，特别是随着全省经济发展大环境的明显改善，高新区真正步入了经济发展的高速增长期，成为江西区域经济中产业集聚效益最显著、发展速度最快、创新能力最强、极具发展前景的新经济增长点。

东
湖
路
麻
中
东
路
麻
中
大
道
应急消防出入口
3F
204#
3F
205#
3F
206#
3F
211#
3F
210#
3F
212#
3F
209#
3F
216#
3F
215#
3F
217#
3F
219#
3F
220#
3F
224#
3F
223#
13F
202#
13F
201#
13F
208#
13F
207#
13F
214#
13F
213#
13F
218#
13F
222#
13F
221#
服务中心
主轴
地库出入口
垃圾收集站
道路规划用地红线
建筑退界线
地下车库轮廓线
园区出入口

总平面图

北
10 30 60 80 100m
商务酒店
办公
配套商铺
SOHO
LOFT
R18
R15
R450

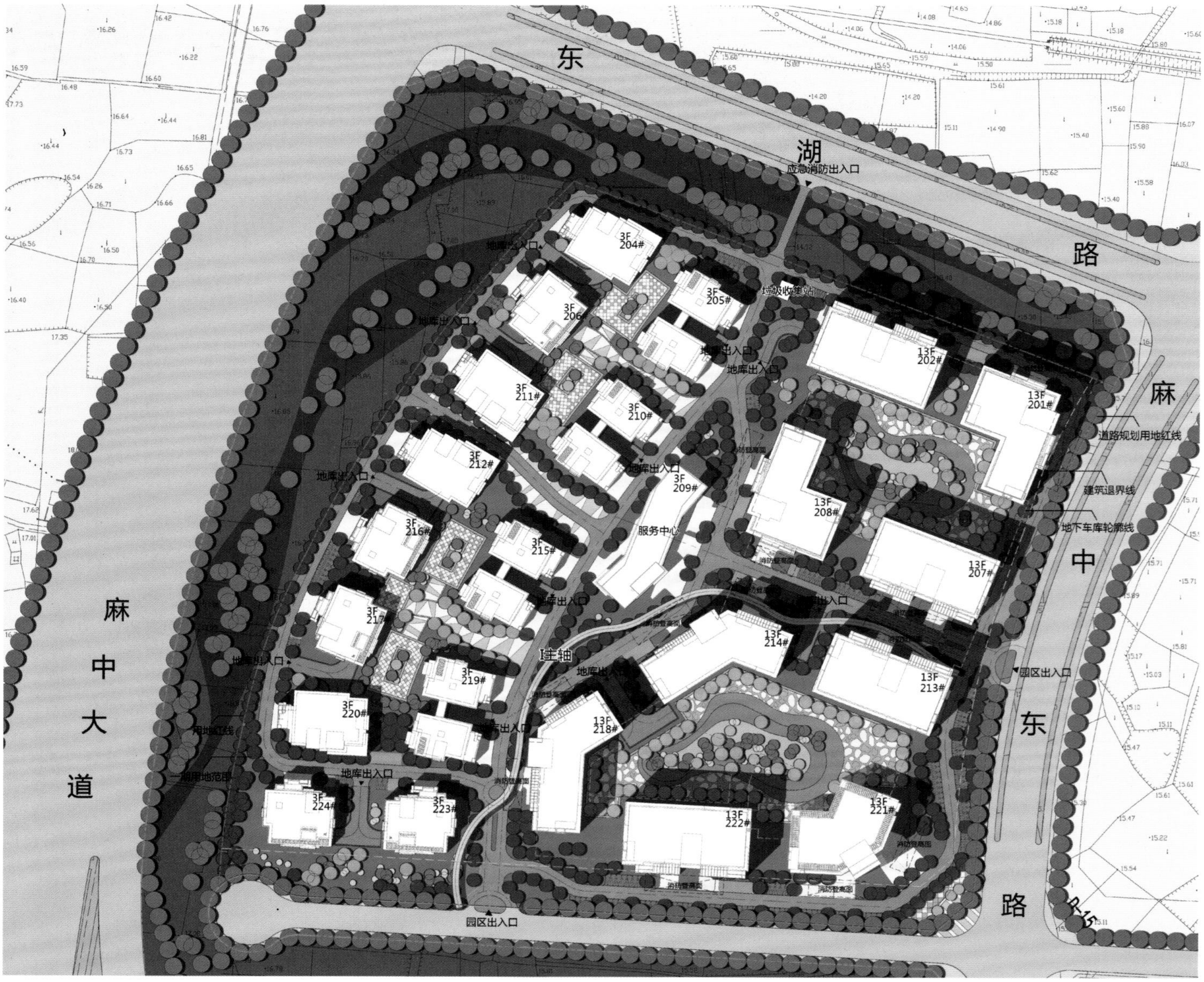

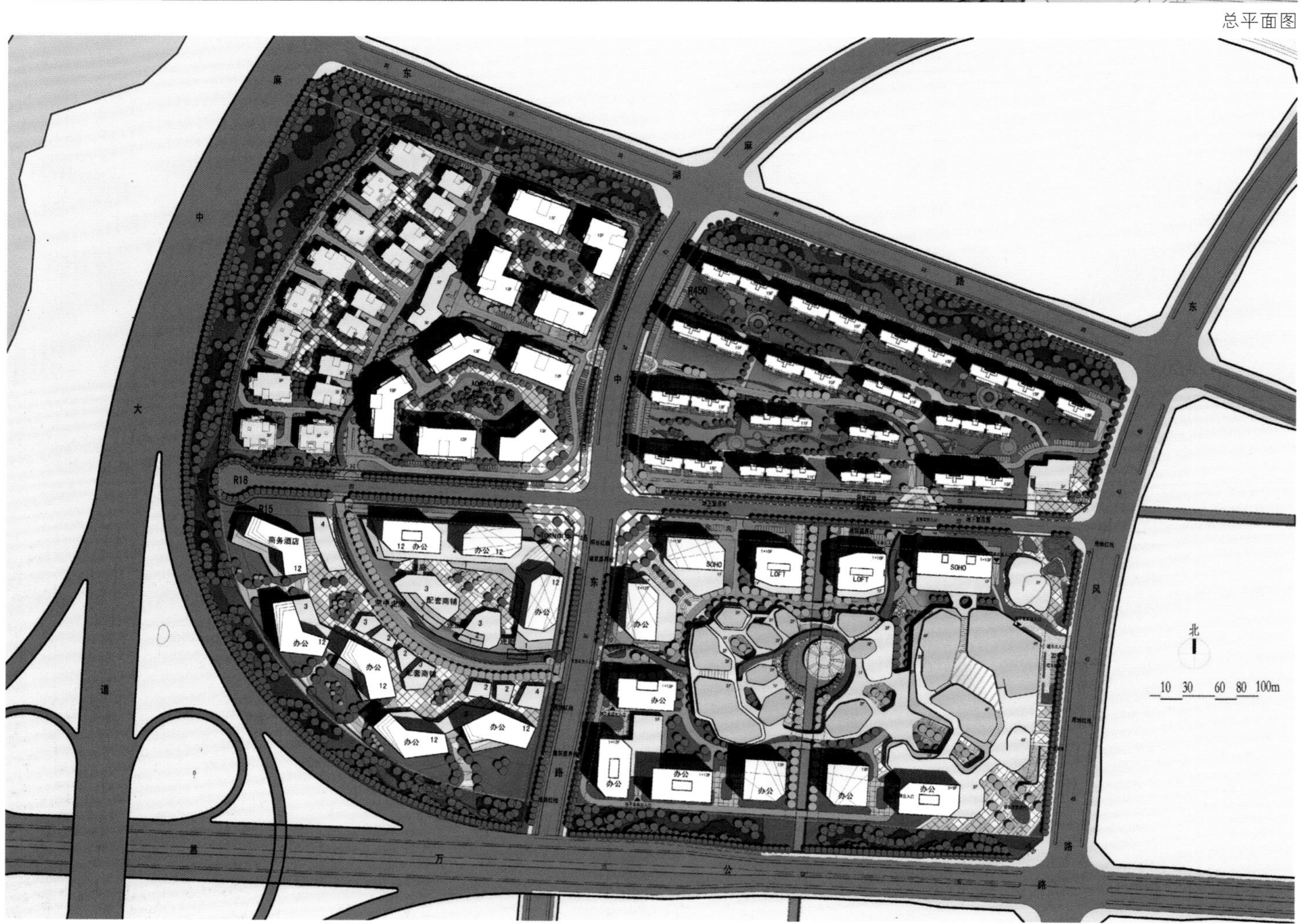

总体规划图

218# 楼⑤～①轴立面图

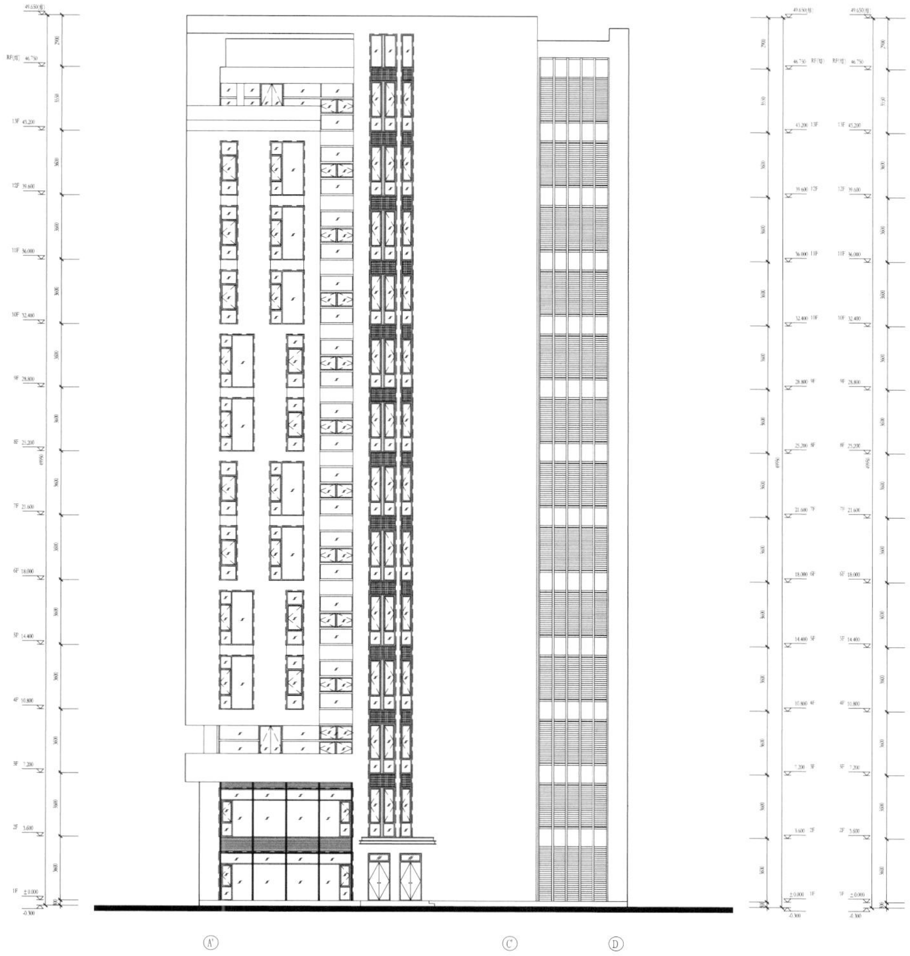

218# 楼Ⓐ ~ Ⓓ轴立面图

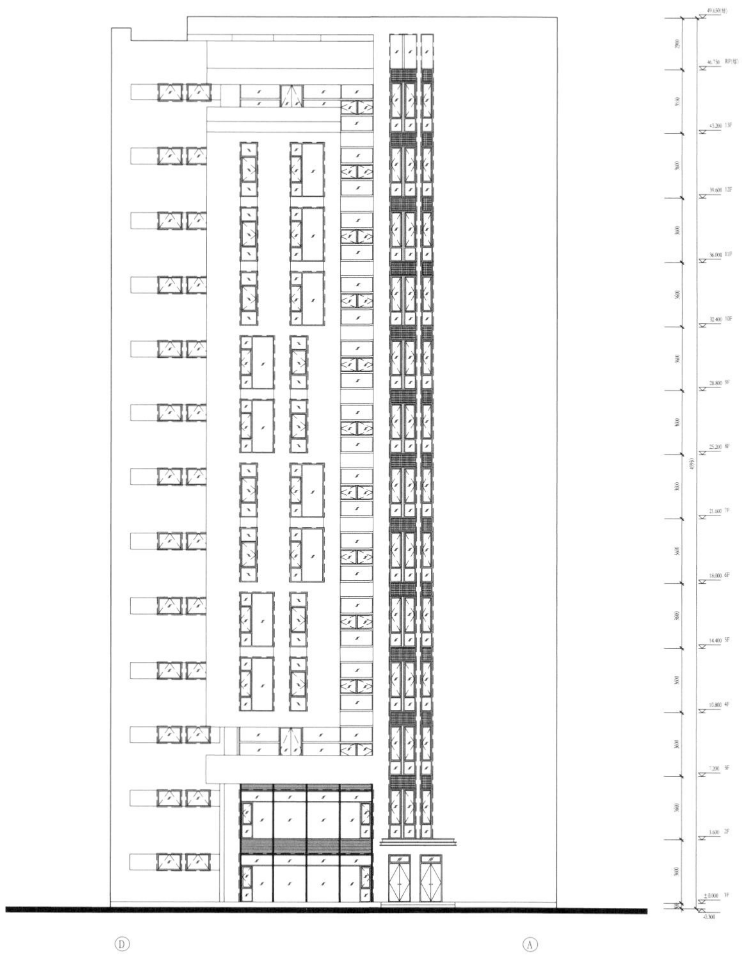

218# 楼Ⓓ ~ Ⓐ轴立面图

定位策略

作为办公为主的产业开发项目，整个地块的产业类型定位主要从以下三个方面入手：

1. 在整体上的覆盖面尽量广，涵盖第二产业和第三产业；

2. 将 2.5 产业作为项目的核心产业。2.5 产业作为高速发展的产业类型，非常契合项目所属的瑶湖产业带的发展；

3. 具体考虑地块相关信息，以总部办公和软件产业为主，产品中的低层独栋和联排定位为企业总部，高层产品定位为软件产业。

规划布局

本地块高低搭配的群组变化照顾了整体规划的风貌，与周边地块共同形成核心区较高、周边较低的形态，并利用景观主轴（红色 i 主轴线索）把地块和周围地块串联成一个整体。

项目主要由高层办公楼、低层独栋办公楼、低层双拼办公楼，以及多功能服务中心（功能包括员工餐厅、员工活动室、多功能厅、商店、物业等）组成。其中多功能服务中心既能满足地块内部需求，又能辐射到周边地块，形成对全局的有力补充。

223#217#206# 楼Ⓐ－Ⓕ轴立面图

223#217#206# 楼Ⓕ－Ⓐ轴立面图

223#217#206# 楼①－⑥轴立面图

223#217#206# 楼⑥－①轴立面图

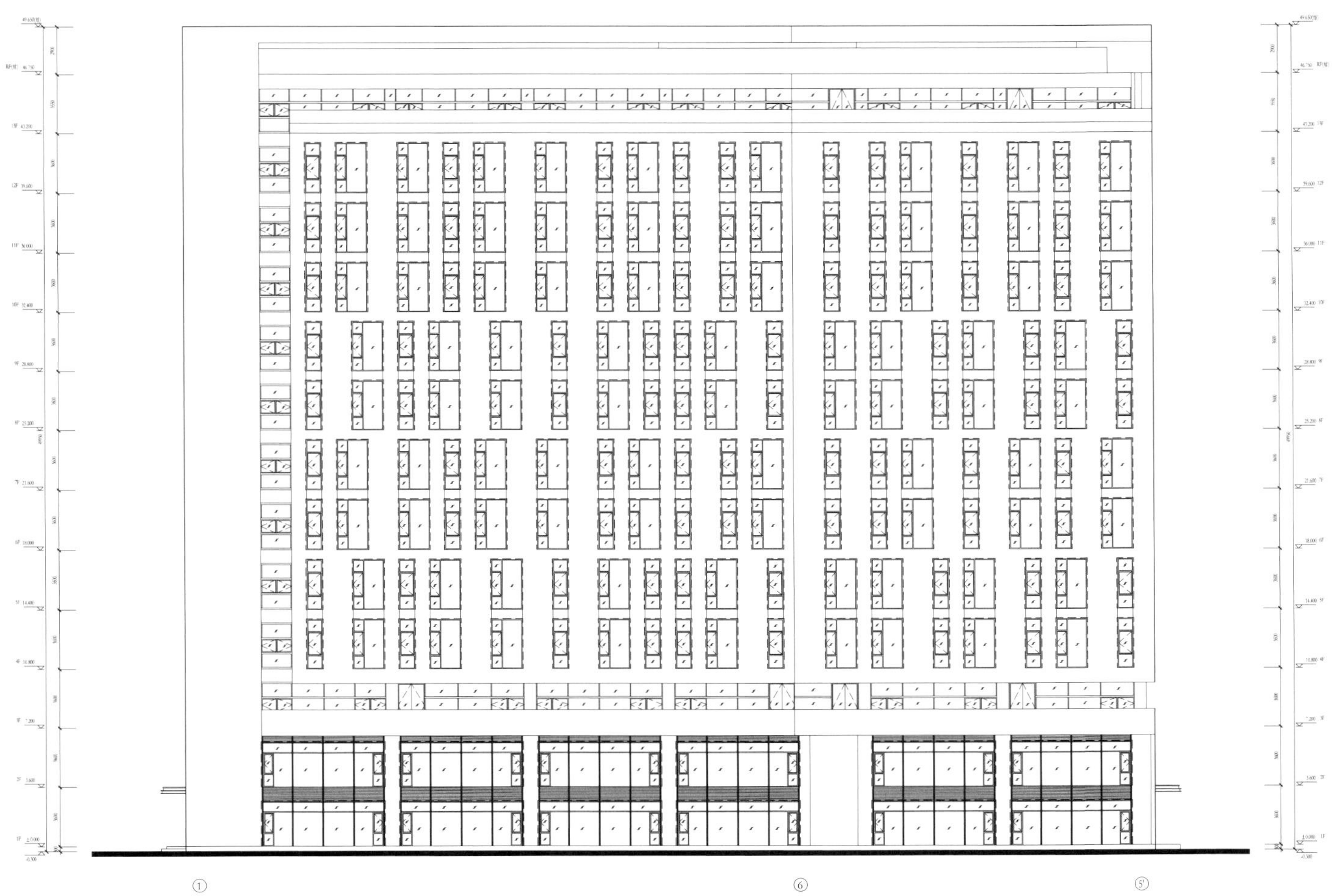
218# 楼①～⑤轴立面图

规划策略

1. 总体上营造花园办公的氛围，整体规划突出类居住化、园林化。

2. 高层组团着力营造了共享庭院式空间，每个组团是由 4 ~ 5 栋高层单元围合而成。

3. 为低层组团营造了私密类别墅氛围，拥有私属花园和地下庭院。

4. 每栋办公单体下都有对应地库，包括低层独立地库与高层的集中地库，办公出行有全天候无障碍保障。

立面设计

高层区外墙采用米黄色仿石材涂料，利用整体大气的体量组合与富于变化的窗型，突出科技感。低层办公则采用丰富体量穿插与现代材质搭配，激活建筑尊贵经典的精神气质，提升产品品质。

建筑设计

考虑到环瑶湖区域的景观风貌及园区气质，本项目着力营造自然、现代、和谐的建筑群体空间，形成有一定错落感、层次感的内外视角天际线。低层研发楼舒缓展开，并在形体上向上逐渐收分，形成自然式的草原风格。高层研发楼体现都市研发楼的沉稳、庄重的形象，外墙材料采用局部真石漆结合玻璃和仿面砖涂料形式，形体简洁且有力度，立面统一且有细部。综合服务中心着力营造自然、科技、和谐的气质，形成本地块的核心环境。

绿地集团
GREENLAND GROUP

GREENLAND

总部办公建筑

- 鲜明形象
- 企业文化
- 庞大规模
- 环保节能

中华房屋企业总部

- 项目地点：中国陕西省西安市
- 开发商：西安新兴房地产开发有限公司
- 建筑设计：博德西奥（BDCL）国际建筑设计有限公司
- 用地面积：10 150 m^2
- 地上建筑面积：6 880 m^2
- 地下建筑面积：3 050 m^2

总部办公建筑

关 键 词 ● 天然水岸 ● 庭院式布局 ● 小进深平面

项目亮点

项目地处浐河、灞河绿色生态带。得天独厚的区域环境决定了建筑的绿色生态属性。陈旧的办公模式被颠覆，将办公置于生态良好的环境中，让繁忙紧张的商务人士从钢筋水泥的森林中彻底解放出来，舒缓情绪，激发创造力。

项目概况

项目地处西安浐灞上游区位，占据灞河一线壮阔水域，零距离接触 2.5 km 滨河天然水岸。水岸线飞鸟蓝天相逐，春风柳叶抚岸，与 2011 西安世界园艺博览会主会址隔河相望。水岸线优雅静谧，悠长蔓延，独特的自然生态景观成为本案的后花园。

绿色建筑

项目地处浐河、灞河绿色生态带。得天独厚的区域环境决定了建筑的绿色生态属性。陈旧的办公模式被颠覆，将办公置于生态良好的环境中，让繁忙紧张的商务人士从钢筋水泥的森林中彻底解放出来，舒缓情绪，激发创造力。

建筑布局

会所布置在西南侧，与企业办公形体分离，结合景墙、绿化水景景观的设计，形成极具特色的庭院式布局方式，营造了安静宜人的休闲环境。

开放的办公空间打破了传统的分级办公环境，并有利于生态节能；每一个开放办公空间都有共享空间，如屋顶花园、庭院、中庭等，这些空间为不同部门、不同级别的员工们提供了良好的交流环境。

细节铸品 科学筑家
CHINA HOUSING AND LAND
DEVELOPMENT INC.

立面设计

立面以石材和玻璃为主，虚实结合，色彩以黑白为主色调，彰显建筑的简约朴素却不乏大气的高贵气质。

生态节能设计

项目采用小进深平面，从而给室内办公空间带来更多的自然光线及室外景观，促进了人与自然的交流。另有屋顶花园、室内中庭、太阳能光电板、雨水收集、遮阳板、双层幕墙等生态节能体系。

六层平面图

办公面积： 595.08平方米

地下一层平面图

停车面积： 3040平方米

会所面积：620.33平方米

首层平面图

办公面积：1614.50 平方米

会所面积： 0 平方米

企业办公地上总面积：6882.95 平方米

会所地上总面积：0 平方米

智慧广场

- 项目地点：中国广东省深圳市
- 开发商：深圳中核兴业实业有限公司
- 设计单位：新加坡迈博设计咨询有限公司（MAPA）
- 施工图设计：深圳市建筑设计研究院
- 用地面积：27 000 m^2
- 容积率：3.7

总部办公建筑

关 键 词 ● 自然元素 ● 科幻感观 ● 强烈韵律感

项目亮点

项目建筑立面的设计灵感来自大自然，以抽象化的竹子、大海、波浪为设计的主题符号，通过建筑强烈的韵律感与自然集合元素及立面材料的对比，塑造出一个富有现代象征性、标志性的生态建筑。

项目概况

智慧广场是一个低密度、豪宅式、低碳商务办公空间。该项目坚持绿色生态化办公的概念，设计构思充分考虑了用户使用的灵活性。许多独特的办公空间设计在智慧广场都得到了充分的体现。

销售定位

项目的销售定位是两栋 6 层 7 000 m^2 的低层大厦独栋出售给两家世界前 500 强公司用作公司总部；两栋 23 层高大厦（两个单元户型面积分别是 760 m^2 和 1 200 m^2），则是针对大中型企业作为公司的办公空间的需求而设计。

规划布局

项目的用地面积为 27 000 m^2，容积率为 3.7，由四栋分别为一对 33 m 层高的低层办公楼和一对 100 m 层高的办公楼组合而成。因深圳以亚热带气候为主，风向主要来自东南方向。因此，四栋建筑采用错位式排列，以利于日照、采光和通风。

项目地块中心有个下沉广场，四周与商业、园林以及停车库连接在一起。地下室负一层停车库层高有 7 m，有利于通风采光，这是该项目区别于其他汽车车库的典型特点。

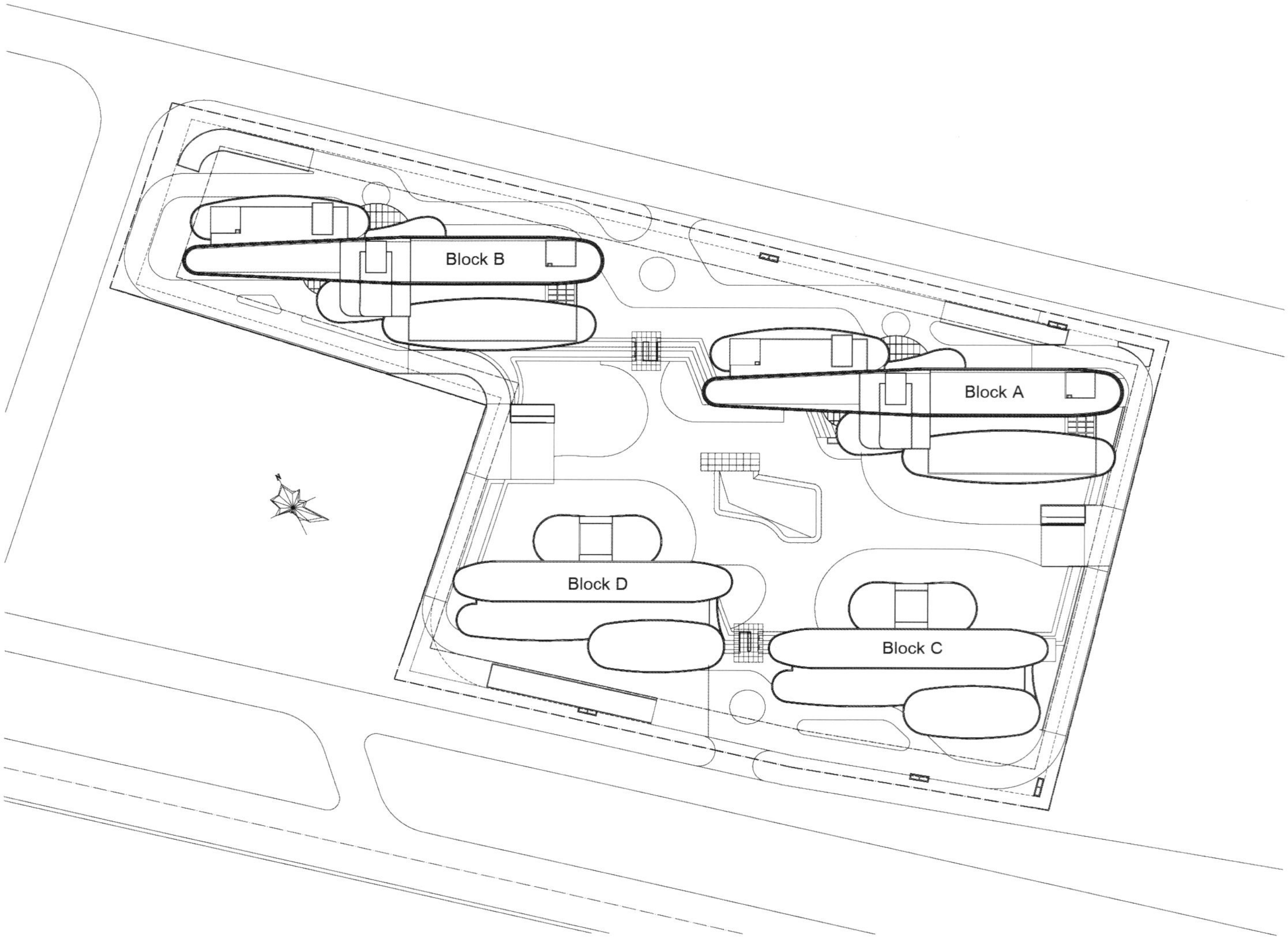

Block B
Block A
Block D
Block C

总平面图

Block B
Block A
Block D
Block C

核心筒设计

由于销售定位明确，办公大厦的核心筒设计不同于一般的核心筒设计，每个办公单元区域东西端各设置一个核心筒设计。其中一个设置了两套升降机供高层领导单独使用，另一个设置了四套升降机在公共区域供员工使用。两个办公单元区域之间设置了一个公共的货物升降机。办公层高有 4.3 m，跨度为 17 m，设计为大跨度无柱空间，创造出一个宽敞、明亮、通风的办公区域，可以在各种布局里灵活布置。

立面设计

项目建筑立面的设计灵感来自大自然，以抽象化的竹子、大海、波浪为设计的主题符号，通过建筑强烈的韵律感与自然集合元素及立面材料的对比，塑造出一个富有现代象征性、标志性的生态建筑。外圆内方、无棱角的弧面外观设计，不但使建筑拥有鲜明的超现代个性，而且极大地提高了采光通风效果。

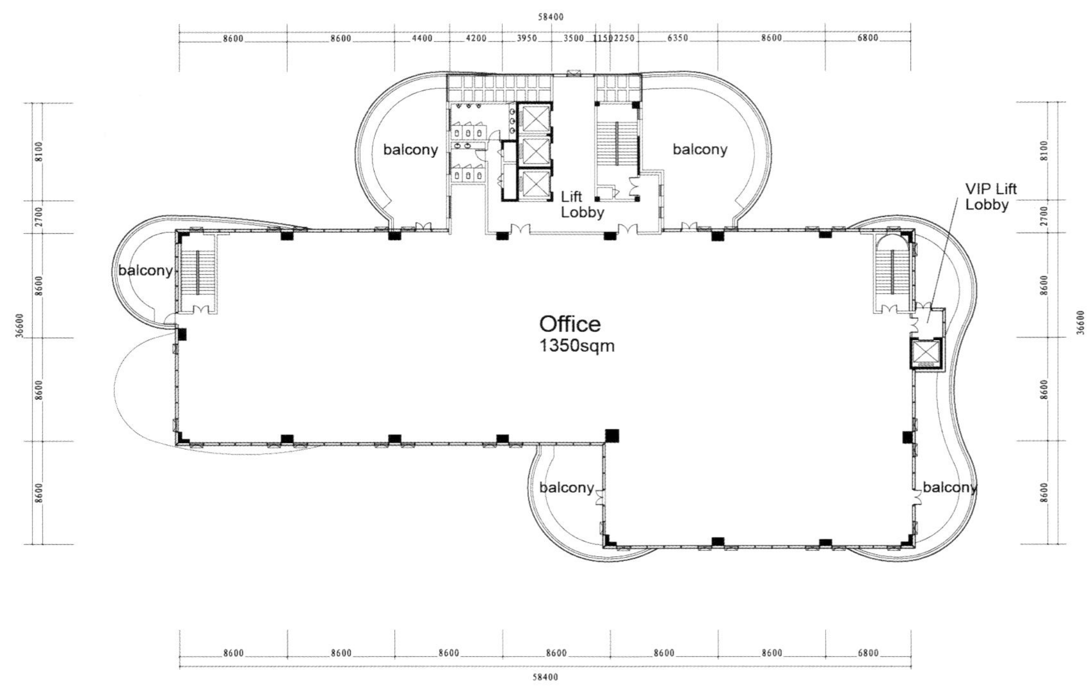

Low-rise Block Typical Plan

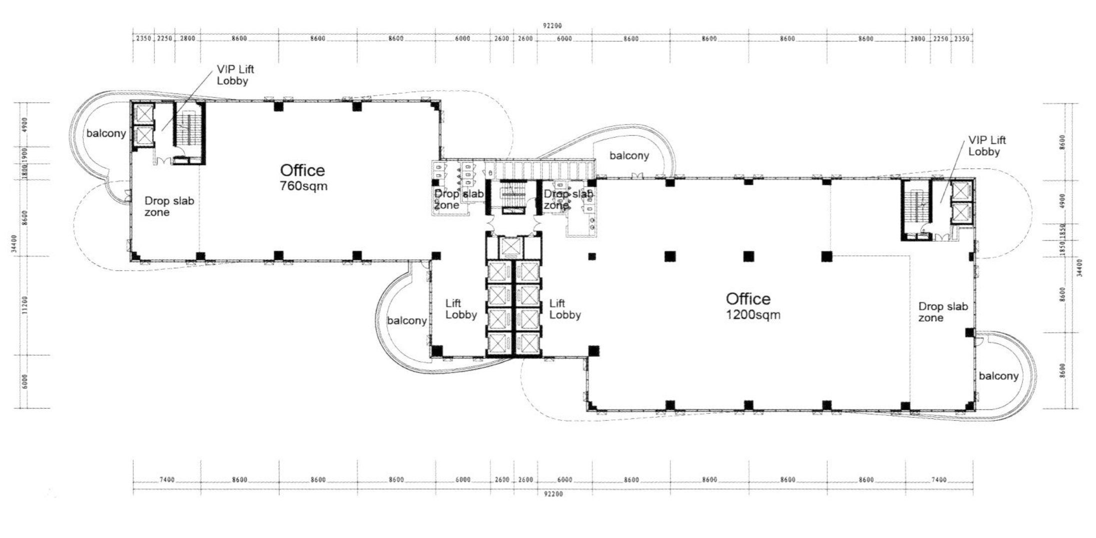

High-rise Block Typical Plan

建筑设计

全玻璃幕墙的外墙构造，又使整个建筑充满了科幻感。幕墙采用了不同的色调（蓝色、绿色和金色）。视觉上把建筑体量缩小，形成极具超现代化的视觉感受。地下室设置了多项采光井，以增加自然通风，并允许自然光线到达地下每个领域。建筑一层设计了架空层，形成一个开放宽敞的公共空间，并连接电梯到大堂的园林空间，扩大了景观的绿化面积。

景观设计

每个办公单元区域的东西向设计了两个大阳台空间（35 ~ 80 m^2）。阳台交错布置，属于赠送的面积。阳台上设置了部分结构降板，以利于种植花草树木。这个扩展的阳台空间，创建了丰富的绿色景观，是员工休息、放松和社交的最佳活动场所。

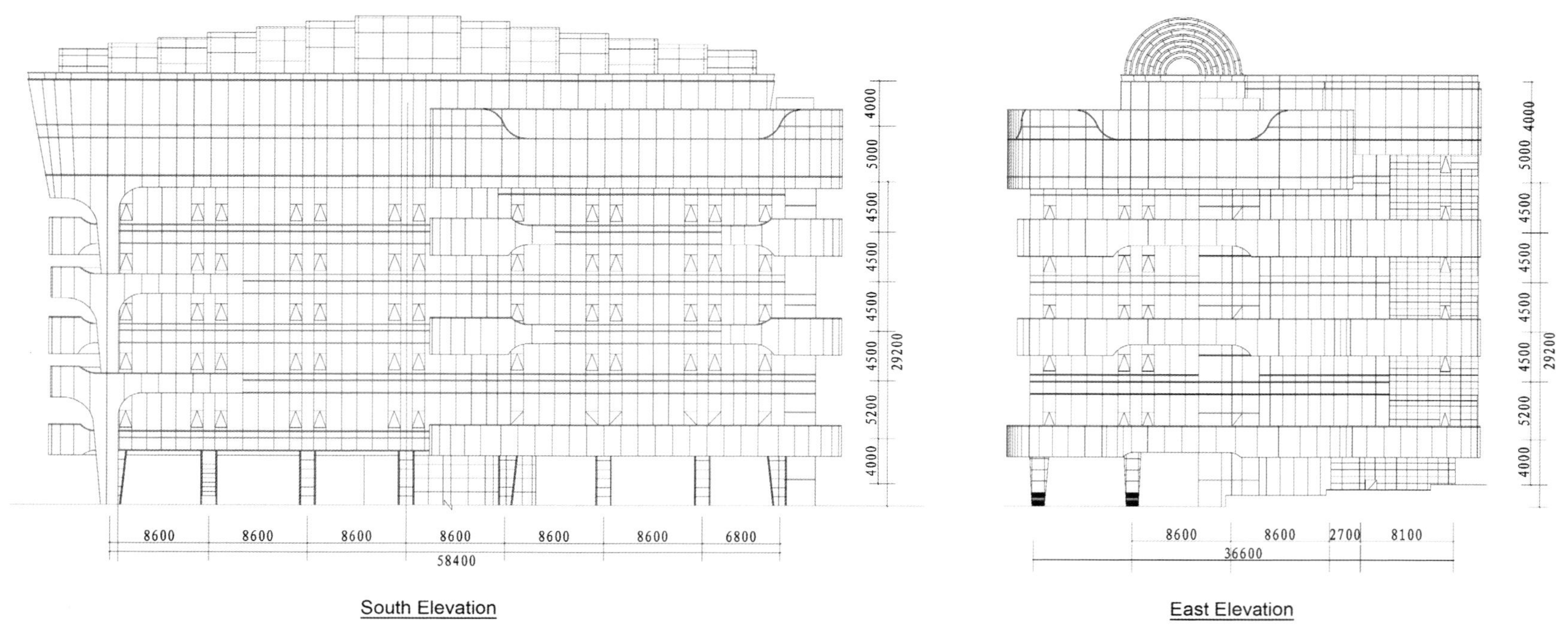

South Elevation

East Elevation

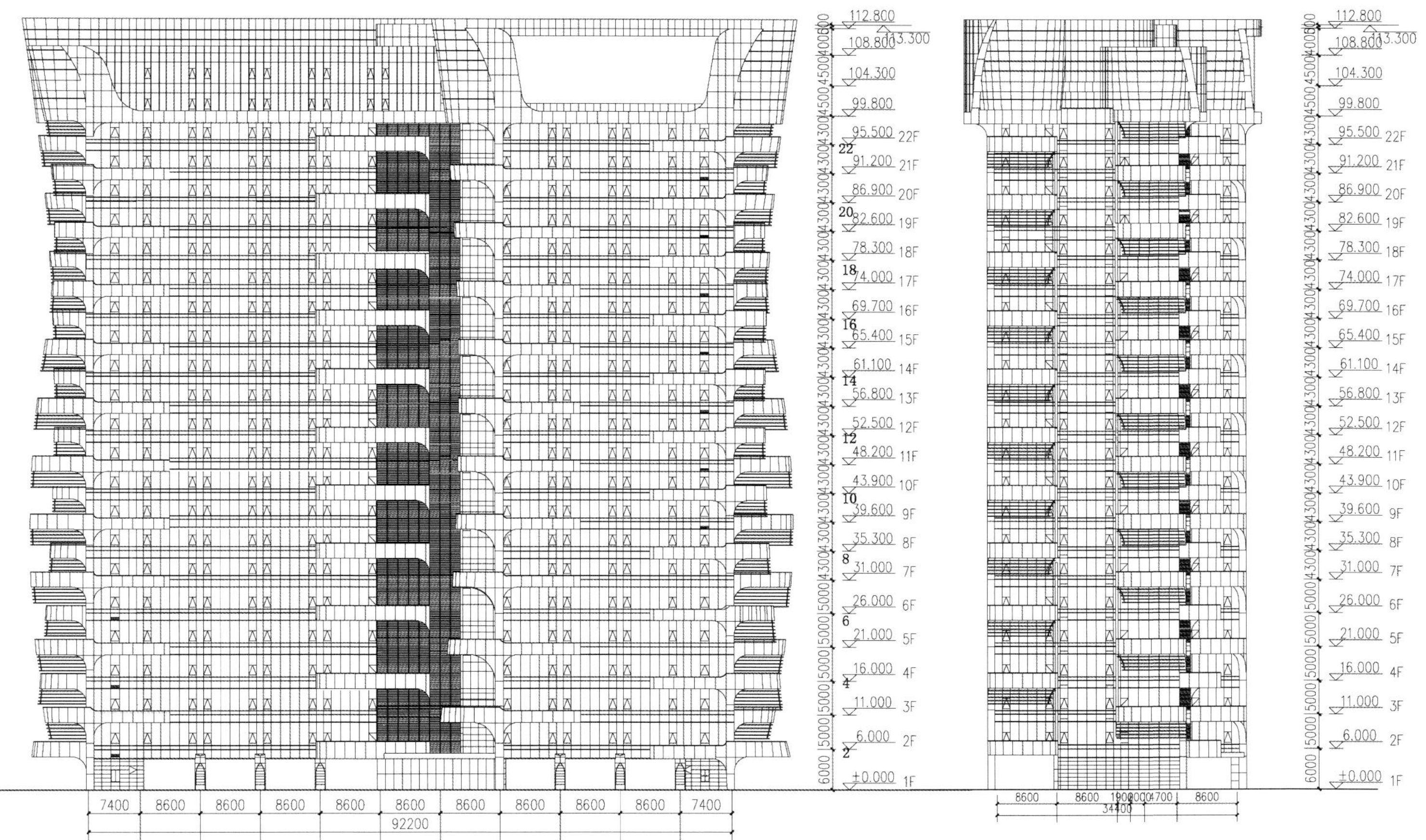

North Elevation　　East Elevation

天津武清开发区创业总部基地 企业总部区

- 项目地点：中国天津市武清区
- 业主单位：武清开发区总公司
- 建筑设计：DC 国际建筑设计事务所
- 用地面积：14.8 万 m^2
- 总建筑面积：41.6 万 m^2
- 设计时间：2010 年
- 竣工时间：2013 年

总部办公建筑

● 自然之城 ● 网状肌理 ● 立体景观

设计以“自然之城”为理念，强化规划构架，对格状进行拉伸、变形处理，形成网状肌理，将体量提升后丰富天际线变化。

项目概况

基地位于天津市武清开发区。武清开发区于 1991 年底设立，是经国务院批准的国家级经济技术开发区和国家级高新技术产业园区。开发区内北侧的创业总部基地，北起广源道，南至福源道，西起翠亨路，东至泉旺北路，东侧紧邻天鹅湖度假村。

设计理念

设计以“自然之城”为理念，强化规划构架，对格状进行拉伸、变形处理，形成网状肌理，将体量提升后丰富天际线变化。道路入口对城市开放，交接处插入公共系统，与城市形成互动与渗透；网格内庭院下沉，植入不同主题的庭院景观，形成立体景观系统。

B–1,B–3,B–4 总平面图

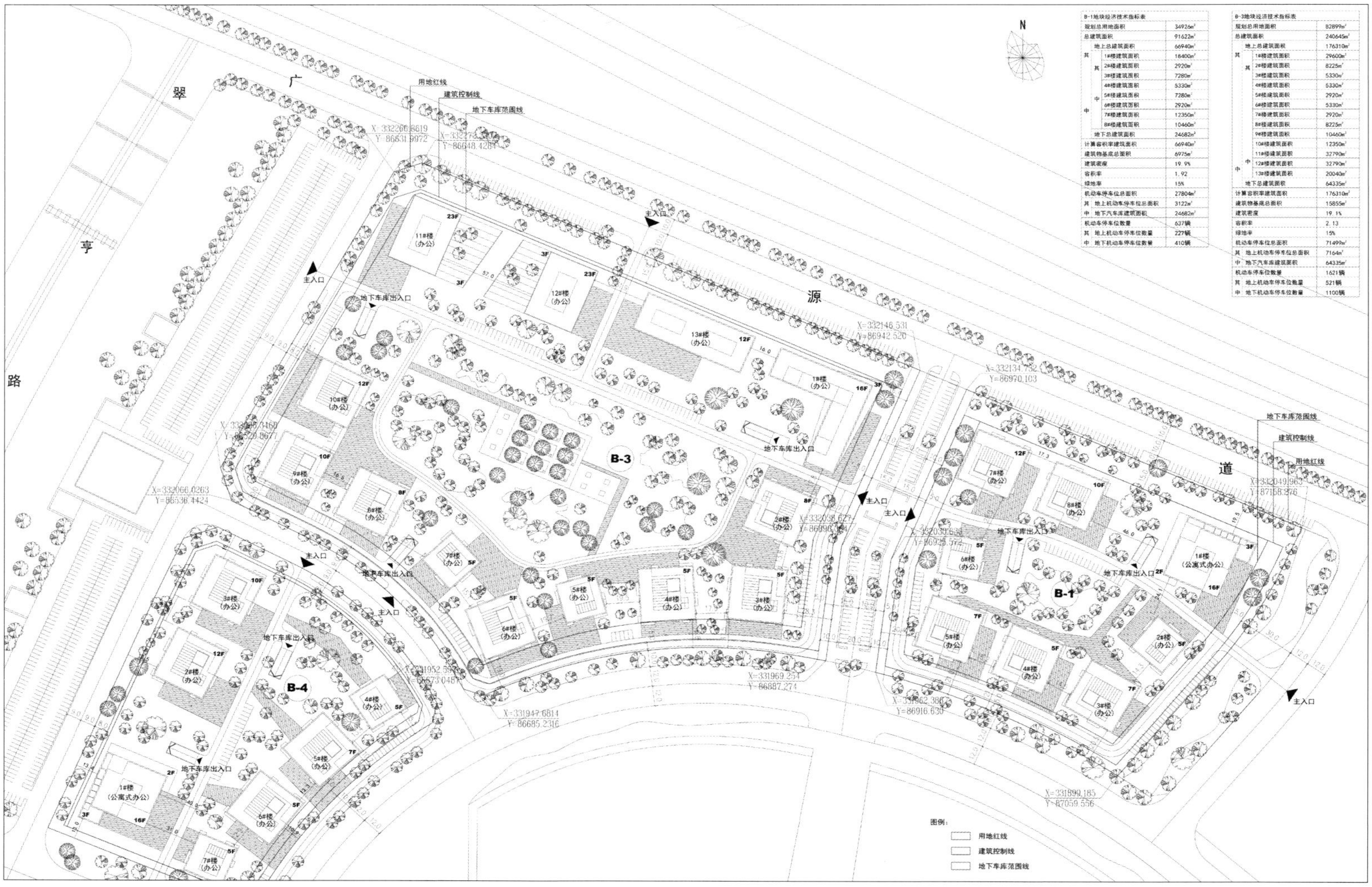
N
翠
亨
路
广
源
道
用地红线
建筑控制线
地下车库范围线
主入口
地下车库出入口
B-3
B-1
B-4
11#楼
(办公)
12#楼
(办公)
13#楼
(办公)
1#楼
(公寓式办公)
图例:
用地红线
建筑控制线
地下车库范围线

B-1地块经济技术指标表	
规划总用地面积	34926m²
总建筑面积	91622m²
其中 地上总建筑面积	66940m²
其中 1#楼建筑面积	18400m²
2#楼建筑面积	2920m²
3#楼建筑面积	7280m²
4#楼建筑面积	5330m²
5#楼建筑面积	7280m²
6#楼建筑面积	2920m²
7#楼建筑面积	12350m²
8#楼建筑面积	10460m²
地下总建筑面积	24682m²
计算容积率建筑面积	66940m²
建筑物基底总面积	6975m²
建筑密度	19.9%
容积率	1.92
绿地率	15%
机动车停车位总面积	27804m²
其中 地上机动车停车位总面积	3122m²
地下汽车库建筑面积	24682m²
机动车停车位数量	637辆
其中 地上机动车停车位数量	227辆
地下机动车停车位数量	410辆

B-3地块经济技术指标表	
规划总用地面积	82899m²
总建筑面积	240645m²
其中 地上总建筑面积	176310m²
其中 1#楼建筑面积	29600m²
2#楼建筑面积	8225m²
3#楼建筑面积	5330m²
4#楼建筑面积	5330m²
5#楼建筑面积	2920m²
6#楼建筑面积	5330m²
7#楼建筑面积	2920m²
8#楼建筑面积	8225m²
9#楼建筑面积	10460m²
10#楼建筑面积	12350m²
11#楼建筑面积	32790m²
12#楼建筑面积	32790m²
13#楼建筑面积	20040m²
地下总建筑面积	64335m²
计算容积率建筑面积	176310m²
建筑物基底总面积	15855m²
建筑密度	19.1%
容积率	2.13
绿地率	15%
机动车停车位总面积	71499m²
其中 地上机动车停车位总面积	7164m²
地下汽车库建筑面积	64335m²
机动车停车位数量	1621辆
其中 地上机动车停车位数量	521辆
地下机动车停车位数量	1100辆

B-1,B-3 总平面图

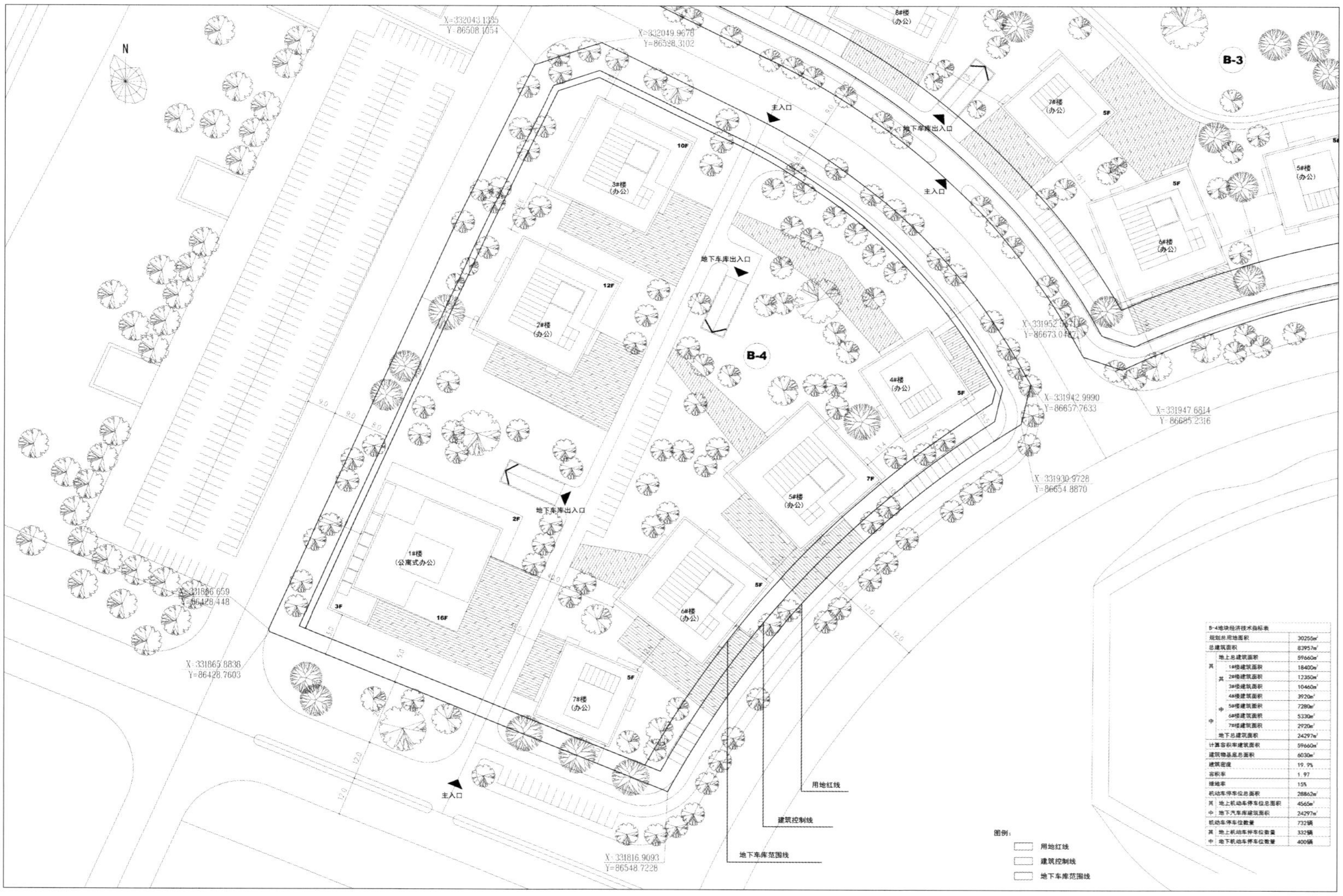
N
B-3
B-4
主入口
地下车库出入口
1#楼
(公寓式办公)
用地红线
建筑控制线
地下车库范围线
图例:
用地红线
建筑控制线
地下车库范围线

B-4地块经济技术指标表	
规划总用地面积	30255m²
总建筑面积	83957m²
其中 地上总建筑面积	59660m²
其中 1#楼建筑面积	18400m²
2#楼建筑面积	12350m²
3#楼建筑面积	10460m²
4#楼建筑面积	3920m²
5#楼建筑面积	7280m²
6#楼建筑面积	5330m²
7#楼建筑面积	2920m²
地下总建筑面积	24297m²
计算容积率建筑面积	59660m²
建筑物基底总面积	6030m²
建筑密度	19.9%
容积率	1.97
绿地率	15%
机动车停车位总面积	28862m²
其中 地上机动车停车位总面积	4565m²
地下汽车库建筑面积	24297m²
机动车停车位数量	732辆
其中 地上机动车停车位数量	332辆
地下机动车停车位数量	400辆

B-4 总平面图

功能定位

项目定位为以服务创业型小型企业独立办公为主，大中型企业集中式办公为辅的城市创业型总部基地。为满足不同企业不同发展阶段的使用需求，这里提供从高层单元到独栋办公的多种产品，尤其是低密度、低容量、高绿地率的独栋生态办公迎来了企业办公诉求上的发展高潮。

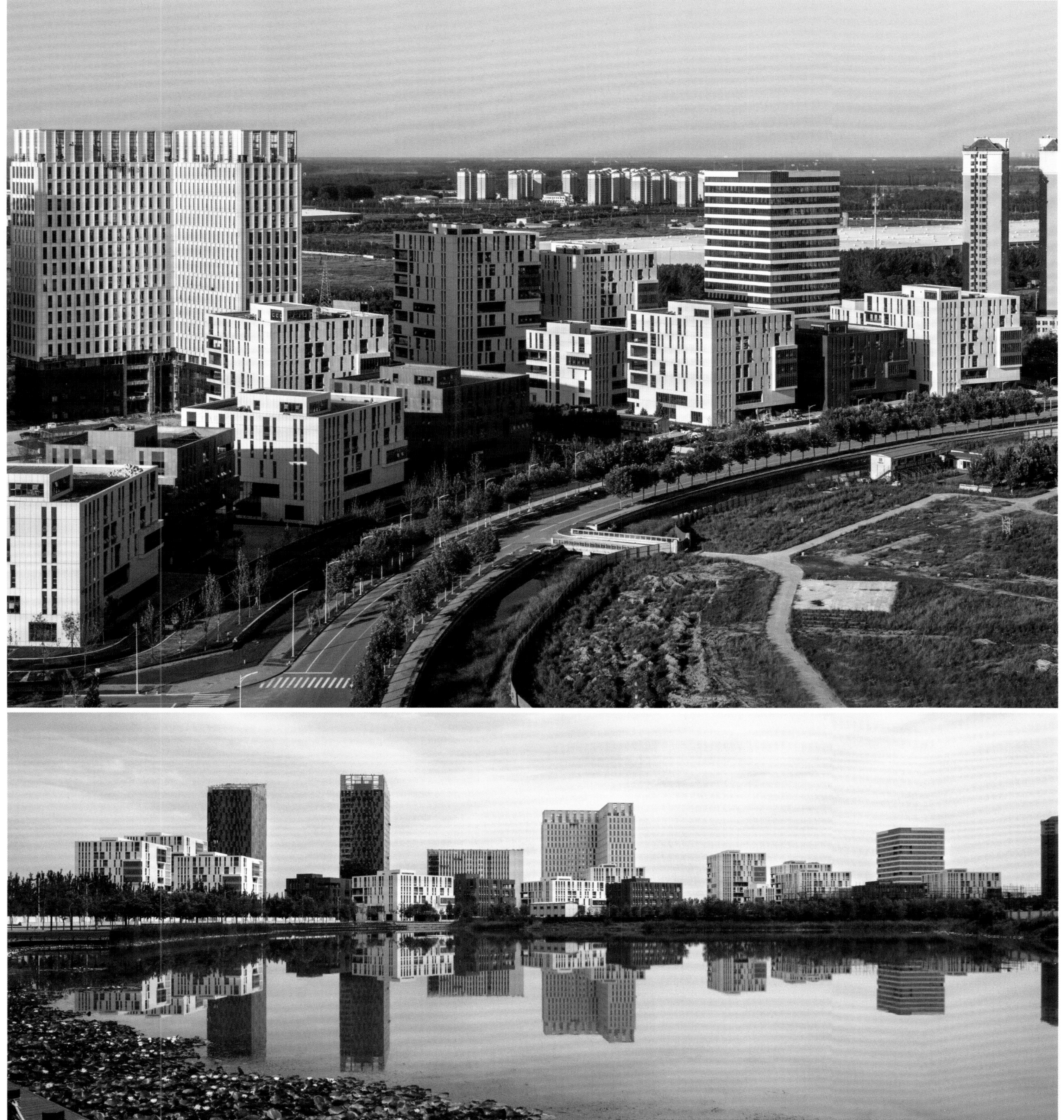

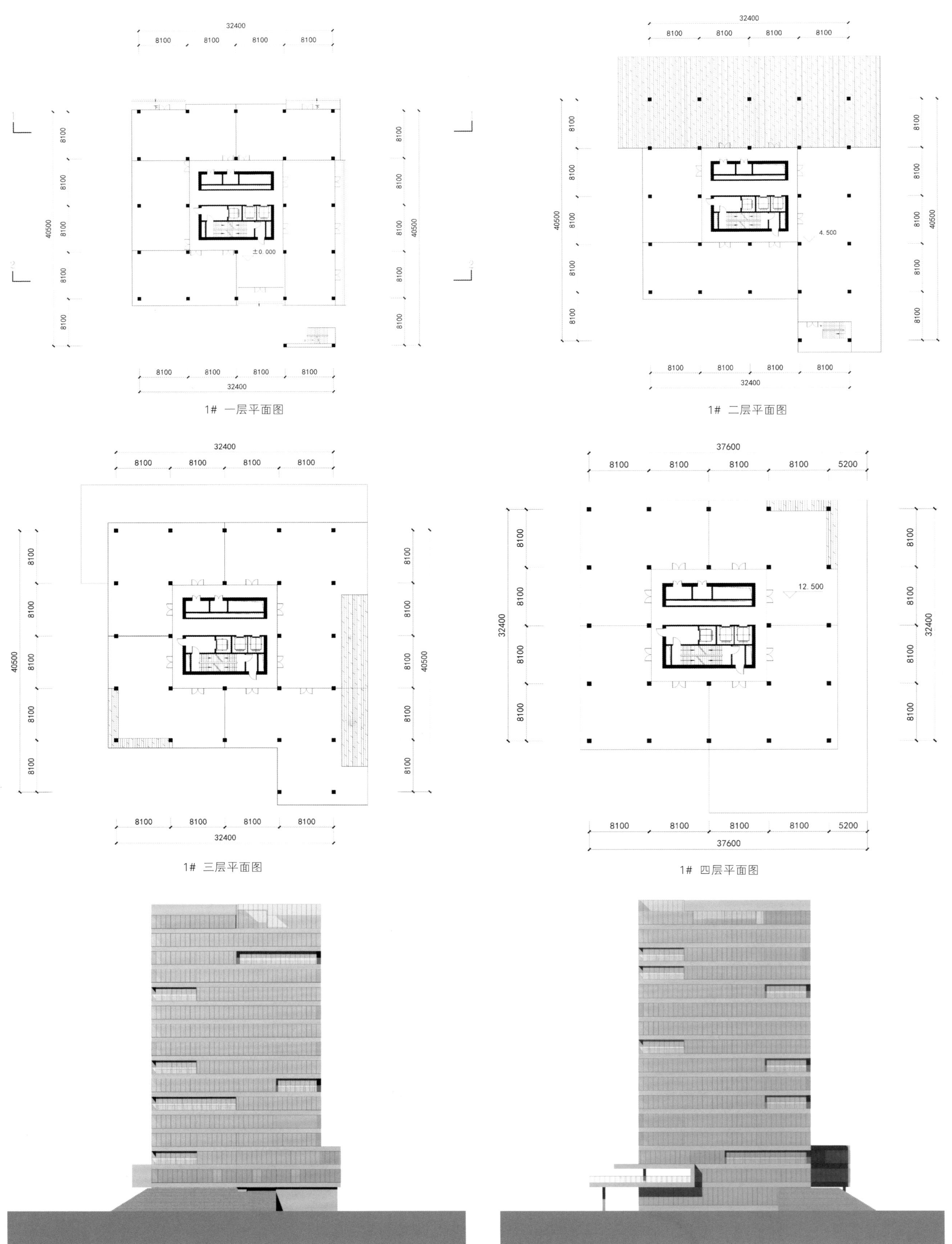

1# 一层平面图

1# 二层平面图

1# 三层平面图

1# 四层平面图

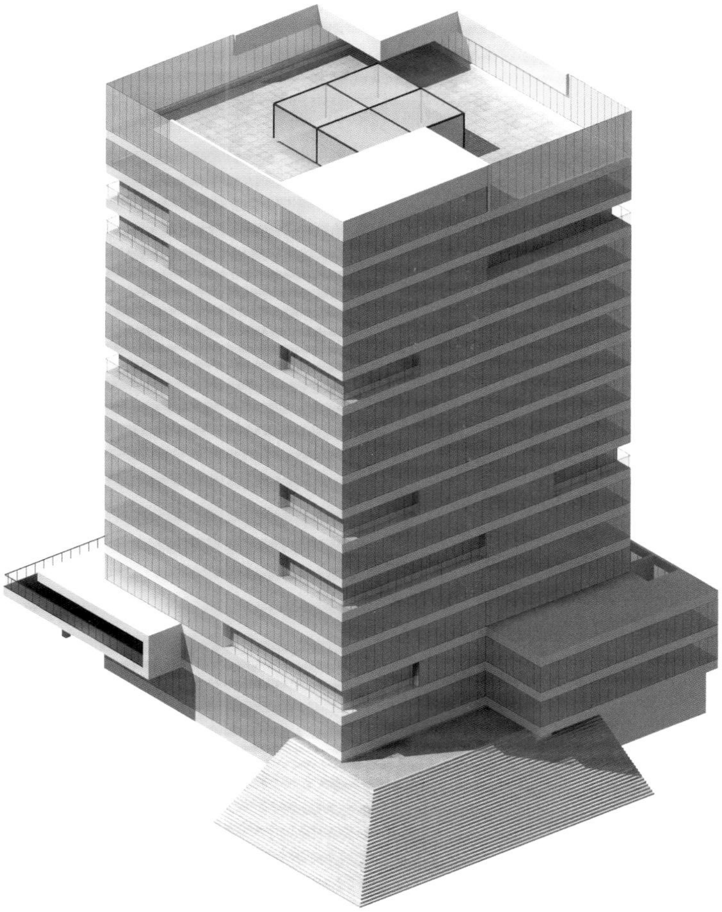

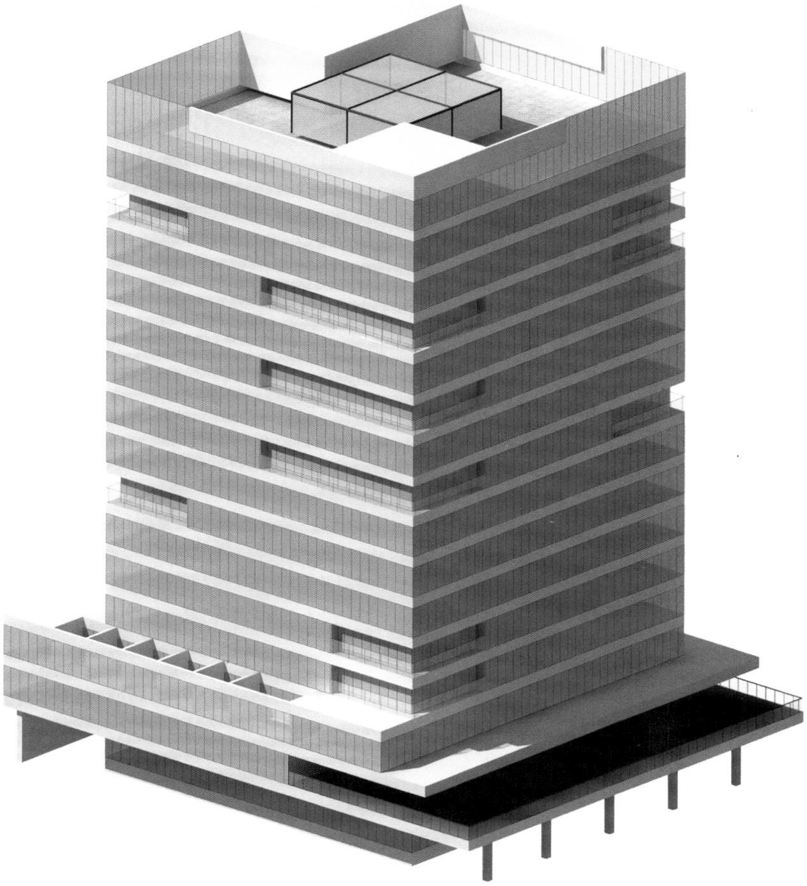

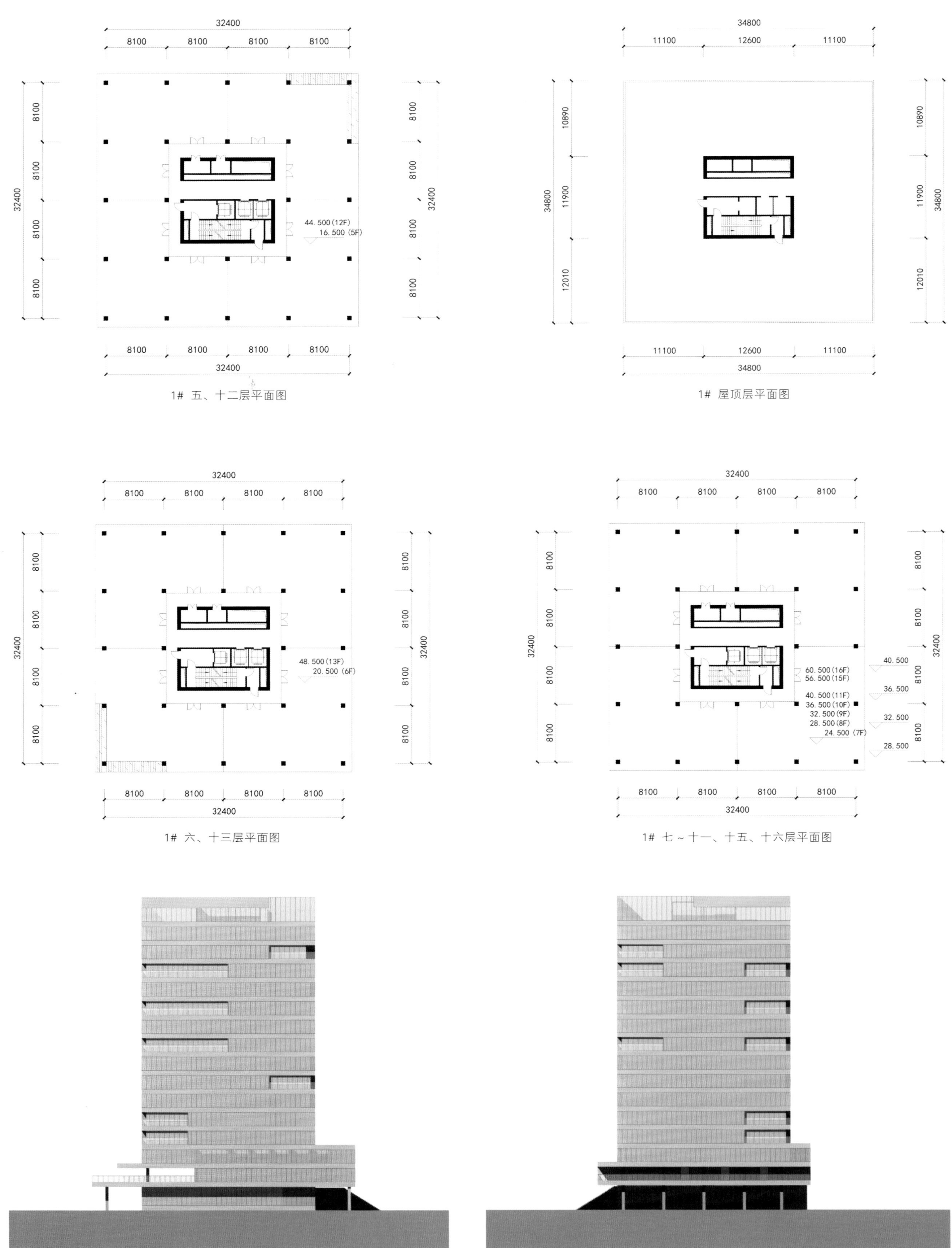

1# 五、十二层平面图

1# 屋顶层平面图

1# 六、十三层平面图

1# 七～十一、十五、十六层平面图

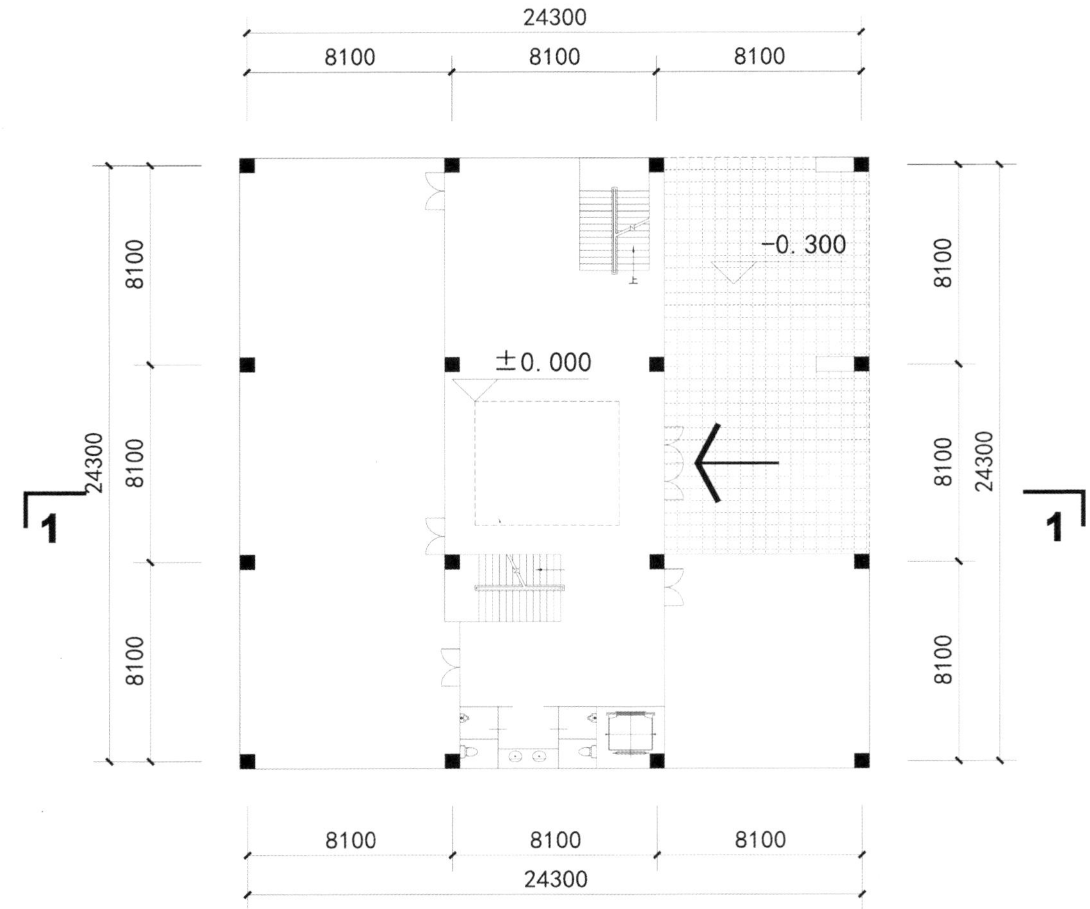

2# 6# 一层平面图

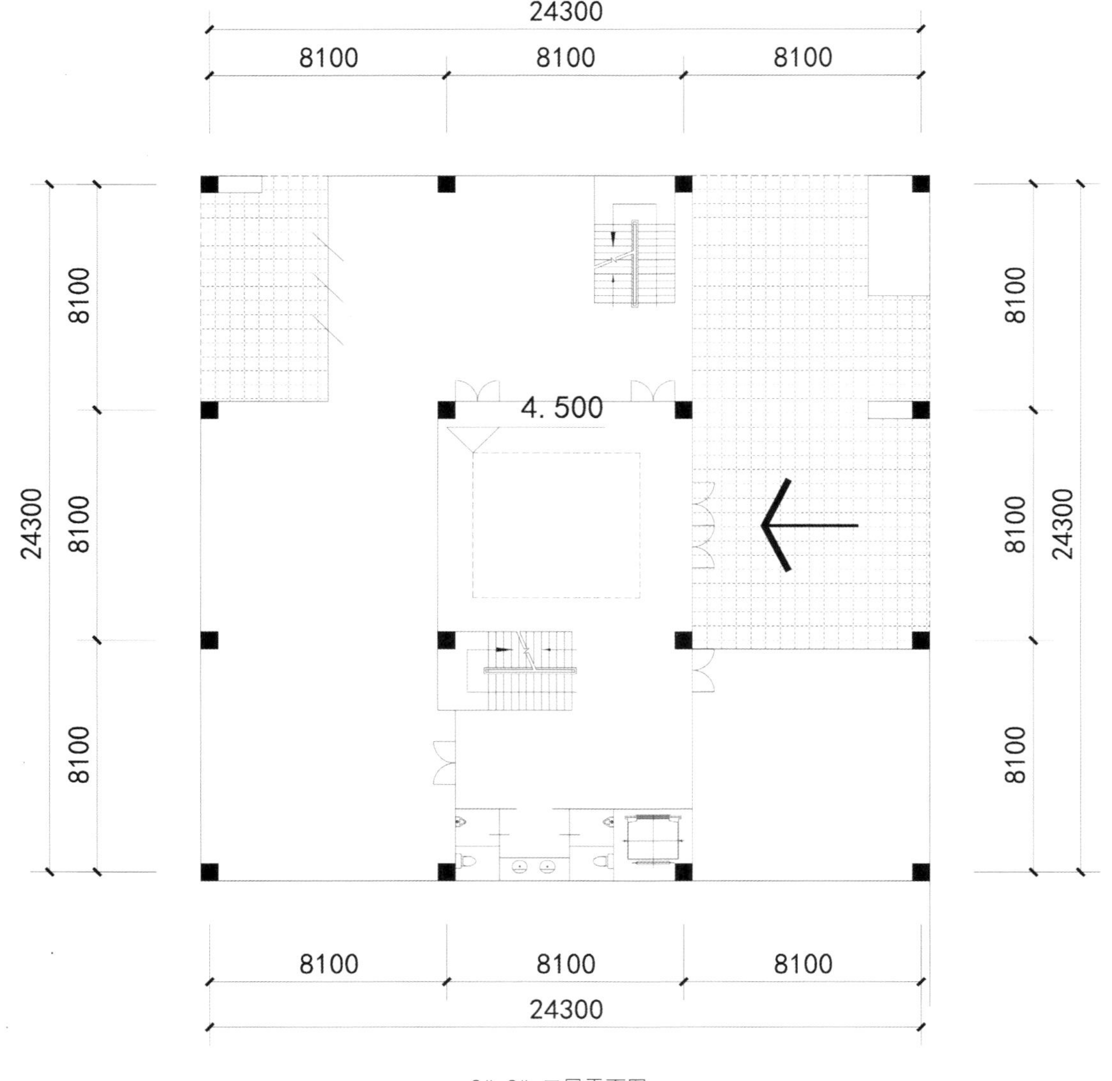

2# 6# 二层平面图

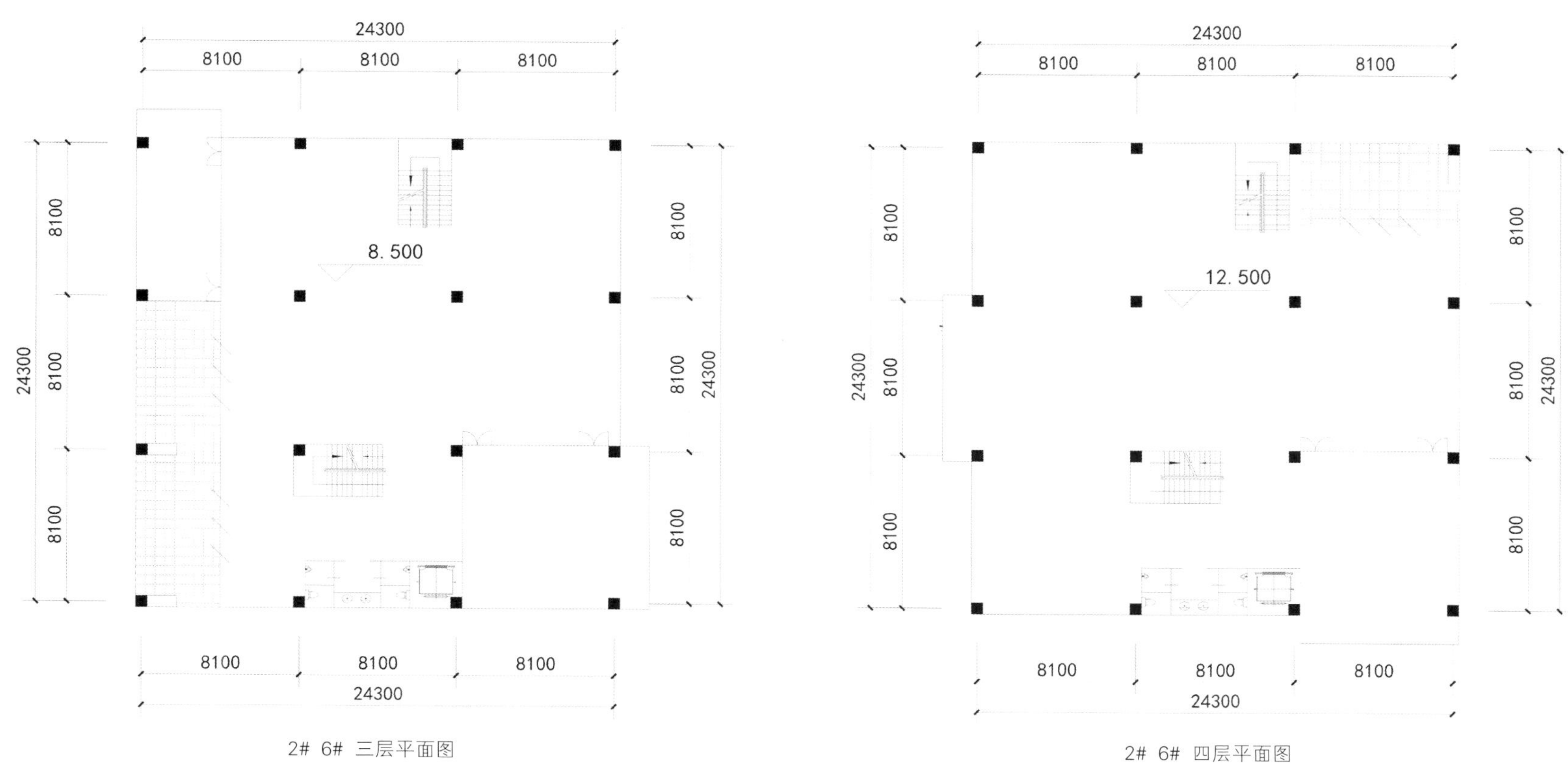

2# 6# 三层平面图

2# 6# 四层平面图

B04

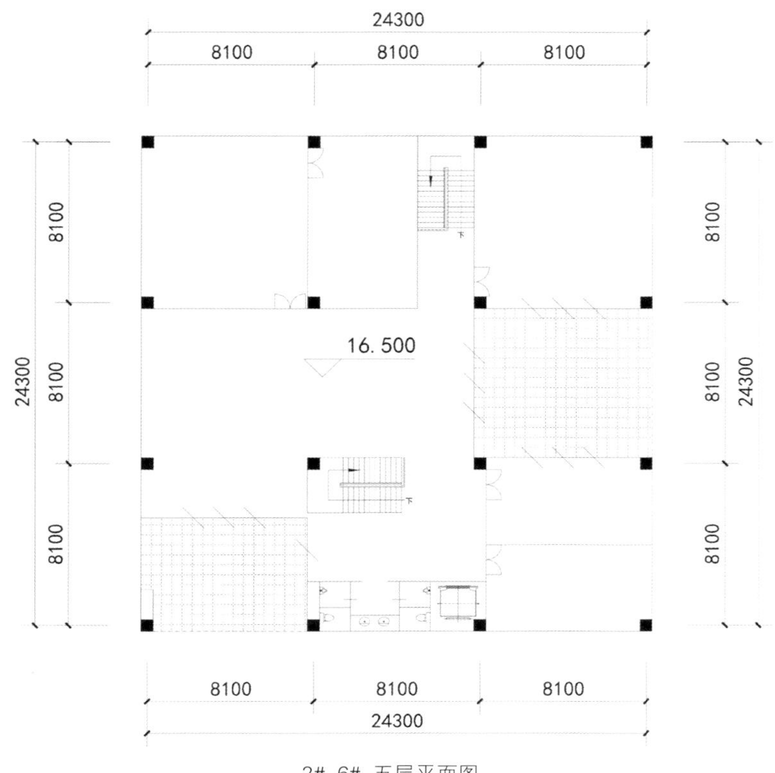

2# 6# 五层平面图

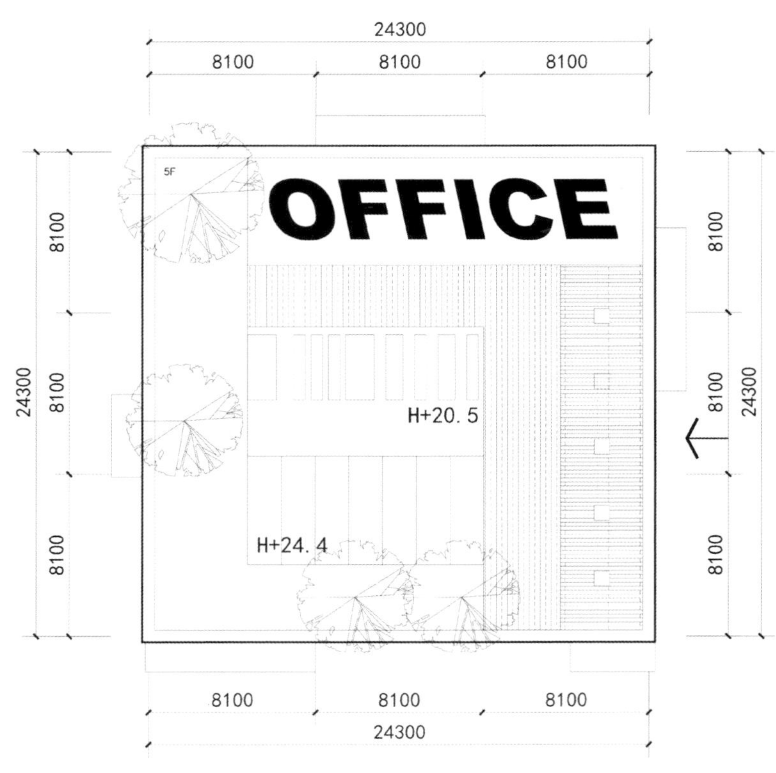

2# 6# 六层平面图

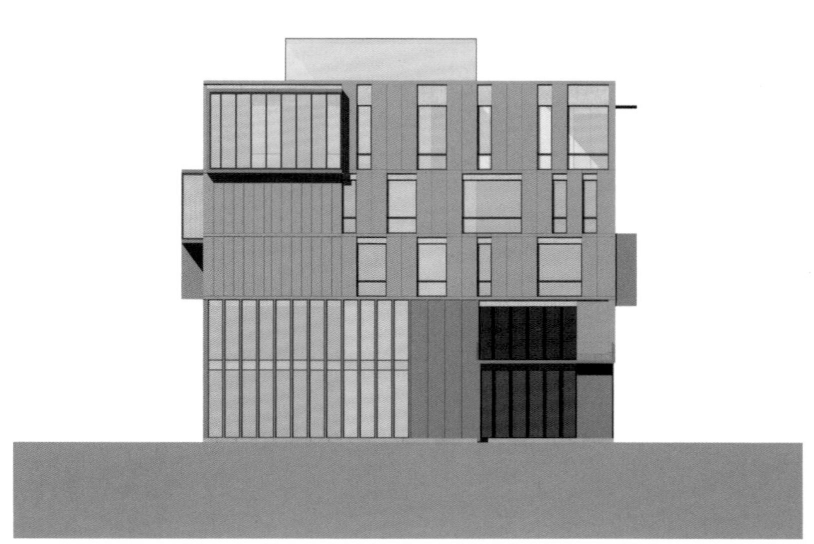

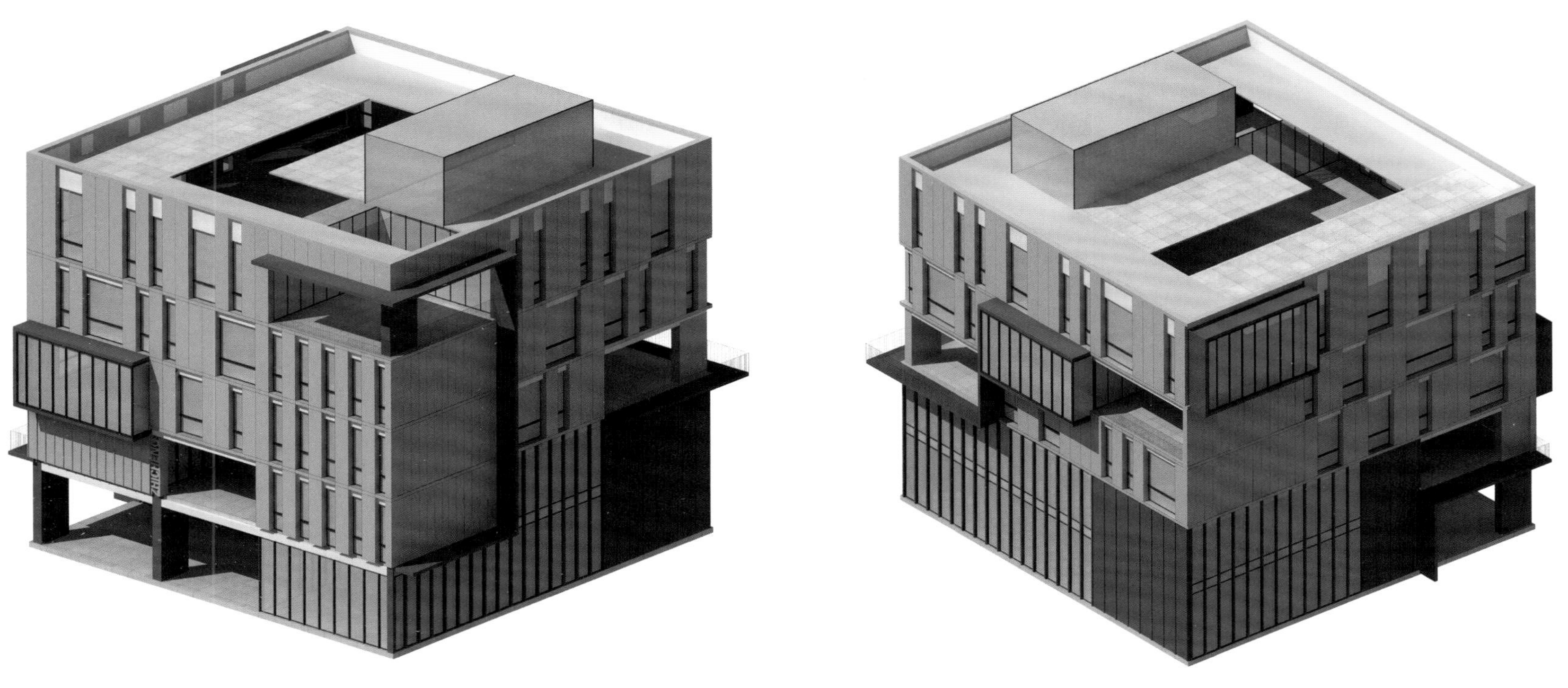

B06

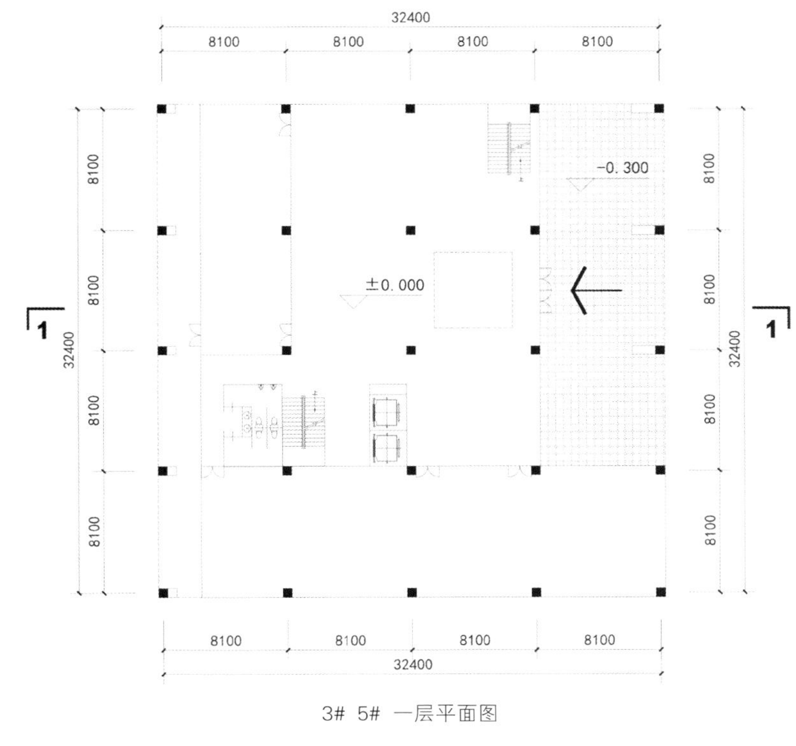

3# 5# 一层平面图

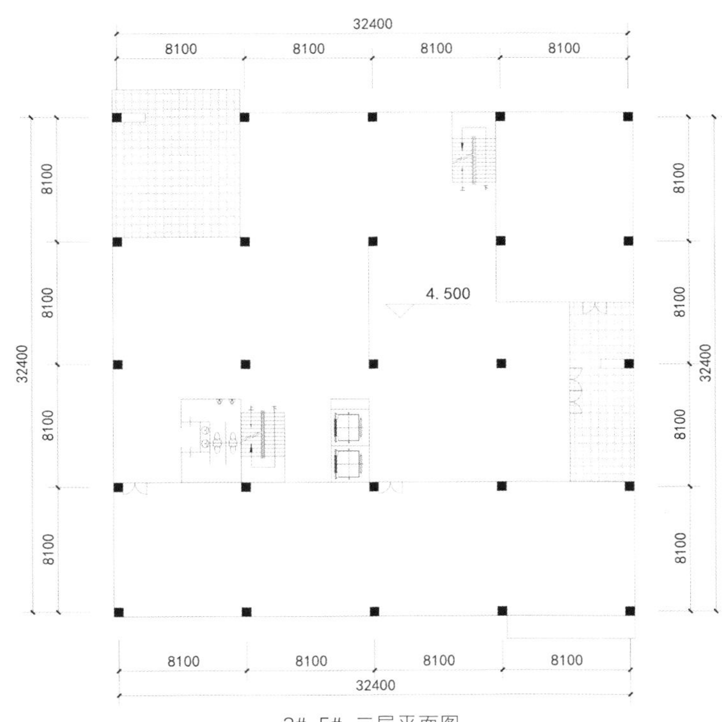

3# 5# 二层平面图

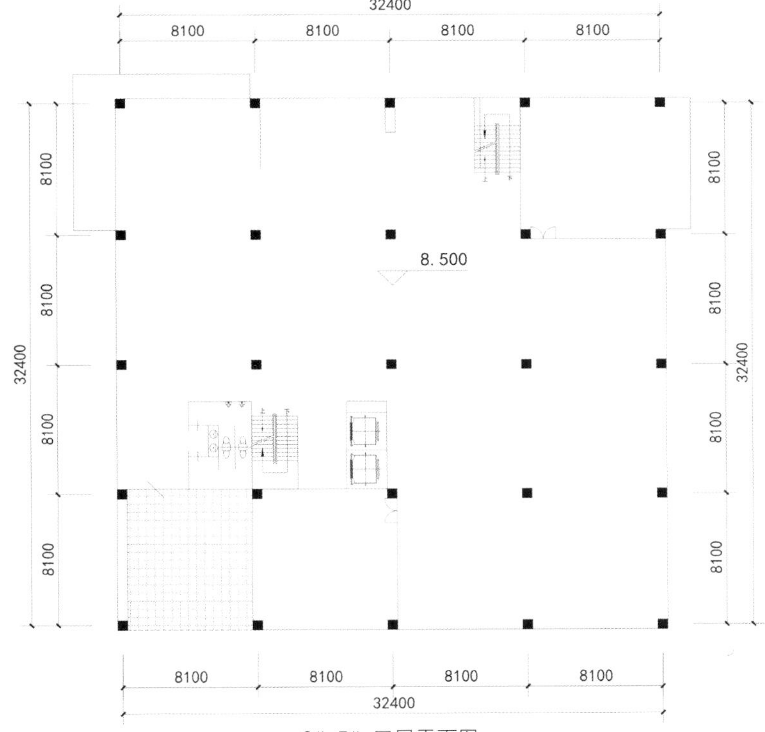

3# 5# 三层平面图

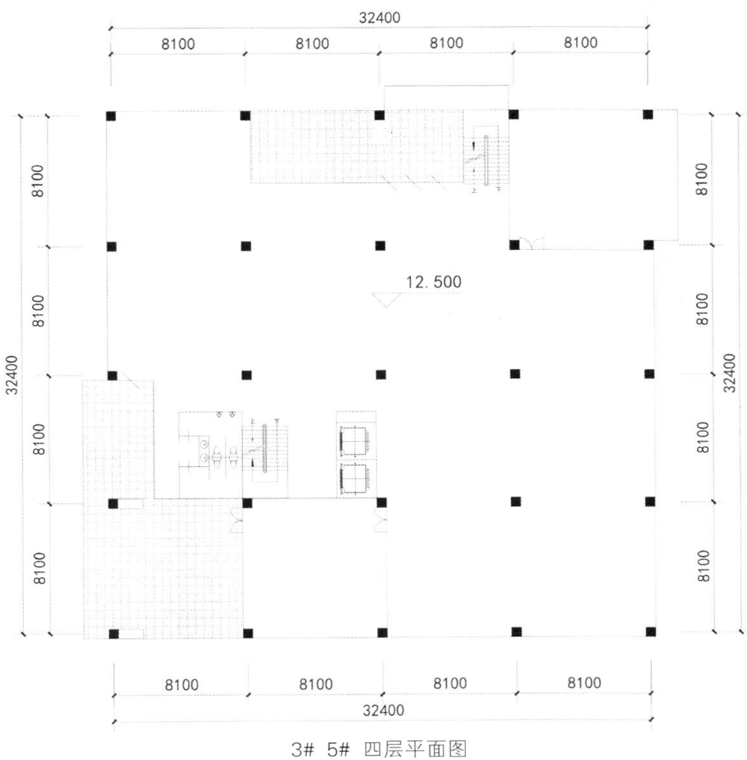

3# 5# 四层平面图

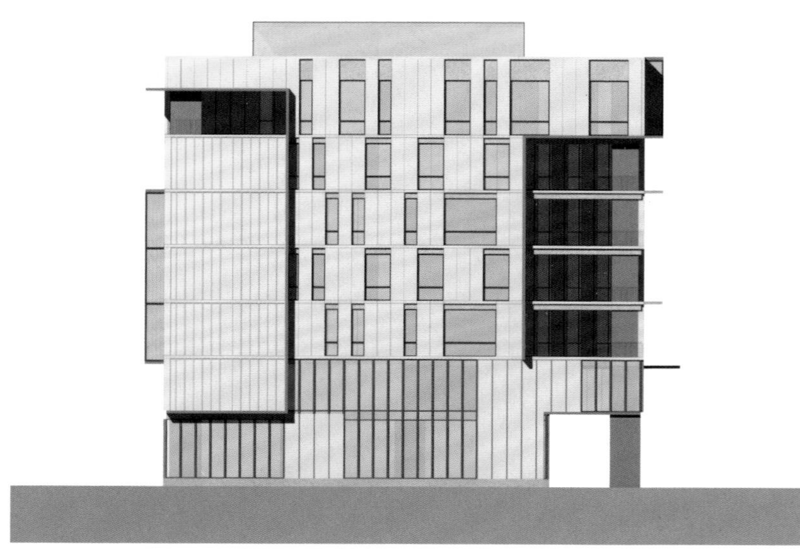

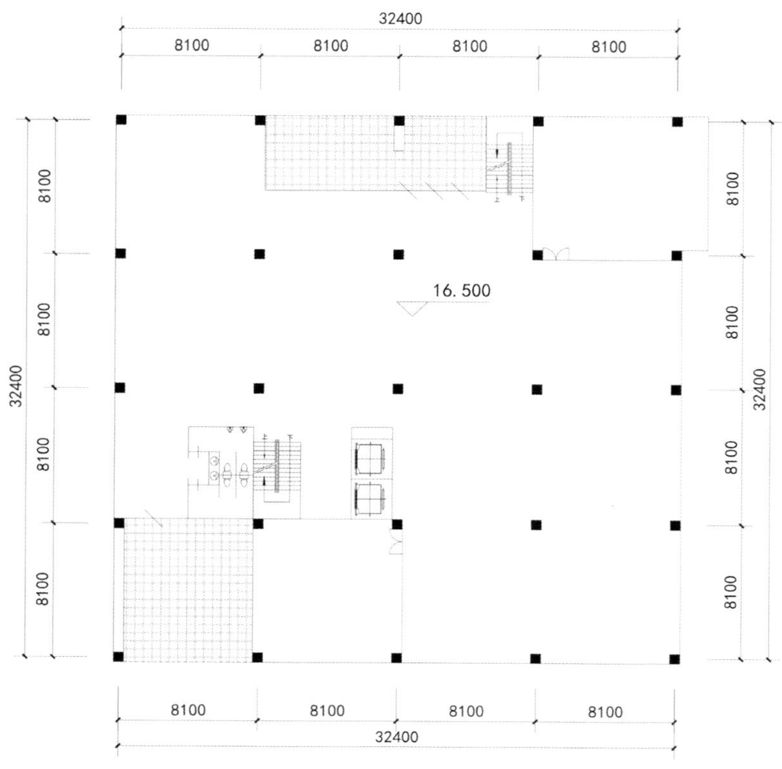

3# 5# 五层平面图

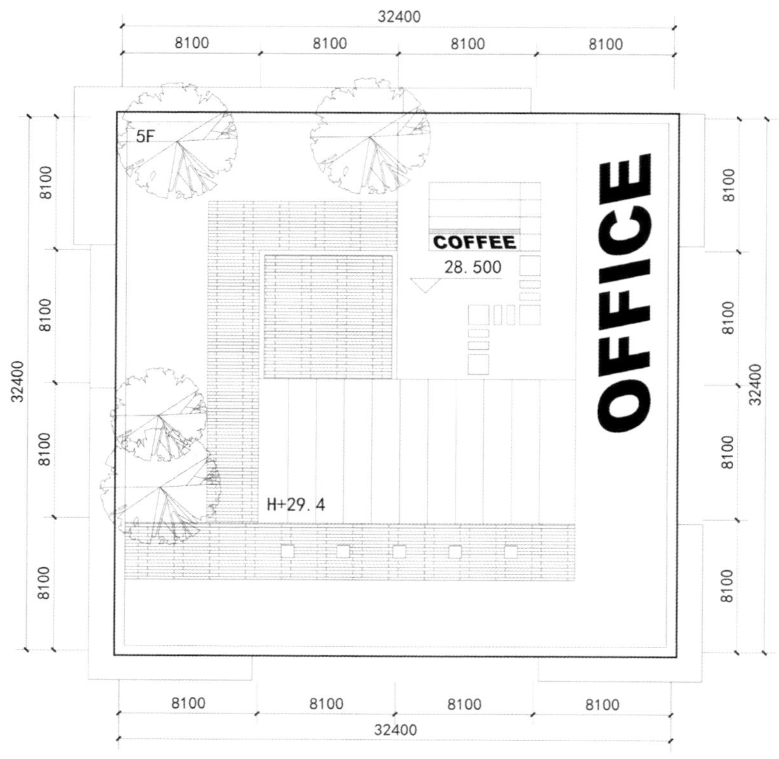

3# 5# 屋顶层平面图

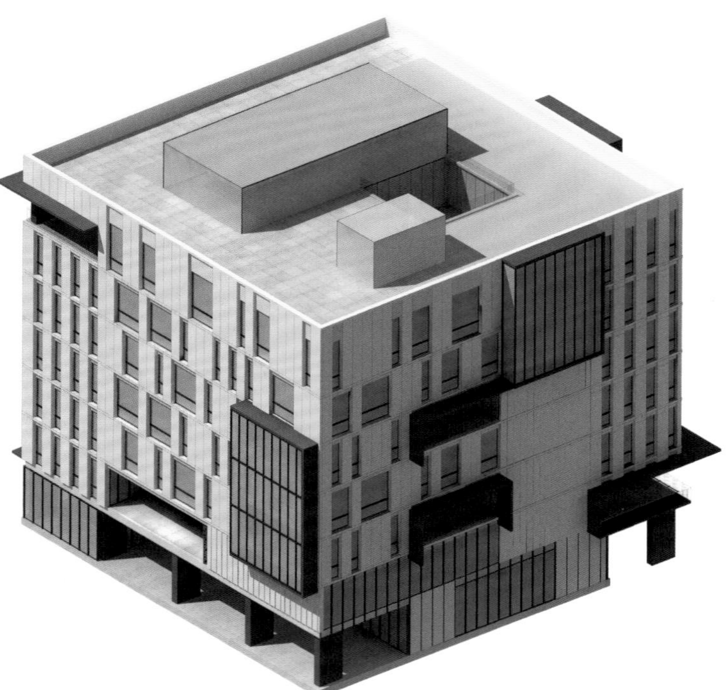

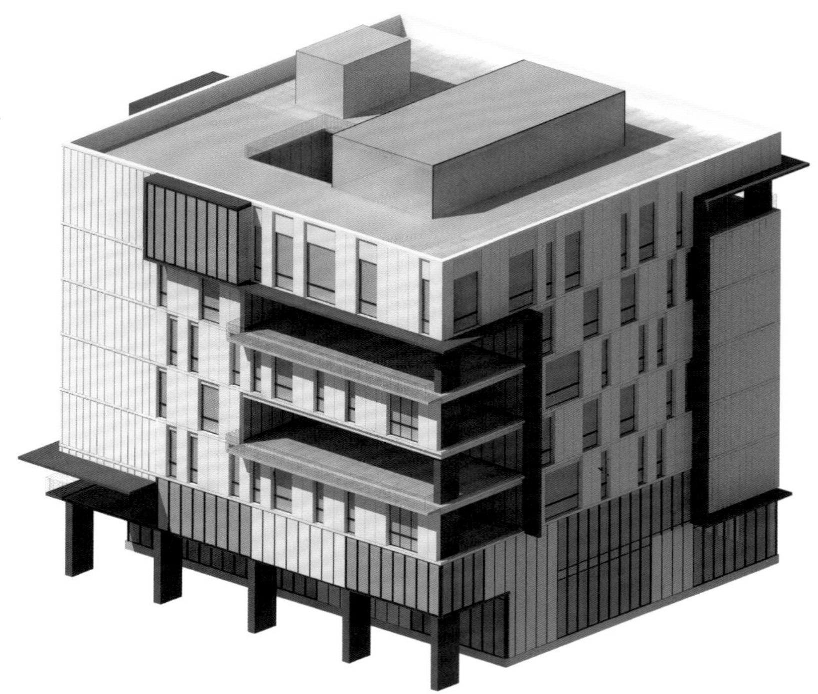

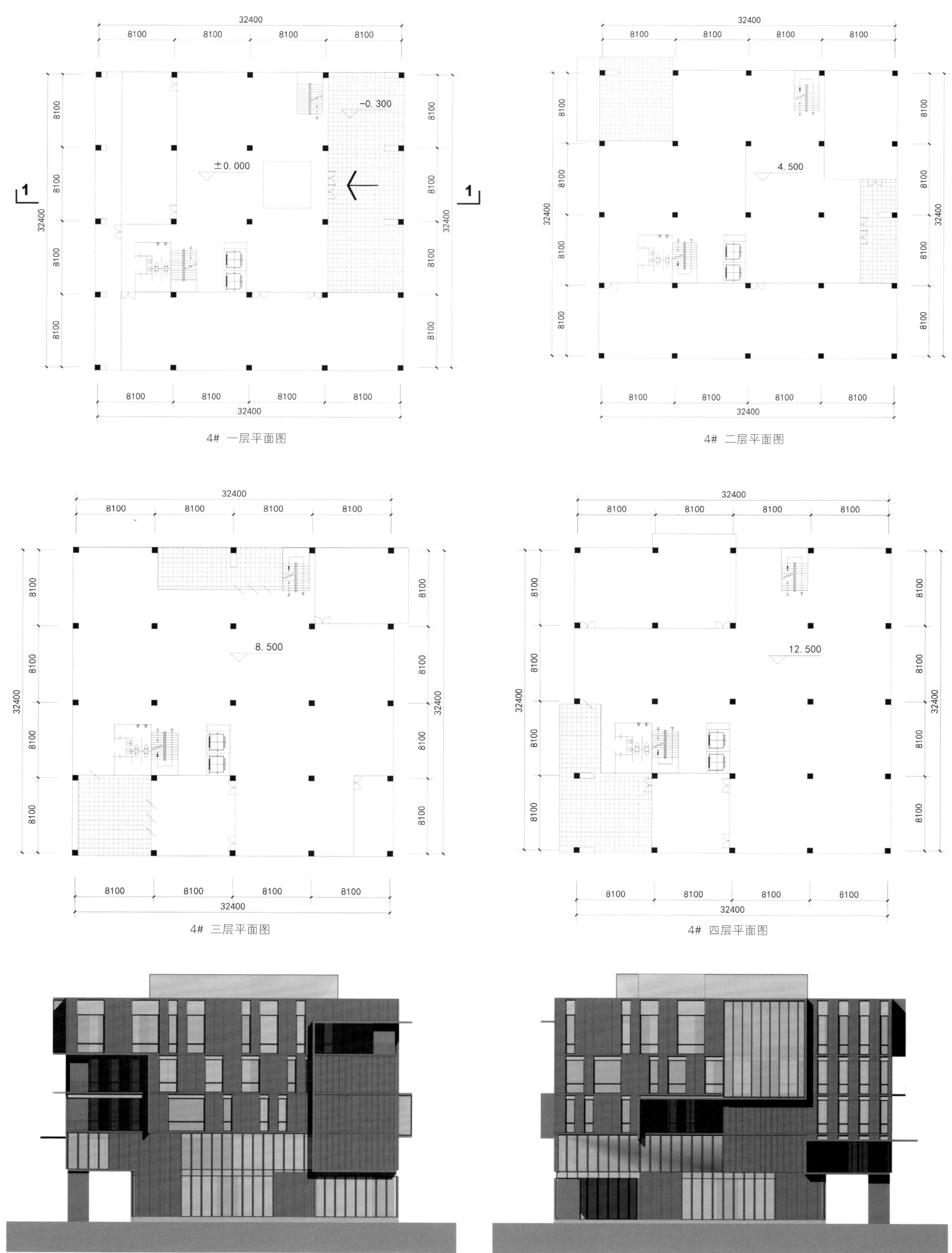

4# 一层平面图

4# 二层平面图

4# 三层平面图

4# 四层平面图

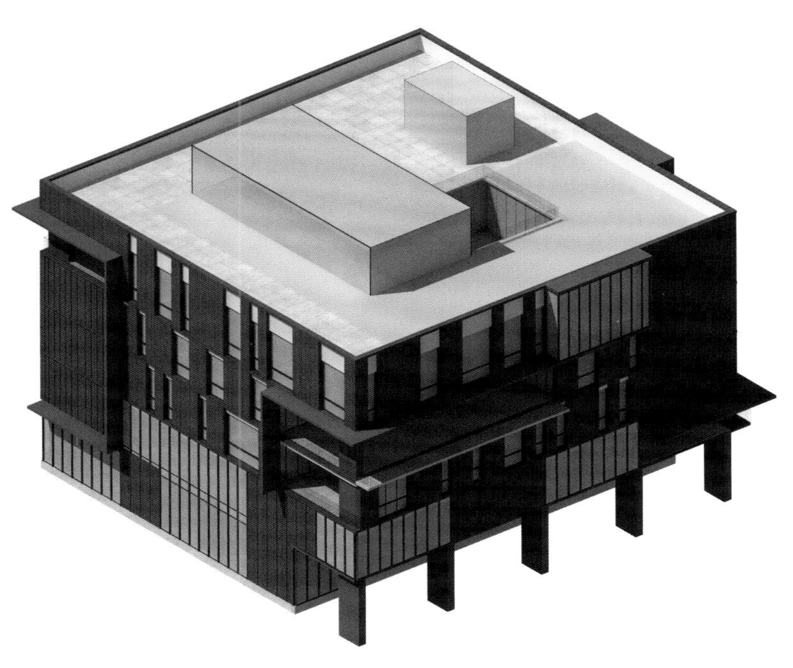

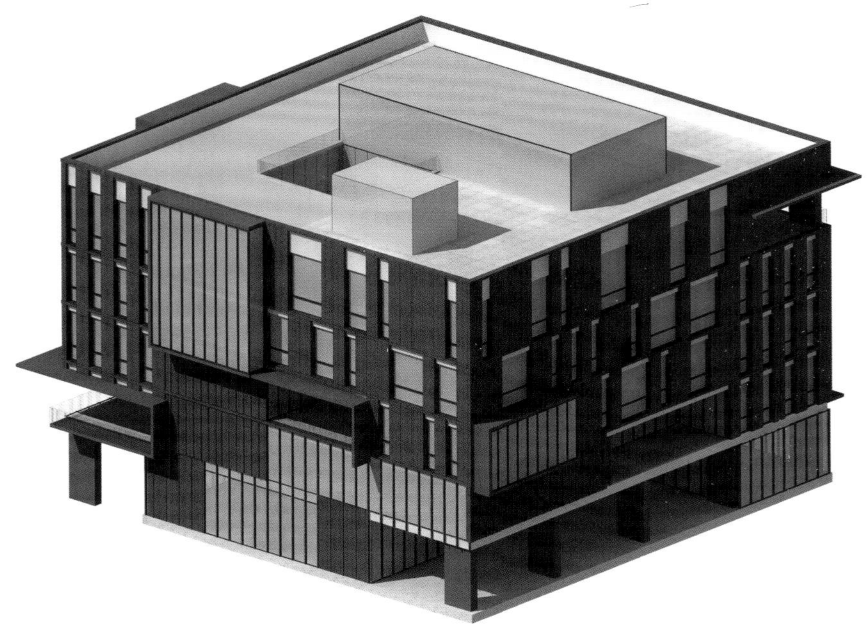

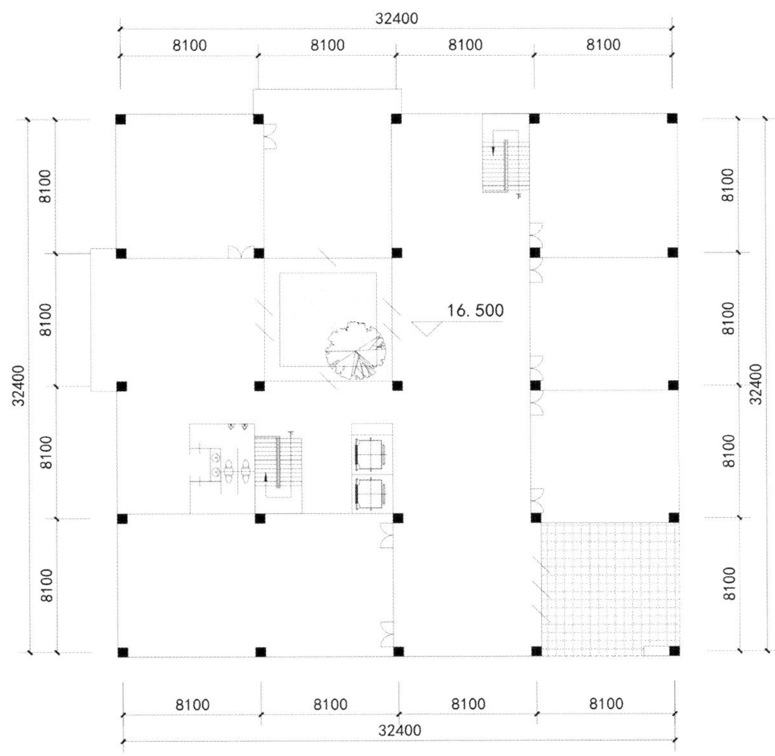

4# 五层平面图

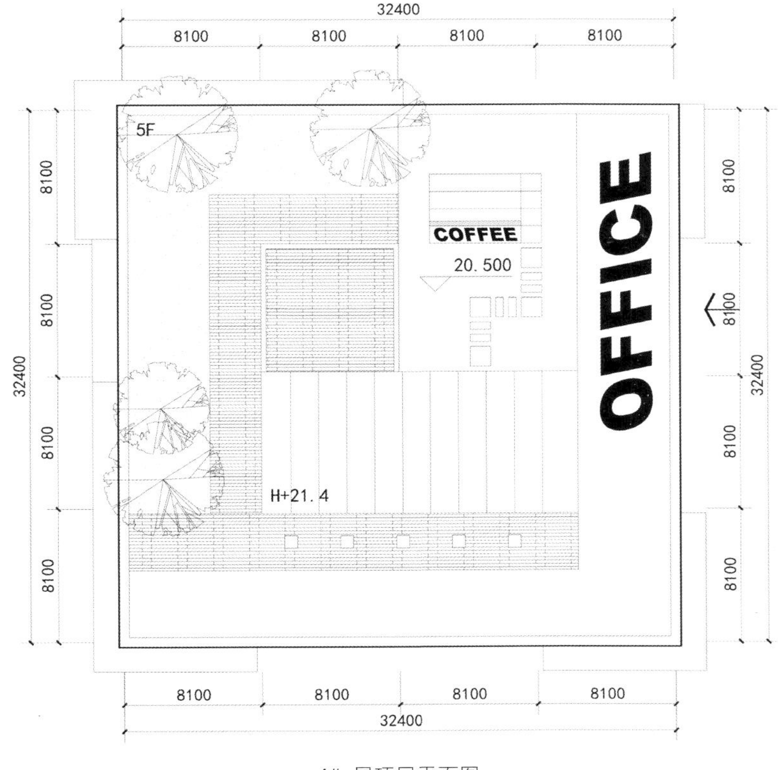

4# 屋顶层平面图

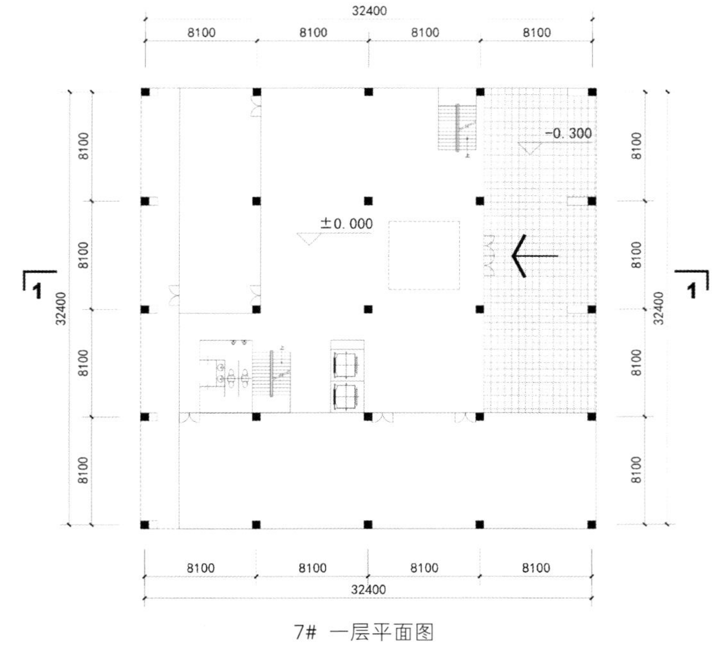

7# 一层平面图

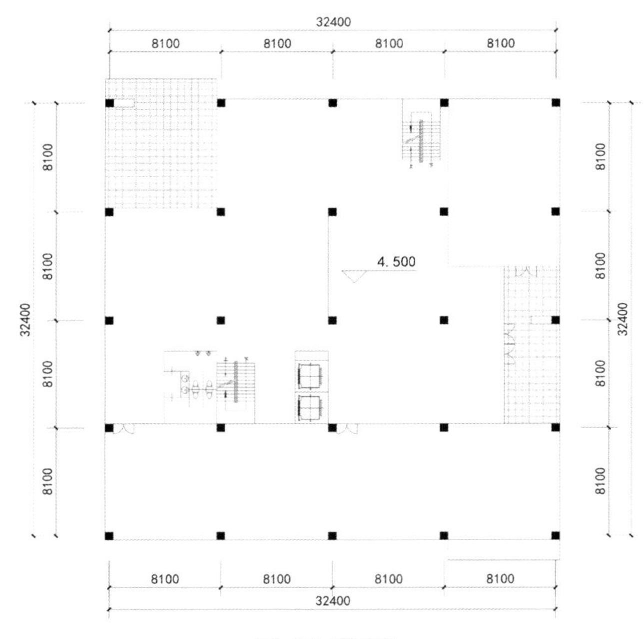

7# 二层平面图

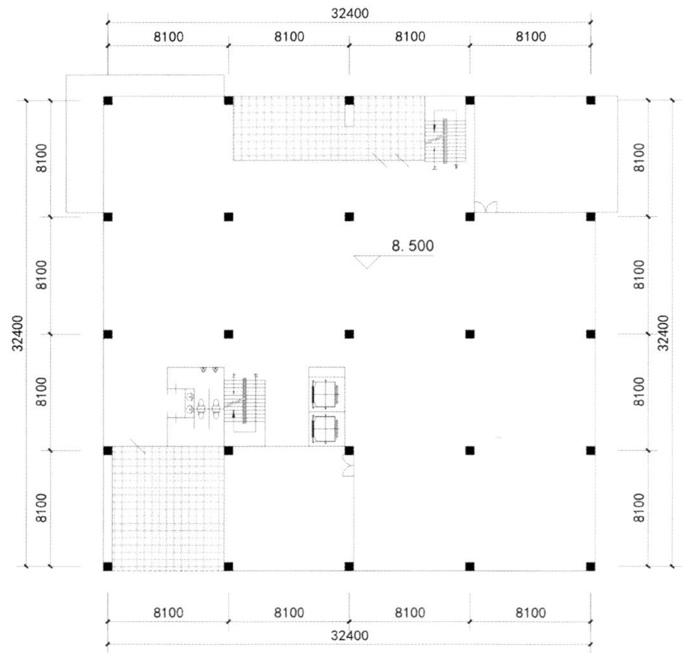

7# 三层平面图

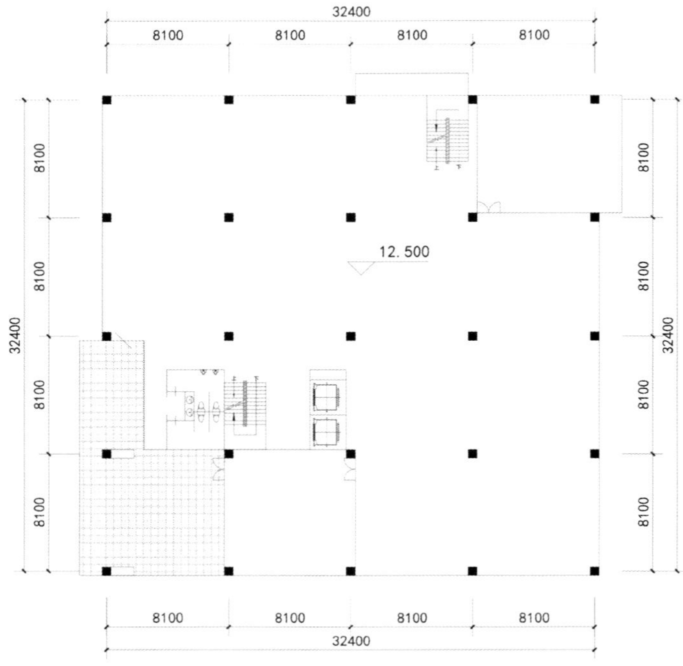

7# 四层平面图

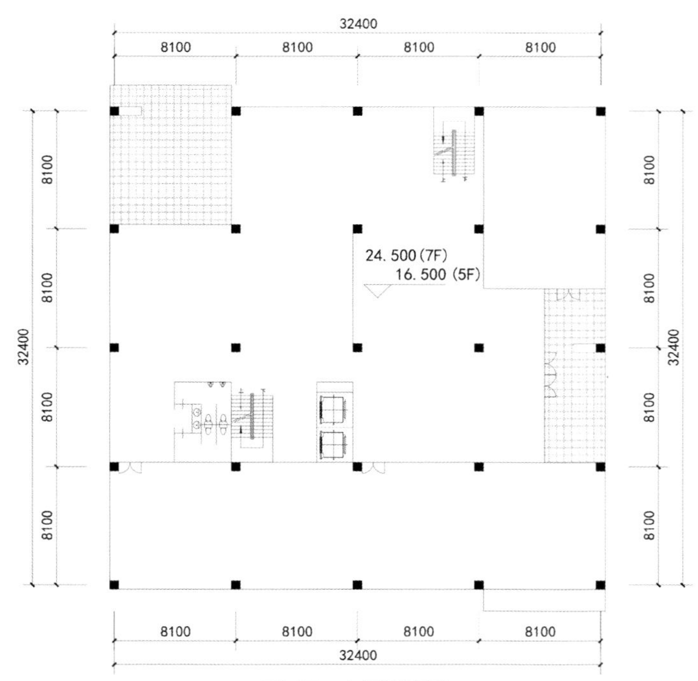

7# 五、七层平面图

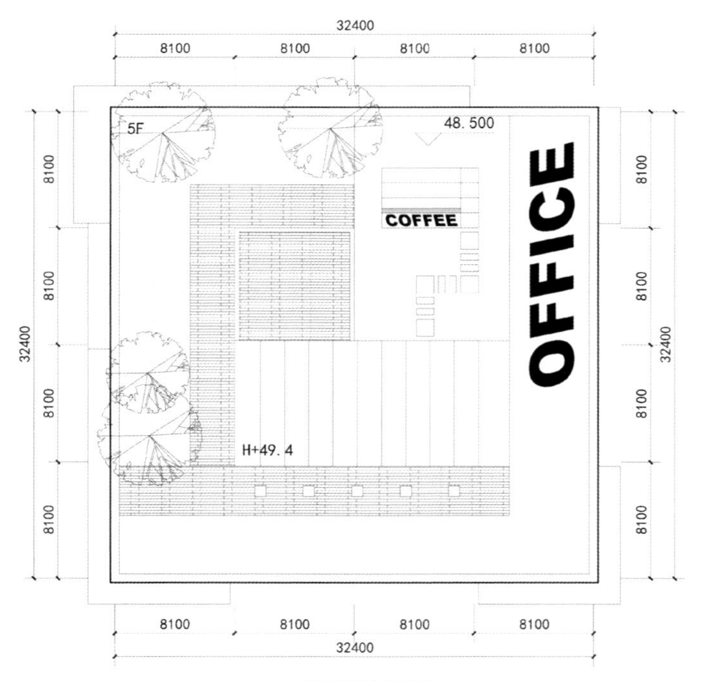

7# 屋顶层平面图

建筑设计

设计采用分割的立面和墙壁、多层级的屋顶平台、部分架空的底层等建筑元素，以层为单元，通过旋转、叠加形成了具有拼贴意味的立面，并适用于不同的层数要求。采用砖红色和亚光白的铝板混合玻璃幕墙，配以黑色铝板吊顶和包边。单块铝板尺度以层高为单位，强调竖向线条，以保持立面的统一和整体性。

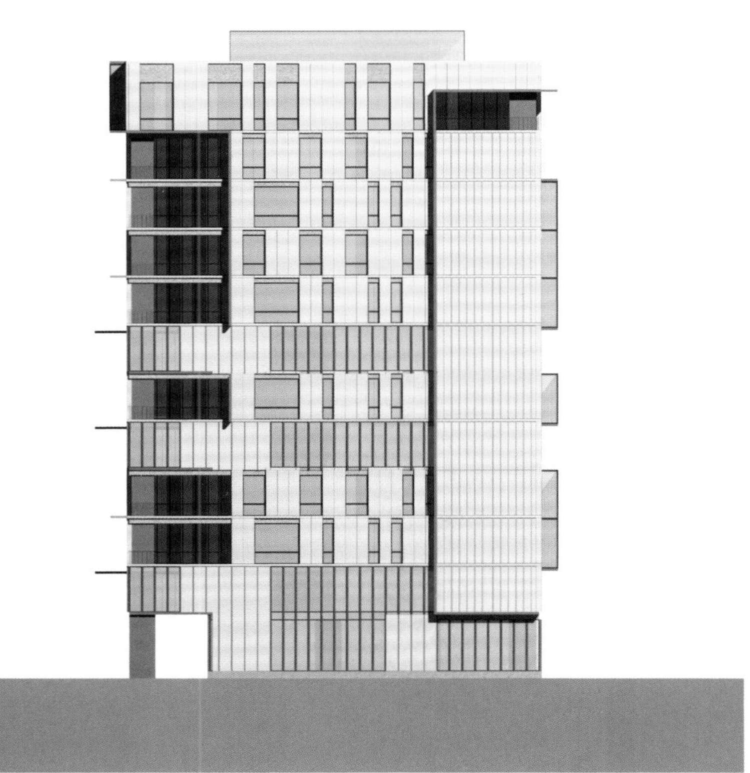

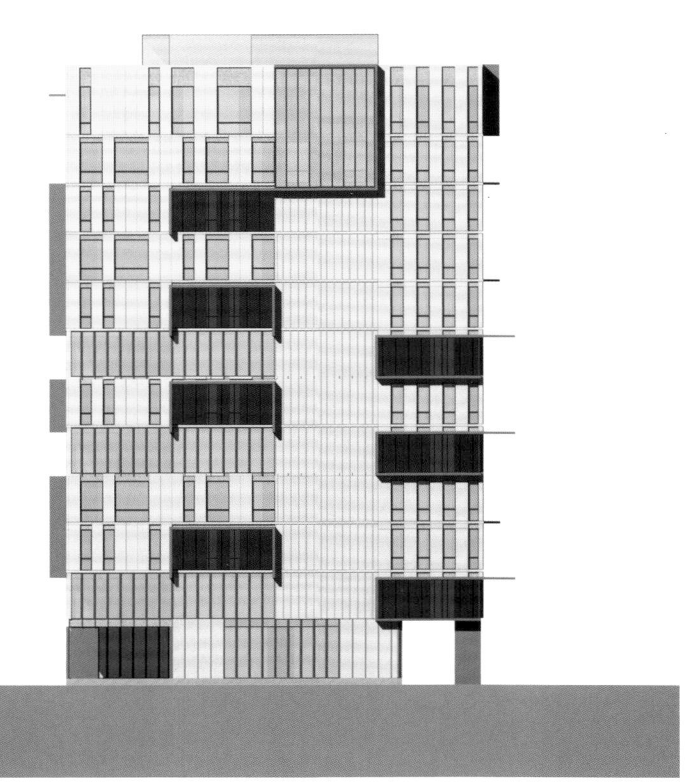

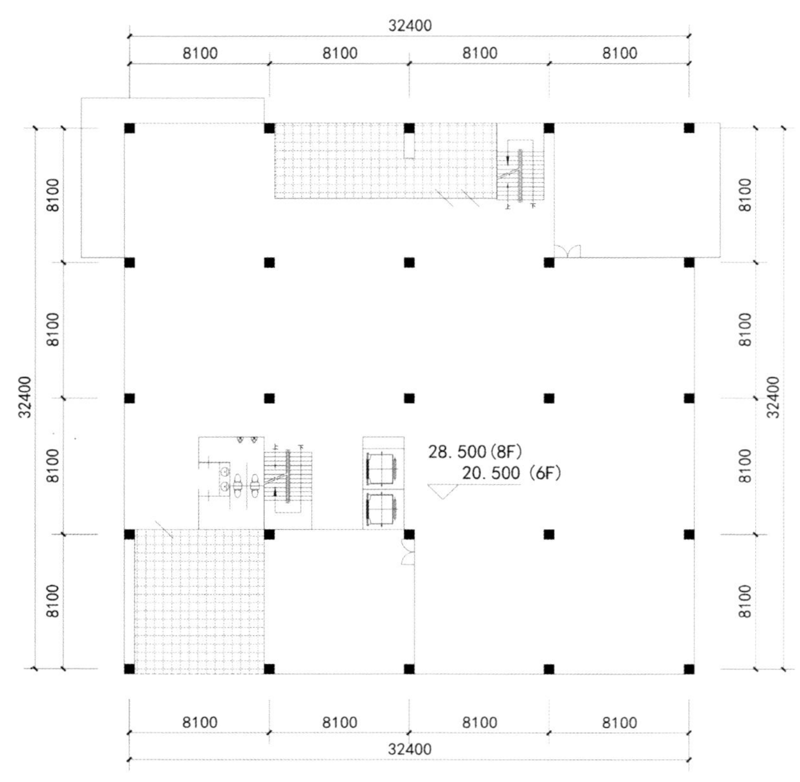

7# 六、八层平面图

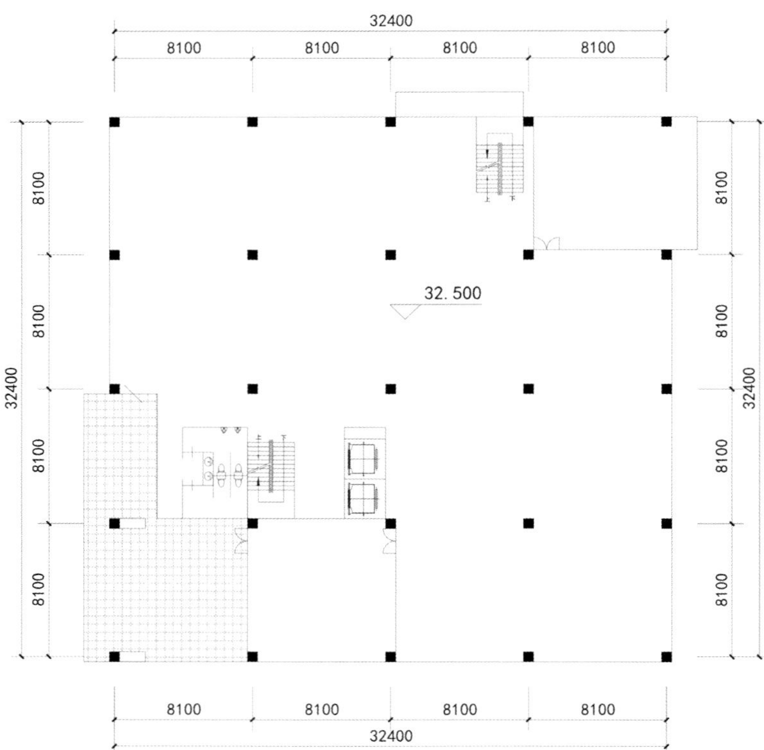

7# 九层平面图

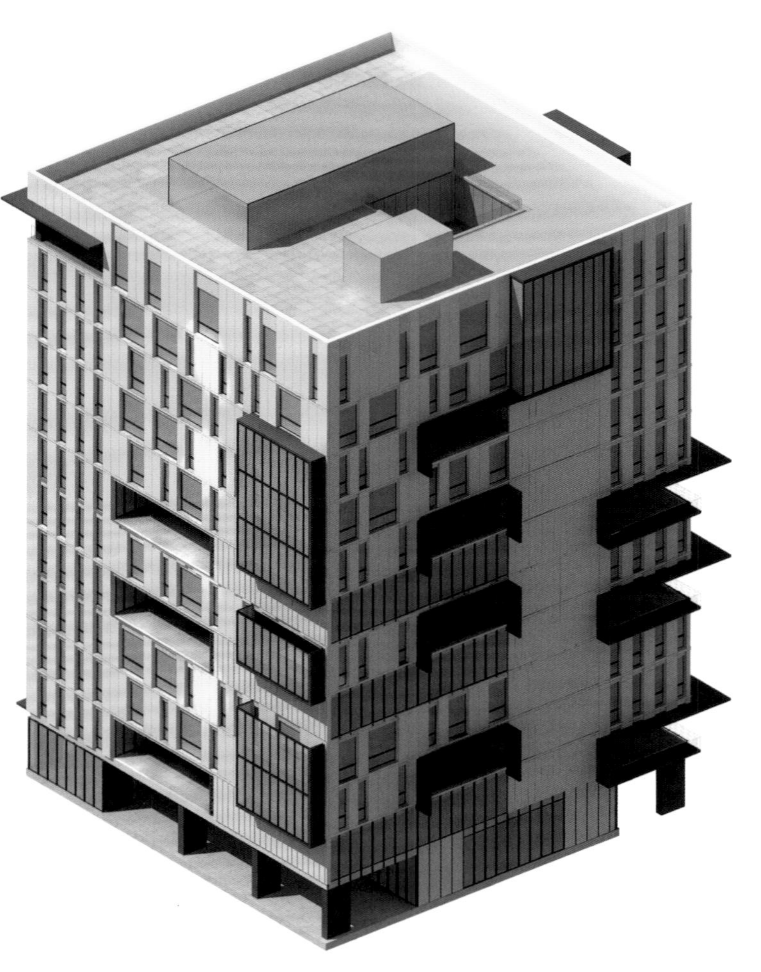

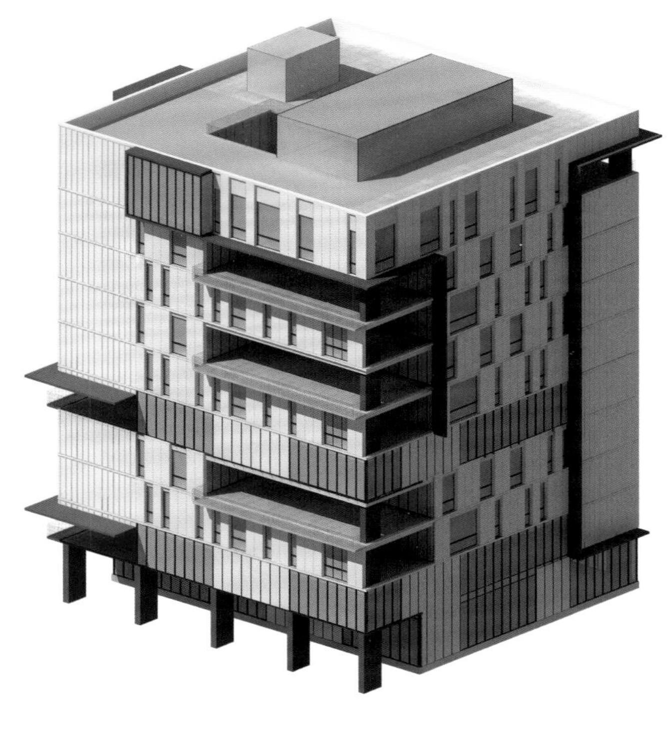

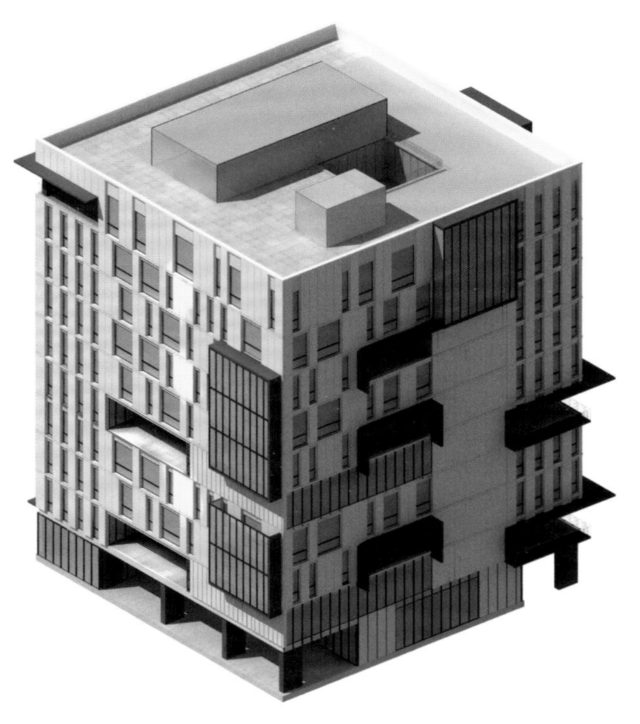

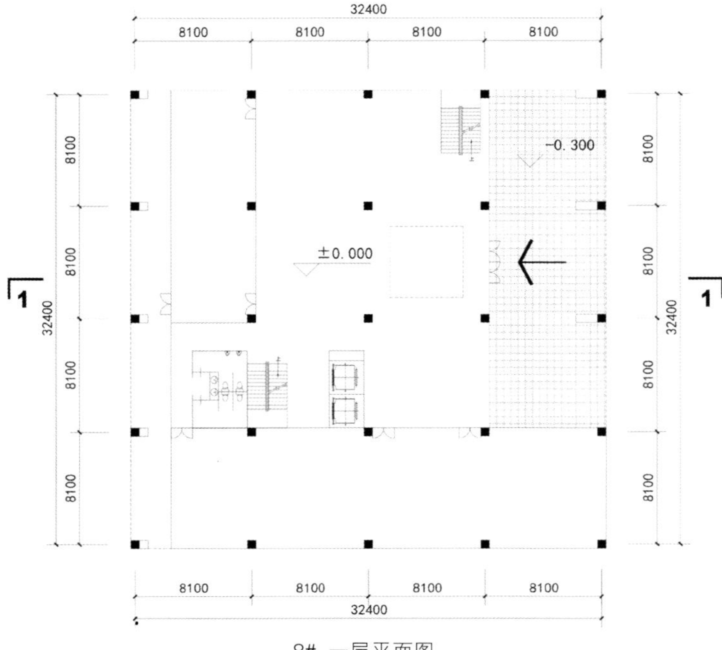

8# 一层平面图

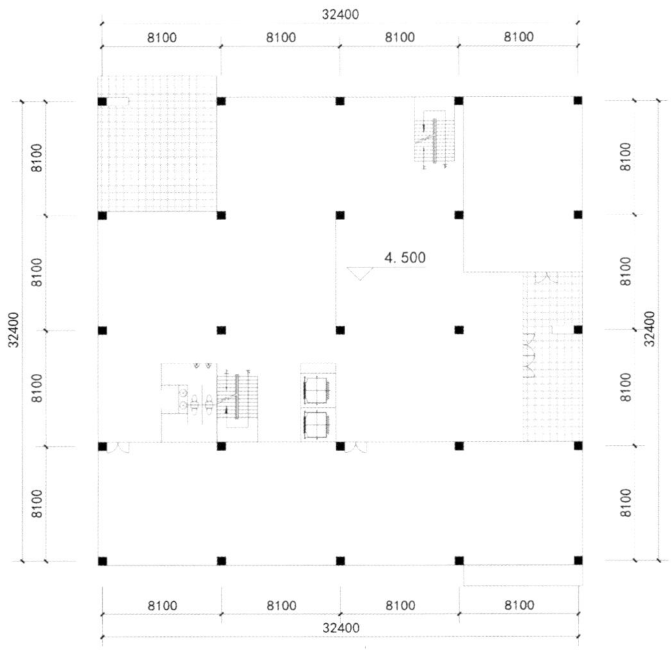

8# 二层平面图

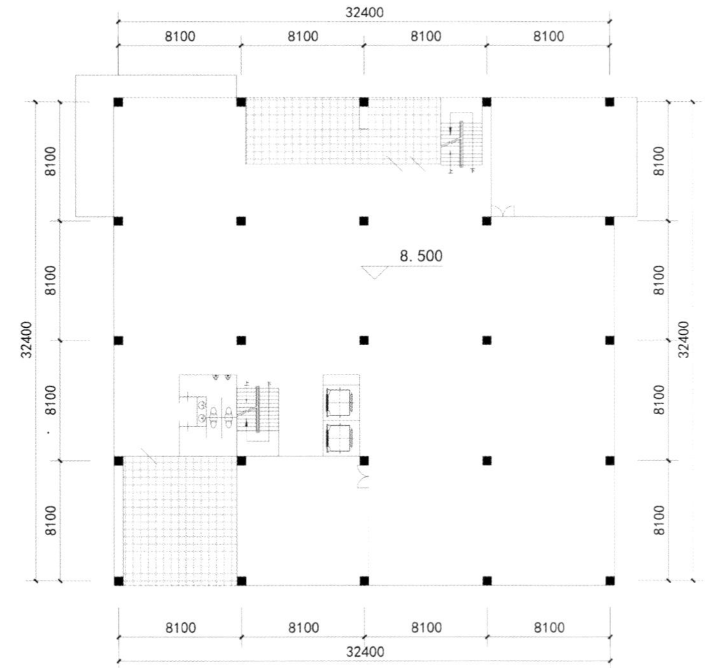

8# 三层平面图

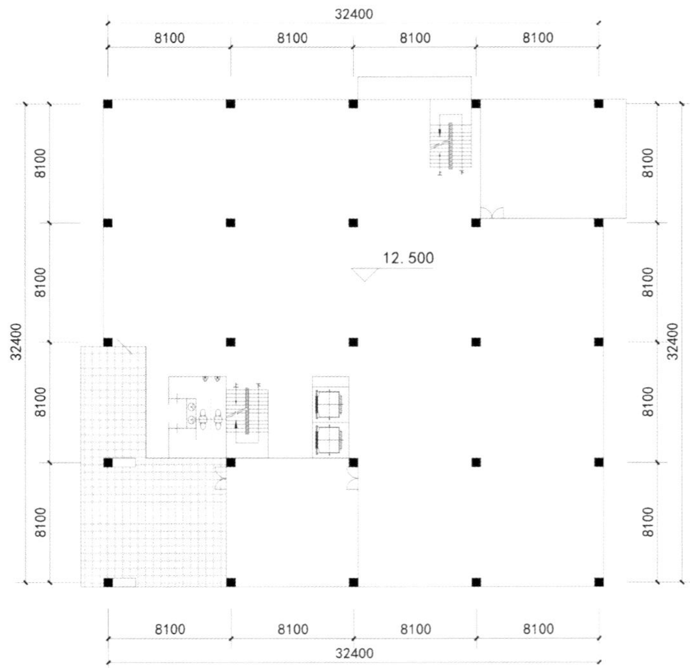

8# 四层平面图

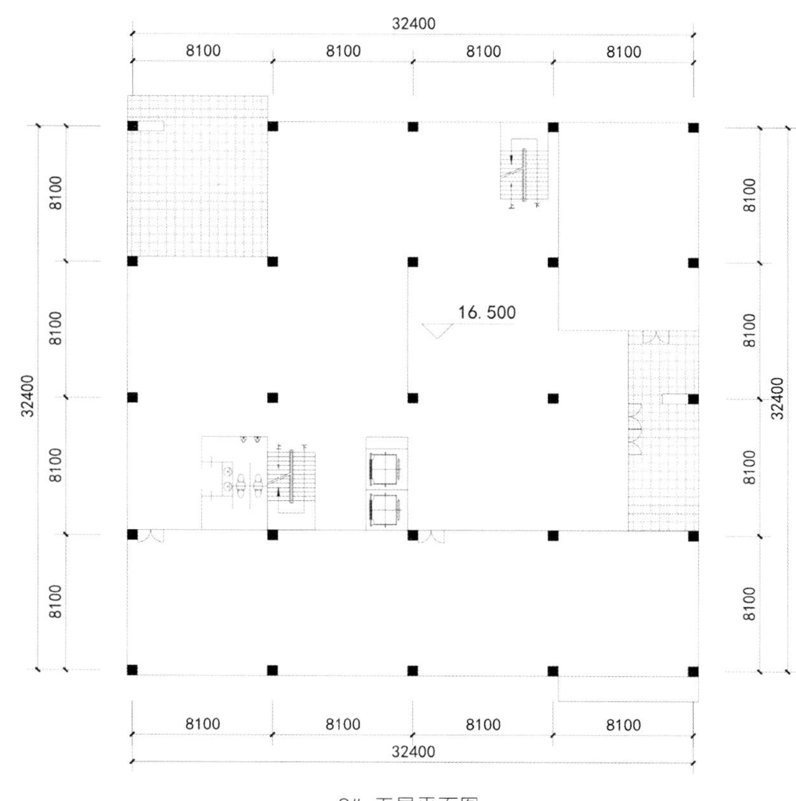

8# 五层平面图

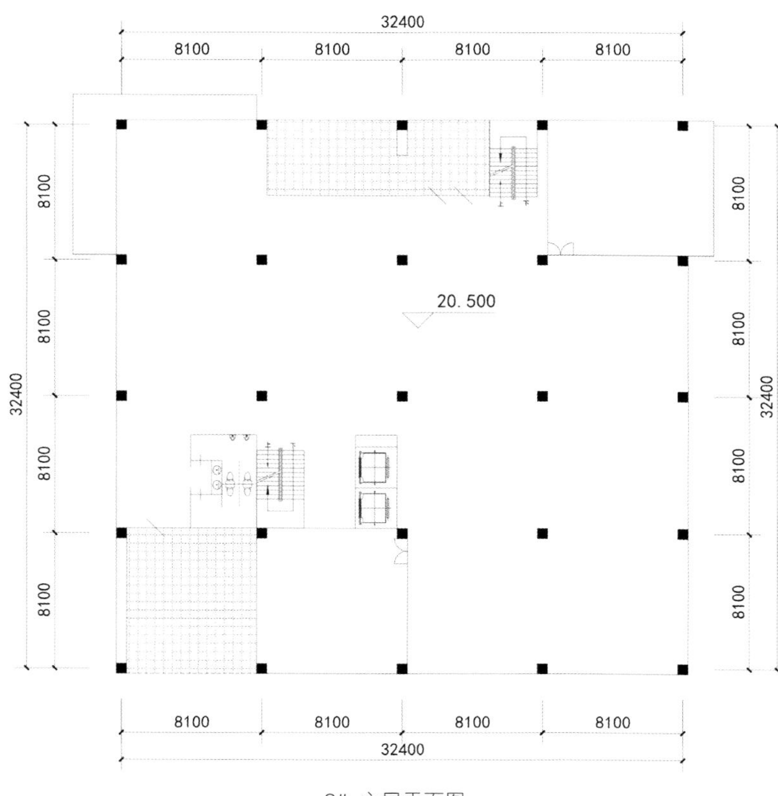

8# 六层平面图

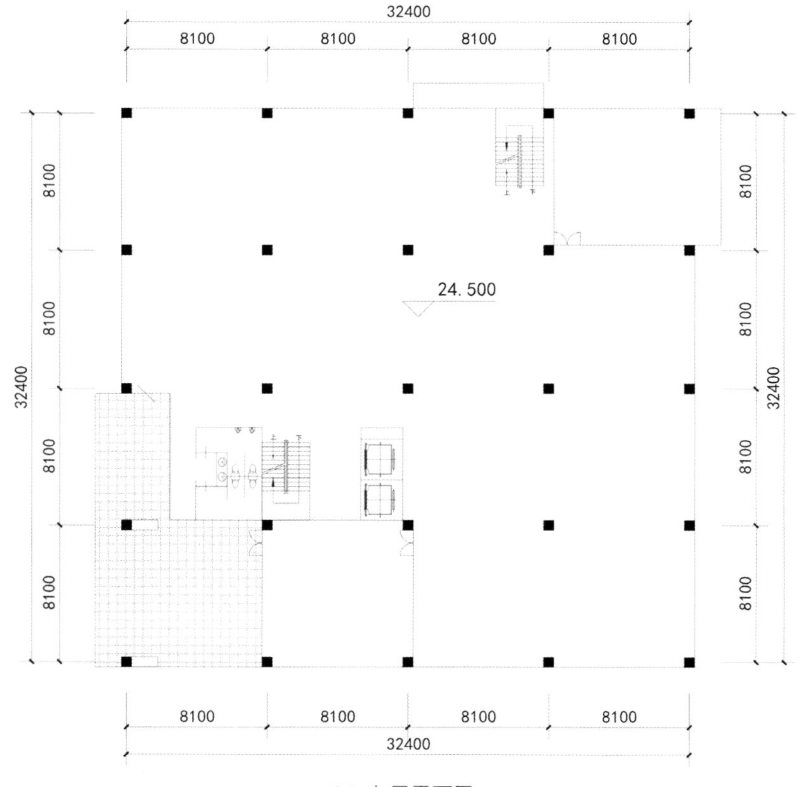

8# 七层平面图

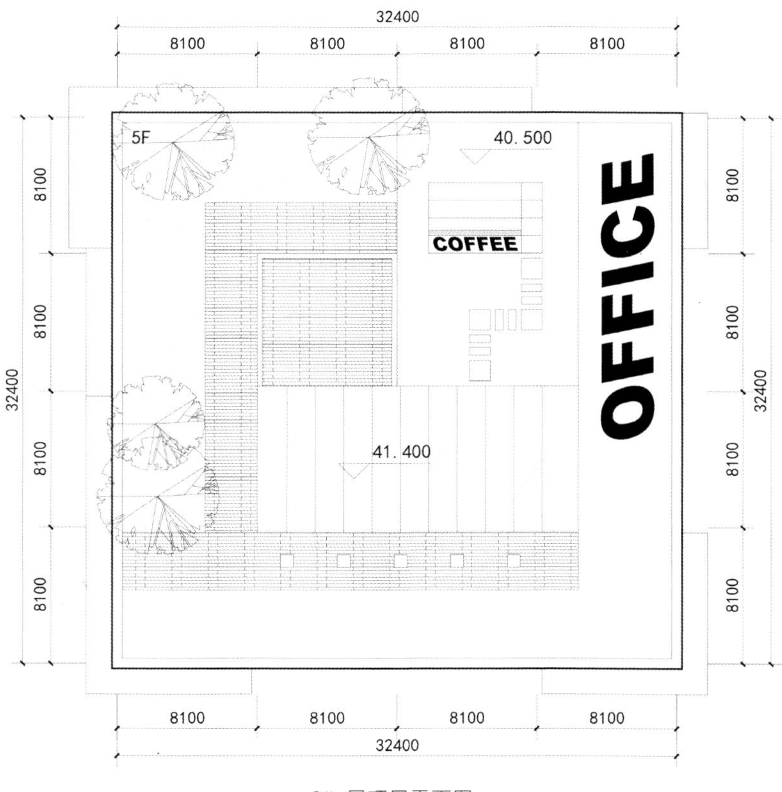

8# 屋顶层平面图

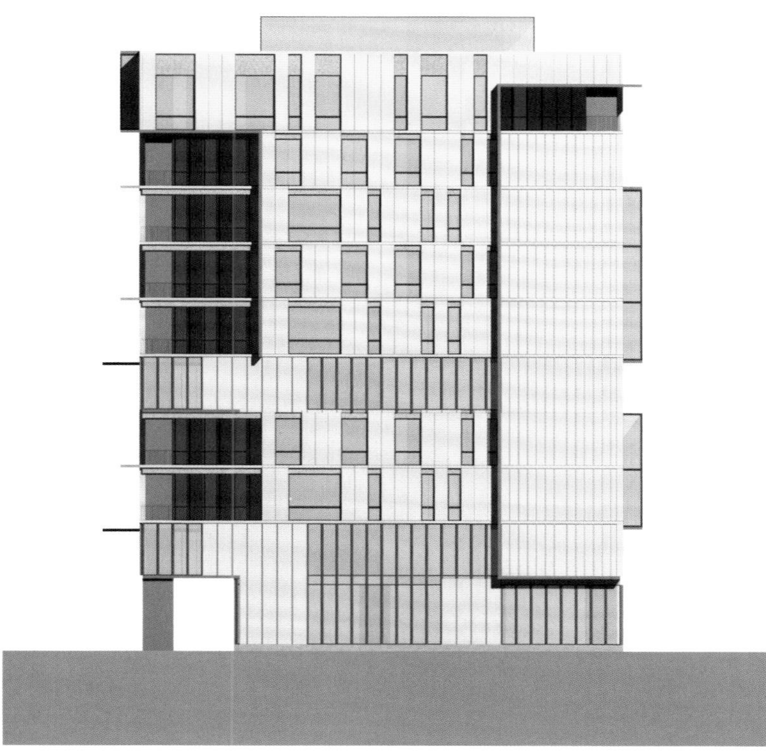

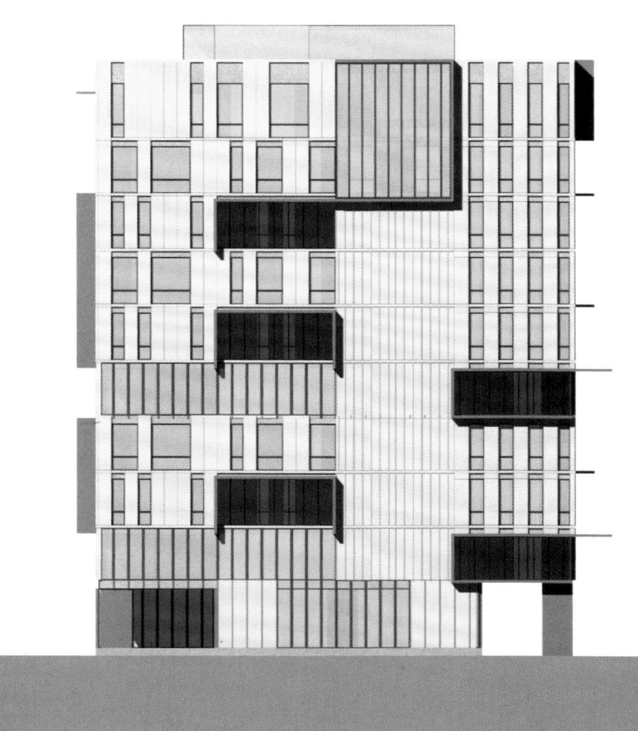

韩国评估委员会总部办公楼

- 项目地点：韩国大邱市
- 建筑设计：Samoo Architects & Engineers
- 项目面积：21 870 m^2
- 楼层：地上十三层、地下一层
- 摄影：Park Young Chae

总部办公建筑

● 透明幕墙 ● 创新立面 ● 照明小品

裙楼采用透明的幕墙立面，从而使内部空间通透，可欣赏到室外的景观和照明小品。主楼位于裙楼上方，其独特的几何造型体现了该机构的团结和信心。

项目背景

韩国评估委员会作为一个政府机关，专门对包括房地产在内的多种商品进行评估。其评估数据对于税费征收和其他程序的办理都是非常重要的。成立至今已超过 40 年，随着机构的扩大，该委员会需要一座新的总部大楼来满足办公需求，同时强调其诚实、可靠的官方形象。

为更好地服务于机构的办公需求，新的办公总部还配备有研发中心、礼堂和庭院，它将成为该机构未来长足发展的基石。

建筑设计

新的办公总部由韩国 Samoo 建筑事务所操刀设计，体现了该机构的对外形象。横向舒展的裙楼象征了坚实的基础，内设两层高的大堂和公共服务设施欢迎到访者。裙楼采用透明的幕墙立面，从而使内部空间通透，可欣赏到室外的景观和照明小品。主楼位于裙楼上方，其独特的几何造型体现了该机构的团结和信心。

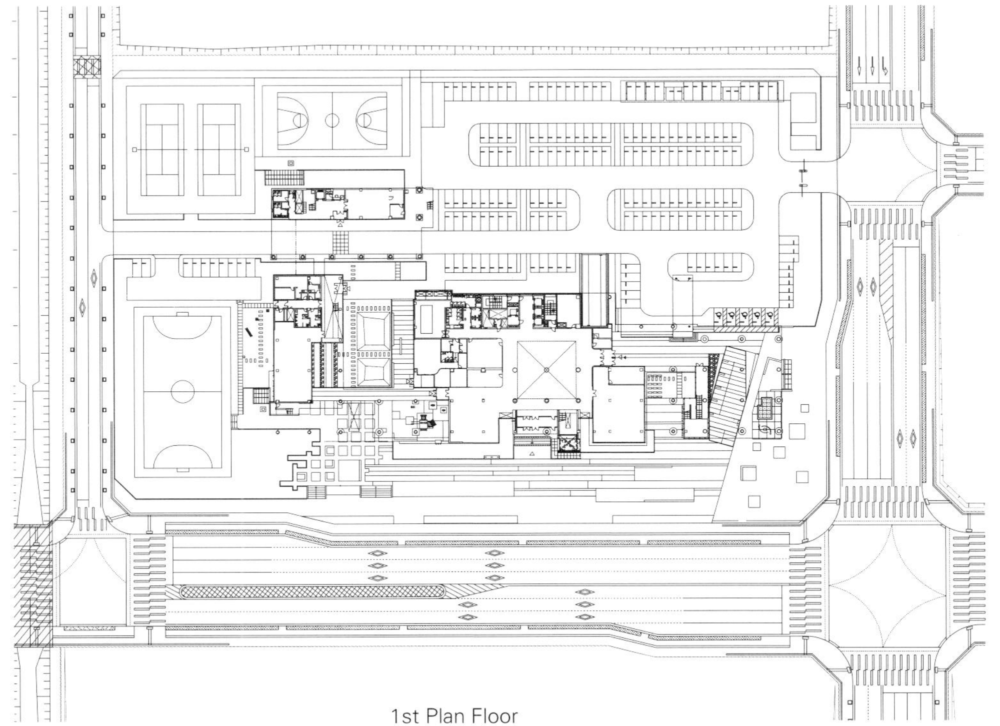

1st Plan Floor

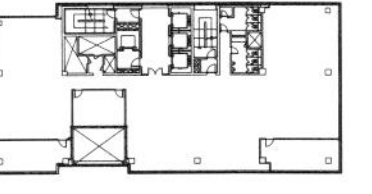

Typical Floor Plan

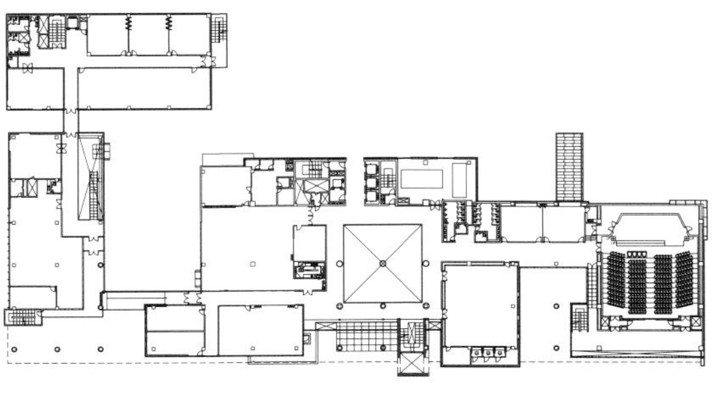

2nd Plan Floor

立面设计

立面采用交织的幕墙和石板，极大地降低了冷负荷，同时增强了办公区域的自然采光。5~10 楼之间设置垂直中庭，利用烟囱效应来加强建筑的自然通风。一个蓝色“盒子”从 10 楼横嵌入主楼，内设室内花园和观景平台，为工作人员提供了交流互动的空间。创新立面、蓄冰系统、太阳能电池板以及其他科技产品通过中央建筑管理系统加以整合，以达到可持续性高标准。

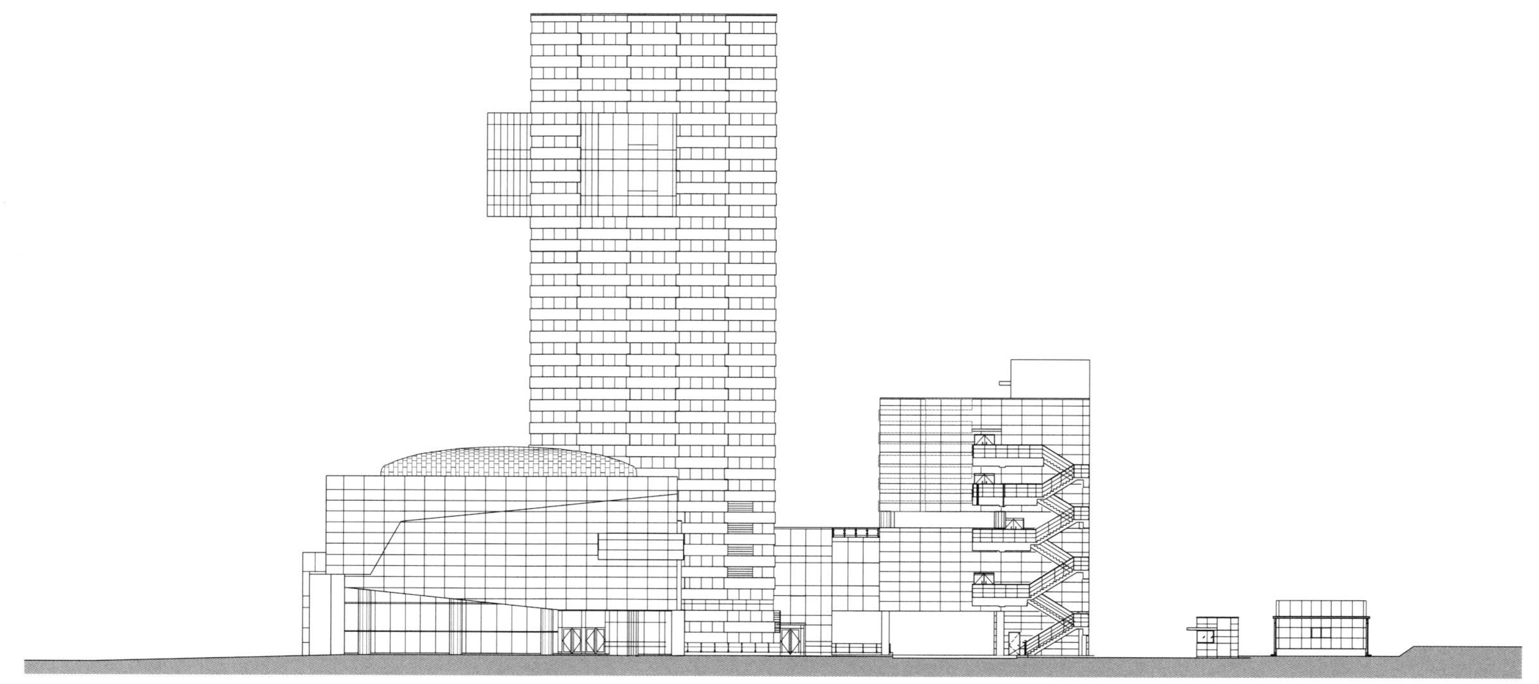

Side Elevation

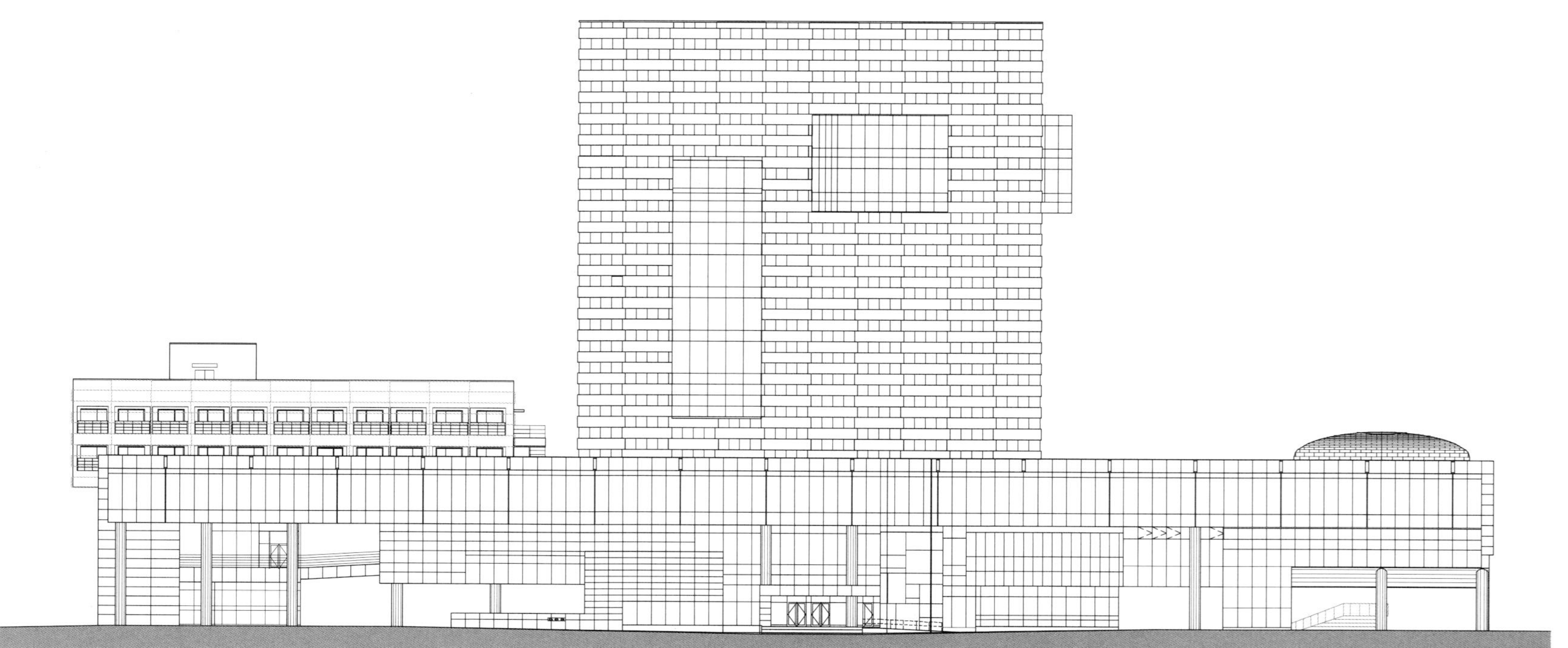

Front Elevation

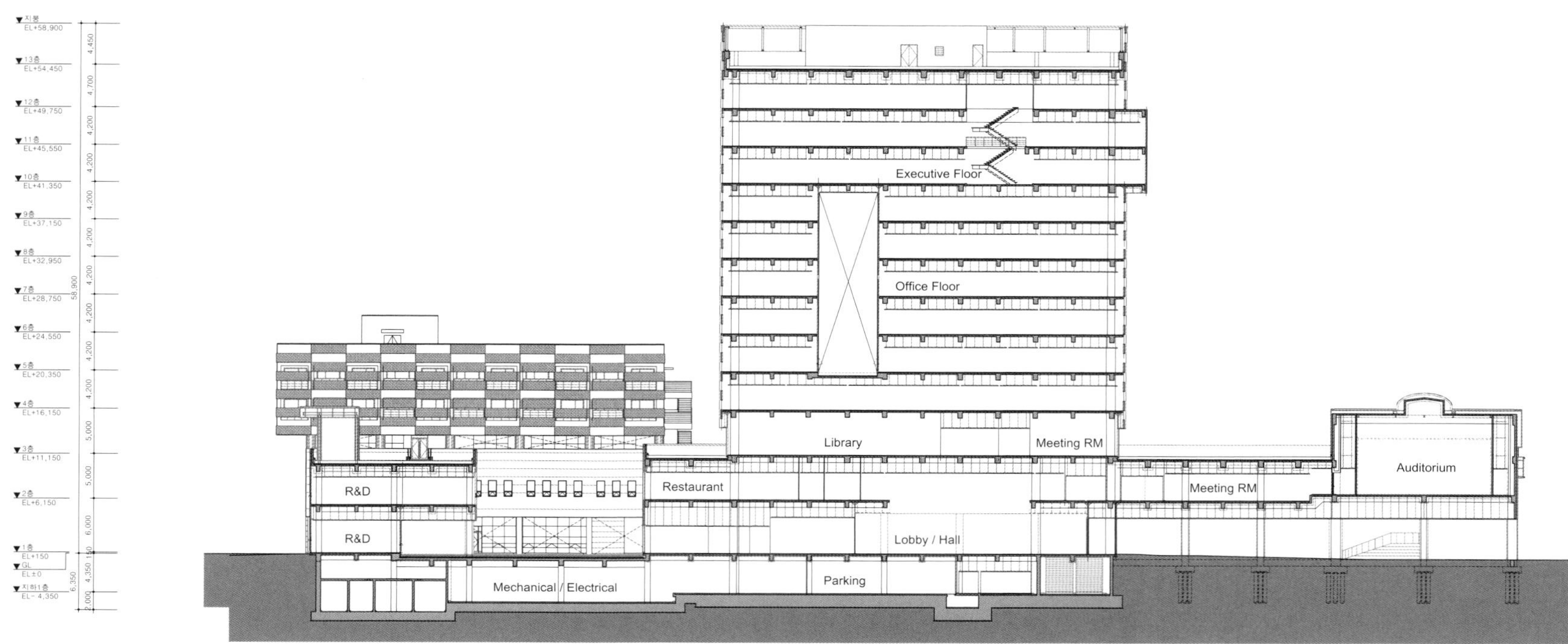
Executive Floor
Office Floor
Library
Meeting RM
R&D
Restaurant
Meeting RM
Auditorium
R&D
Lobby / Hall
Parking
Mechanical / Electrical

Section 1–1

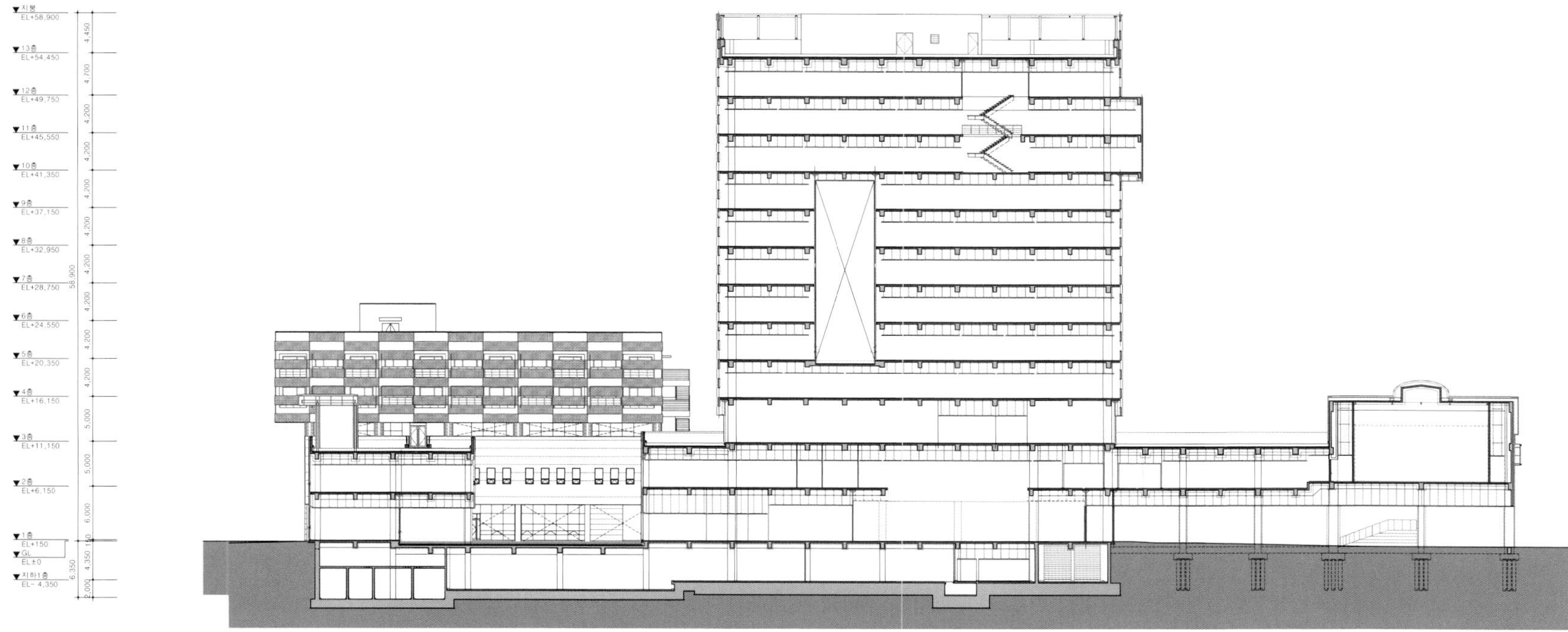
지붕
EL+58,900
13층
EL+54,450
12층
EL+49,750
11층
EL+45,550
10층
EL+41,350
9층
EL+37,150
8층
EL+32,950
7층
EL+28,750
6층
EL+24,550
5층
EL+20,350
4층
EL+16,150
3층
EL+11,150
2층
EL+6,150
1층
EL+150
GL
EL±0
지하1층
EL- 4,350
4,450
4,700
4,200
4,200
4,200
4,200
4,200
4,200
4,200
4,200
5,000
5,000
6,000
150
4,350
2,000
58,900
6,350

Section 2-2

한국감정원

综合办公建筑

- 功能多样
- 空间共享
- 以人为本
- 大办公组群

恒福·国际

- 项目地点：中国广东省佛山市禅城区
- 建筑设计：广州市景森工程设计顾问有限公司
- 合作单位：佛山南方建筑设计院有限公司
- 总用地面积：28 795 m^2
- 总建筑面积：130 223 m^2
- 建筑基底面积：6 113.03 m^2
- 建筑高度：99.99 m
- 容积率：6.0
- 绿化率：30%

综合办公建筑

关 键 词 ● 以人为本 ● 南北对流 ● 挺拔简练

项目亮点

建筑从空间、间距、色彩等方面既满足客户群的使用需求，也打造了舒适细致的建筑精品。这种将自然融入建筑的设计提升了整个建筑组团的环境品质，突出建筑组团自身的品位格调：庄重大方，精致典雅，创造了一种全新的现代化建筑特色。

项目概况

工程位于佛山市禅城区邻近朝安南路，季华六路以北，北接恒福新城商住小区（建筑立面设计现代、简约、新颖），西面有禅城区政府、电视塔广场、岭南明珠体育馆、文华公园等大型市政建设项目。地段南面的季华六路为佛山市的主要交通干道。整个地块呈东西方向狭长形，交通便利，周边基础设施稳固良好，是一个人流密集、地理位置十分优越的商业旺地。

用地规划

项目总用地面积 28 795 m^2；总建筑面积为 130 223 m^2（其中商业建筑面积 26 331.61 m^2，办公建筑面积 36 001.03 m^2，商务公寓 B 座面积 16 978.61 m^2，公寓 C 座面积 13 738.82 m^2, 地下室建筑面积 36 256.14 m^2，架空层面积 285 m^2），计算容积率总建筑面积 92 882.37m^2。

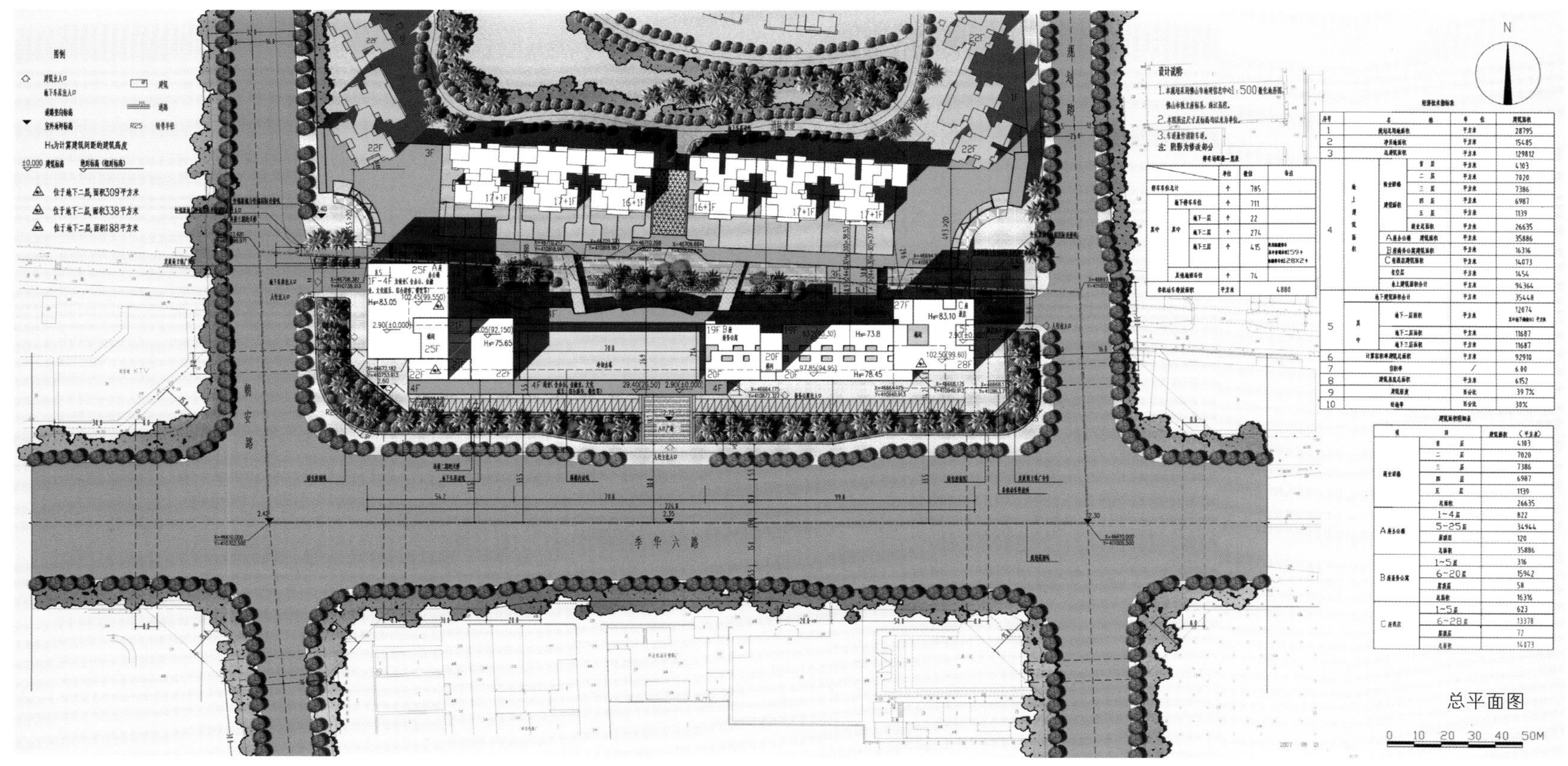

总平面图

0 10 20 30 40 50M

恒福
爱国
敬业
诚实
友善

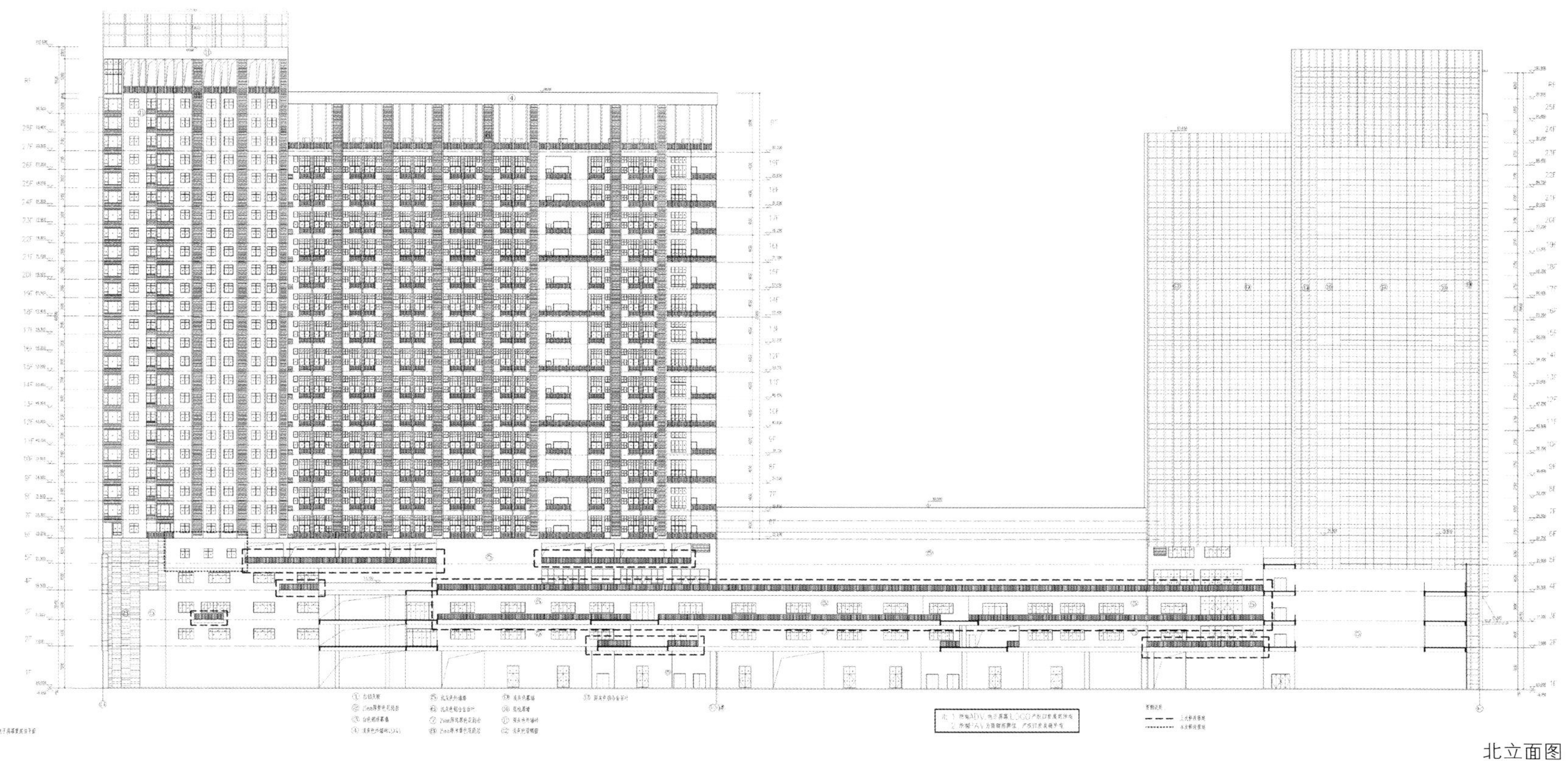

北立面图

立面设计

采用现代建筑风格、形体厚实大方、色彩朴素淡雅，使用大面积的飘窗和阳台，加强了人与自然的联系。建筑形象挺拔简练、庄重大方，气度不凡。建筑塔楼中安排阳台、平台、景窗、空中花园等一系列景观点，从公共的中心大花园到办公空中花园，各空间处处与佳景亲切对话，全方位拥抱大自然，处处体现“以人为本”的建筑精神。

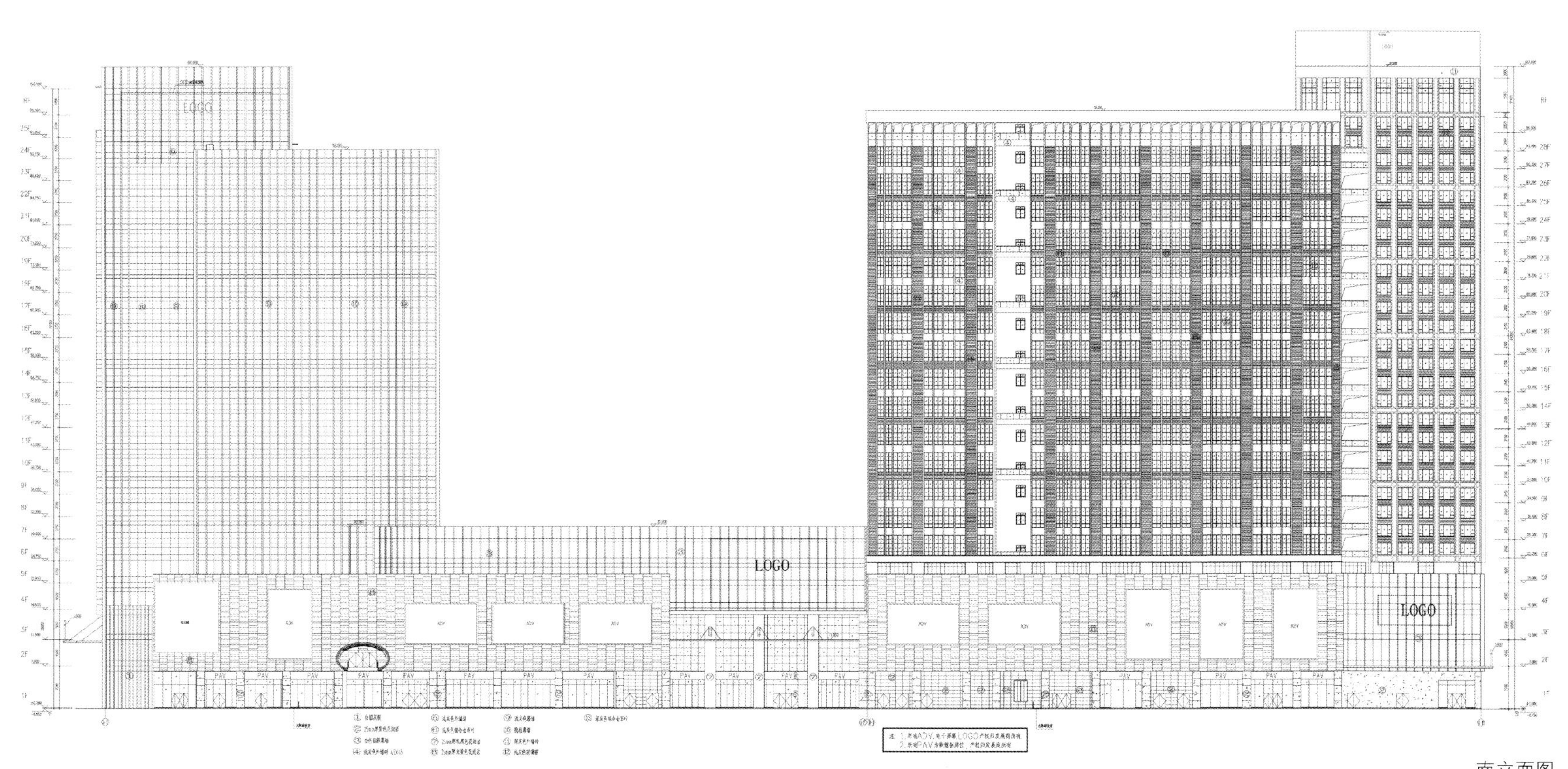

南立面图

商业裙楼设计

1. 商业裙楼为 1 ~ 4 层，空间布局合理、灵活，既能通透亦能分隔；水平和垂直交通组织合理，通道使用合理，同时与 5 层以上的塔楼互不干扰。

2. 人流主要出入口、安全出入口和垂直交通通道布置合理，减少公共通道空间，提高了商业功能区域的实用率和发挥了其优势。

3. 商业辅助用房的设计和设备用房的位置尽可能满足使用者的要求。

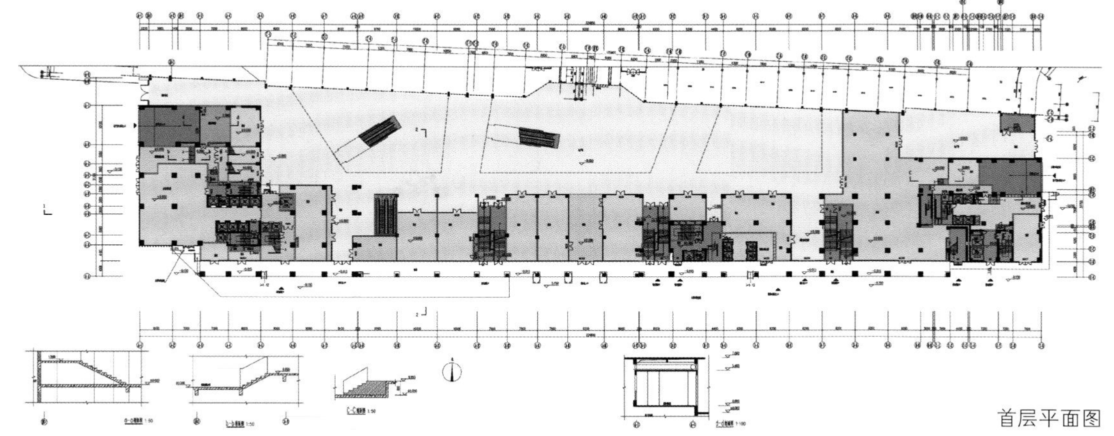

首层平面图

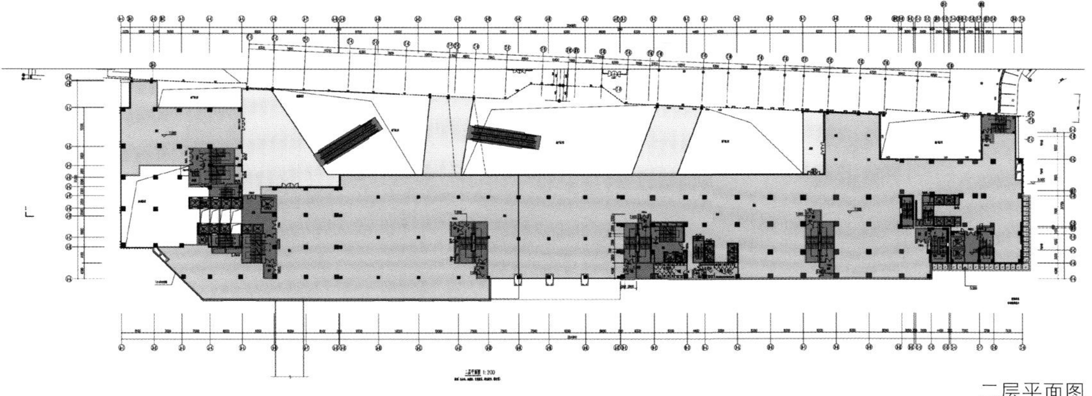

二层平面图

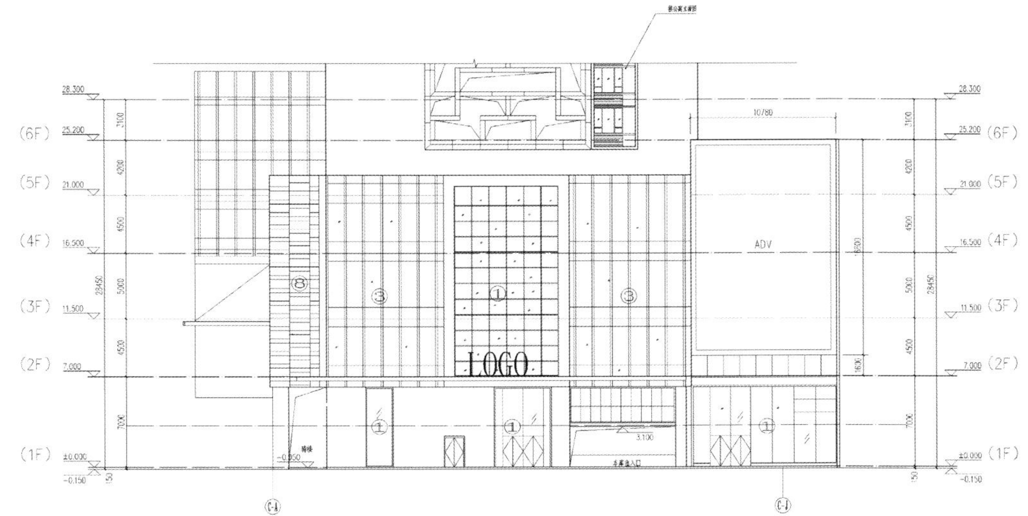

① 白铝灰玻
② 25mm厚紫色花岗岩
③ 白色铝框幕墙
④ 浅灰色外墙砖45X45
⑤ 浅灰色外墙漆
⑥ 深灰色铝合金百叶
⑦ 25mm厚乳黑色花岗岩
⑧ 25mm厚米黄色花岗岩

注：1. 所有ADV、电子屏幕产权归发展商所有.
2. 所有PAV为商铺招牌位，产权归发展商所有.
3. LOGO位产权归发展商所有.

Ⓒ-Ⓐ ~ Ⓒ-Ⓙ轴立面图

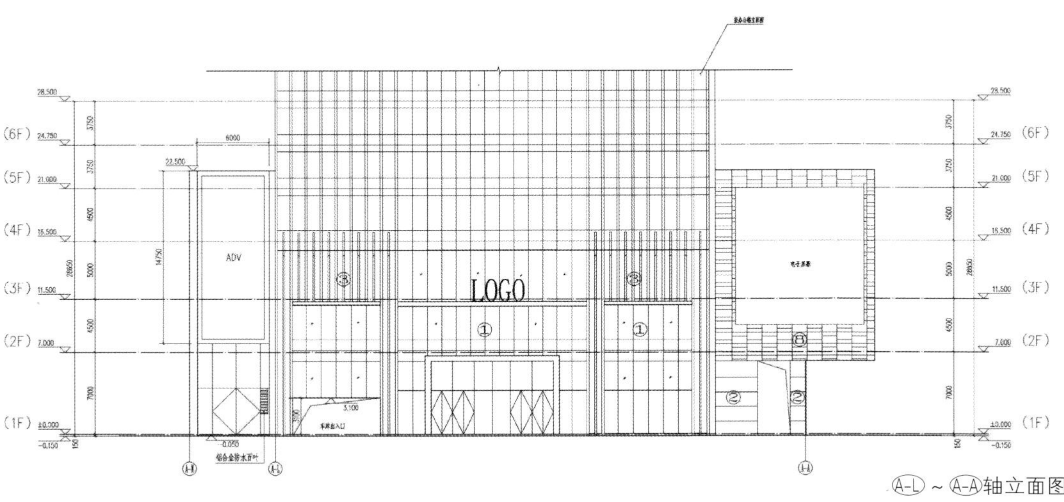

Ⓐ-Ⓛ ~ Ⓐ-Ⓐ轴立面图

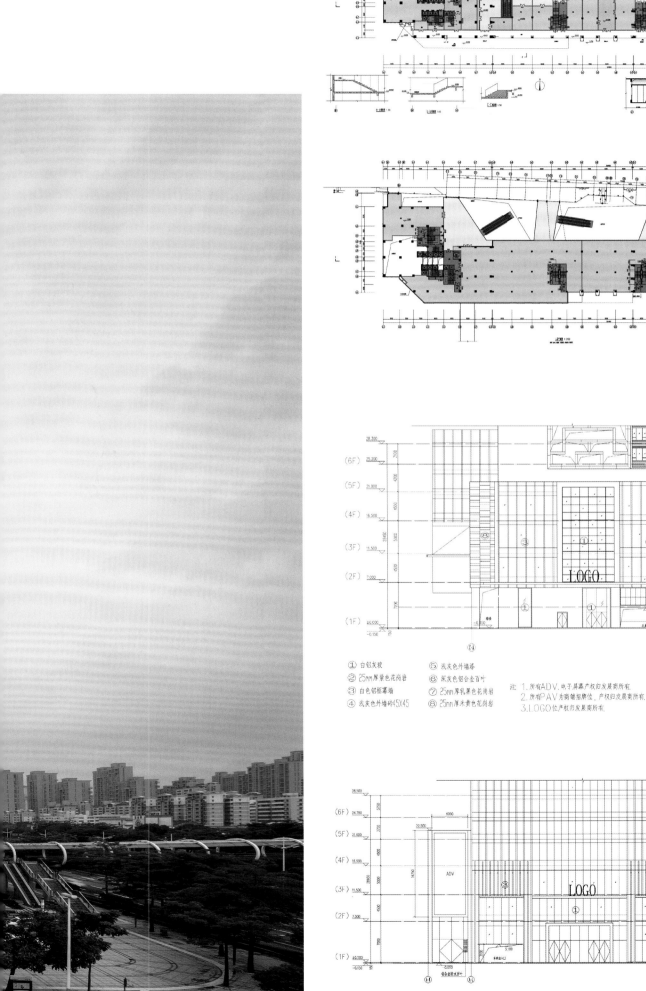

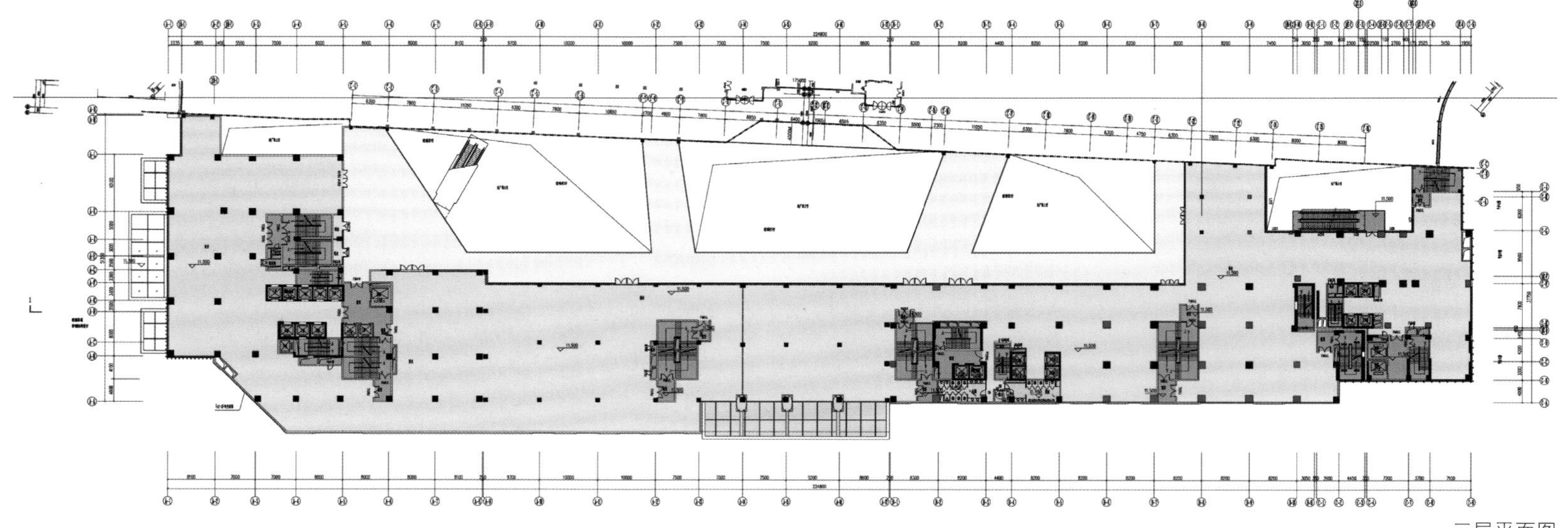

三层平面图

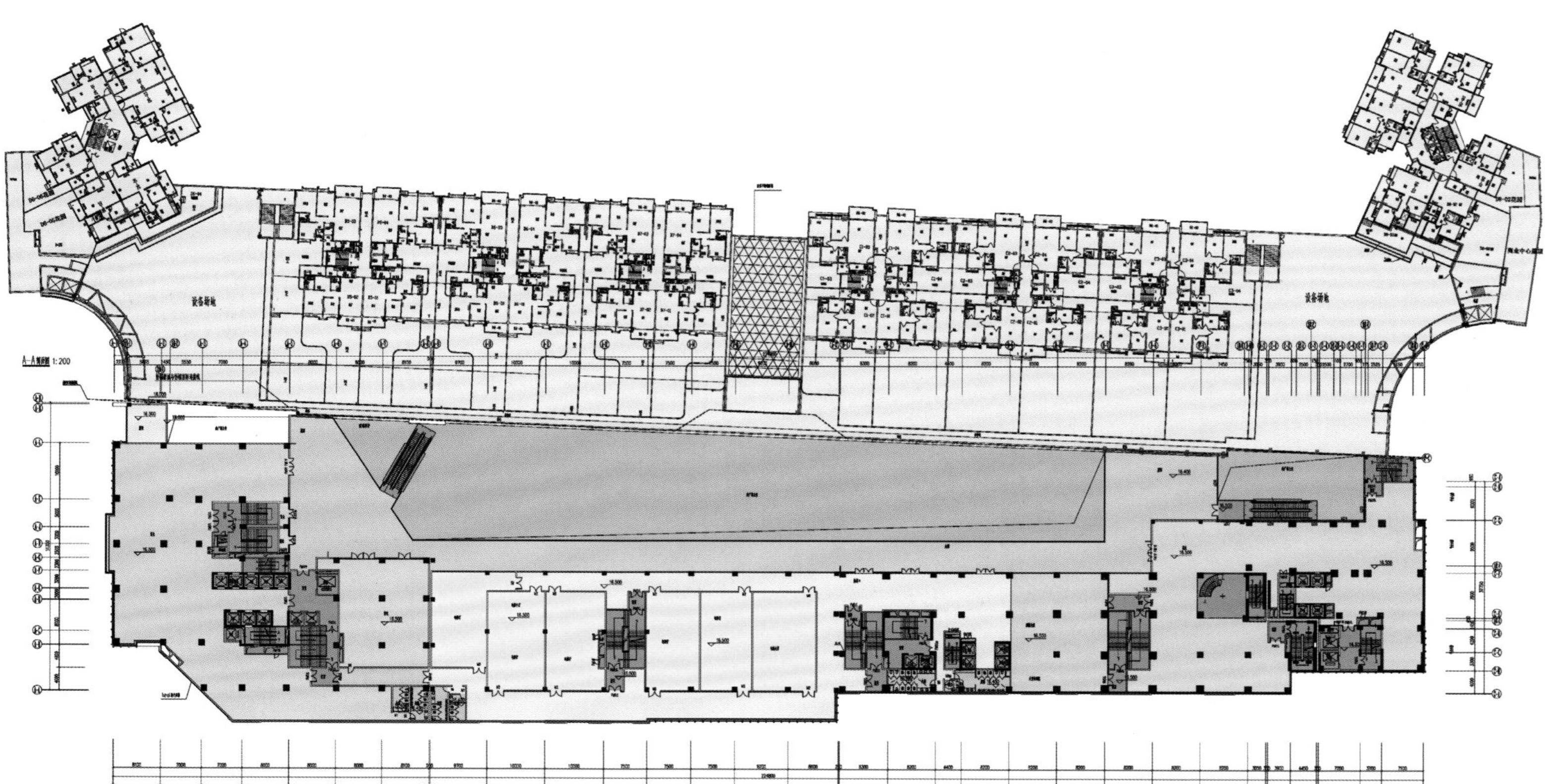

四层平面图

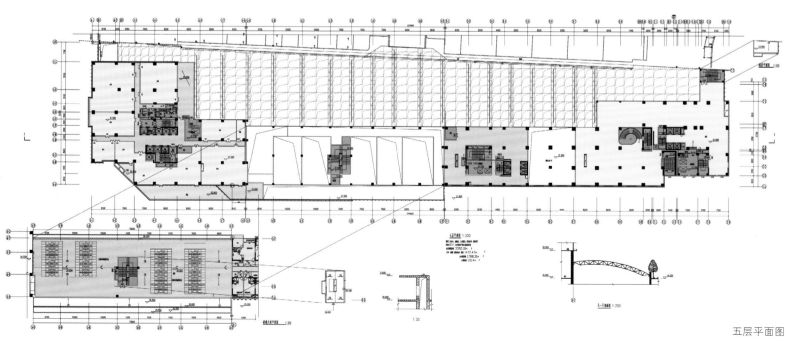

五层平面图

恒福集团

恒福国际
CHINO &
CARGO

办公楼设计

1.A 座为高端办公楼，结构方正实用。开敞式的办公布局既有利于采光通风，也方便了日后使用者自由个性地分隔空间，且每层都设有独立的卫生间。

2. 立面材料以玻璃和石材相结合，既能体现其品质感，又能体现其使用上的环保性。

商务公寓设计

设计以小套型为主，实现了户户南北对流，保证了室内的空气质量，充分将阳光引入室内，增加了室内与自然的接触。设计过程中特别重视了用户的个性化需求，使套型具有较好的灵活改动空间。

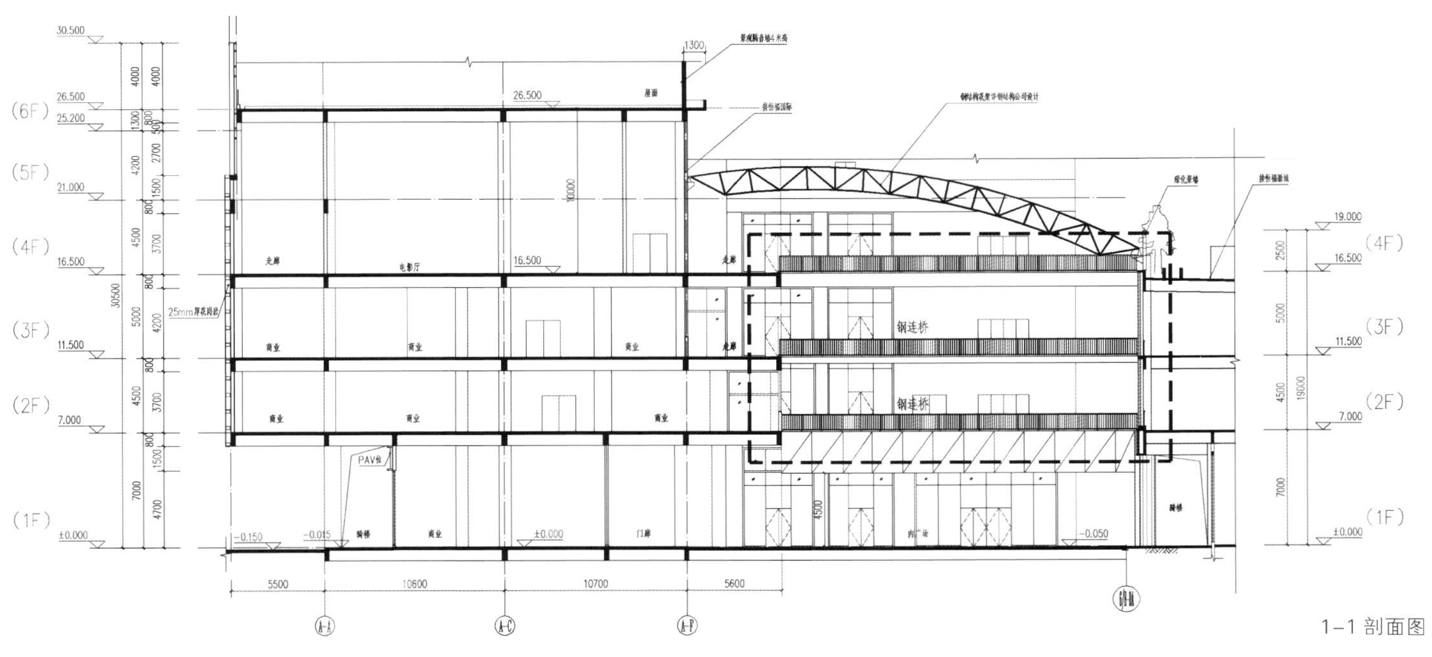

30.500
26.500
(6F)
25.200
(5F)
21.000
(4F)
16.500
(3F)
11.500
(2F)
7.000
(1F)
±0.000
钢连桥
钢连桥
19.000
(4F)
16.500
(3F)
11.500
(2F)
7.000
(1F)
±0.000
5500
10600
10700
5600

1–1 剖面图

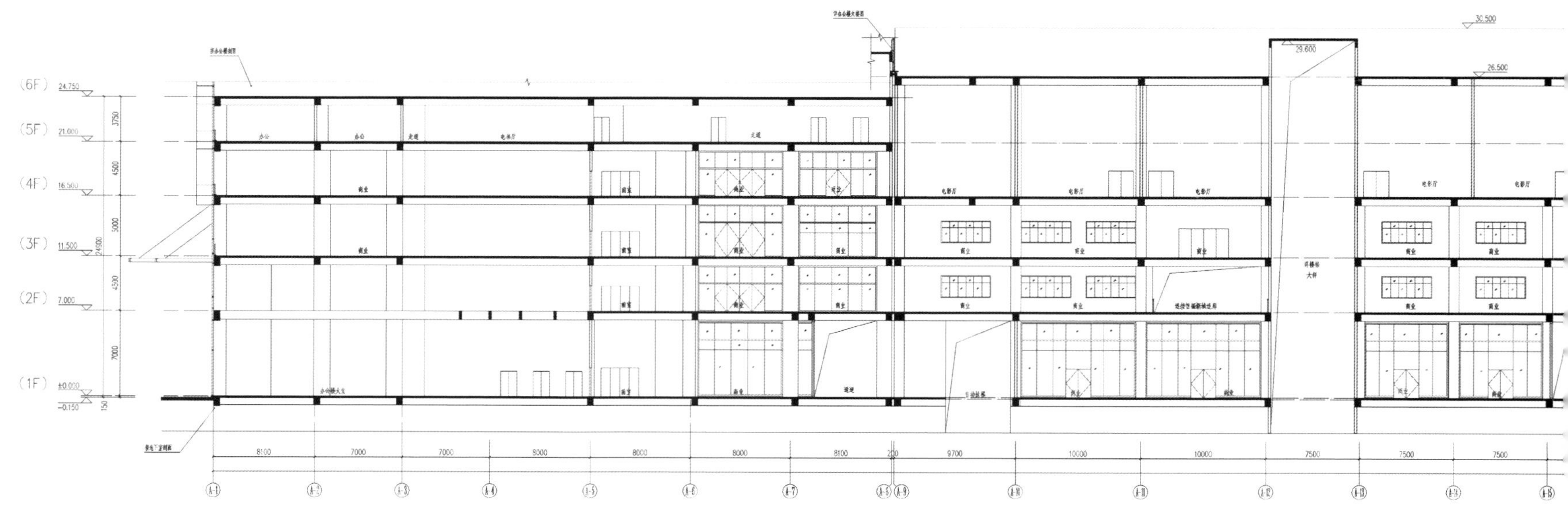

(6F) 24.750
(5F) 21.000
(4F) 16.500
(3F) 11.500
(2F) 7.000
(1F) ±0.000
-0.150
30.500
28.600
26.500
8100
7000
7000
5000
8000
8000
8100
9700
10000
10000
7500
7500
7500

25.200 (6F)
21.000 (5F)
16.500 (4F)
11.500 (3F)
7.000 (2F)
±0.000 (1F)
-0.150

2-2 剖面图

星汇四季酒店
Starry Four Seasons
恒福国际商业中心

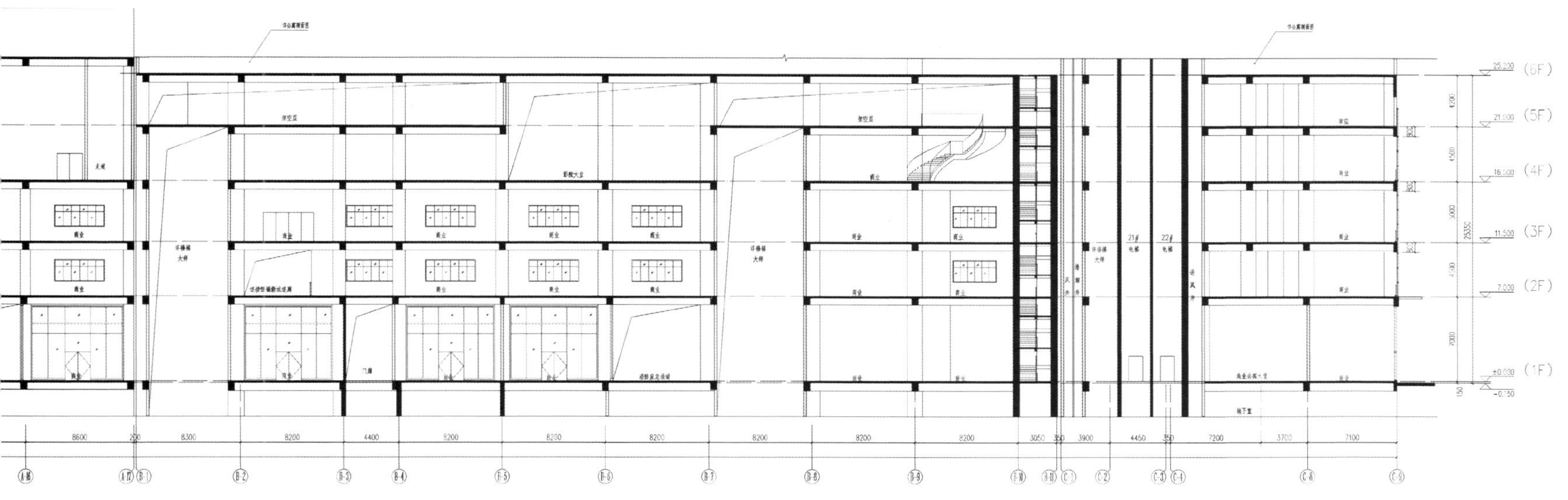

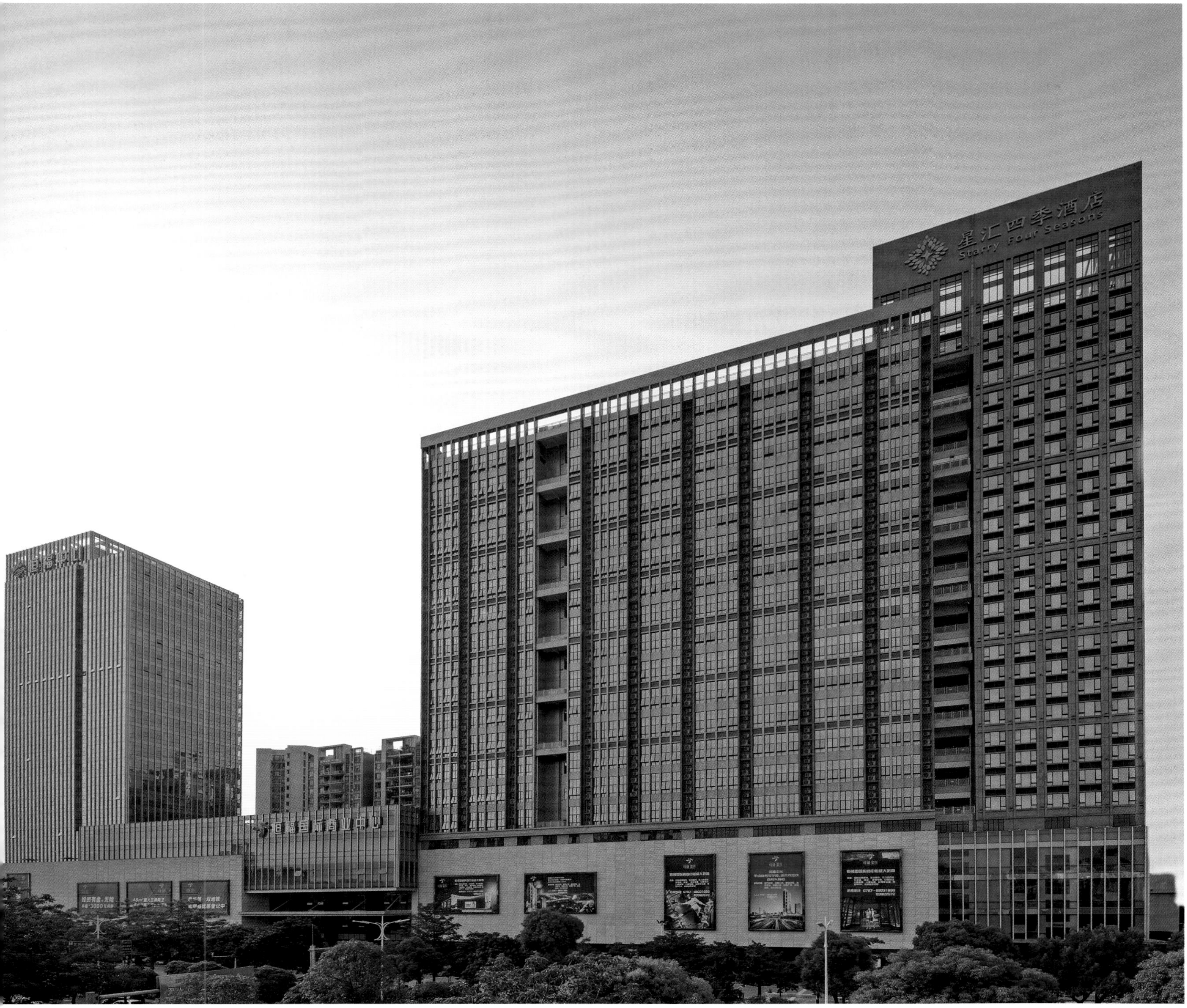

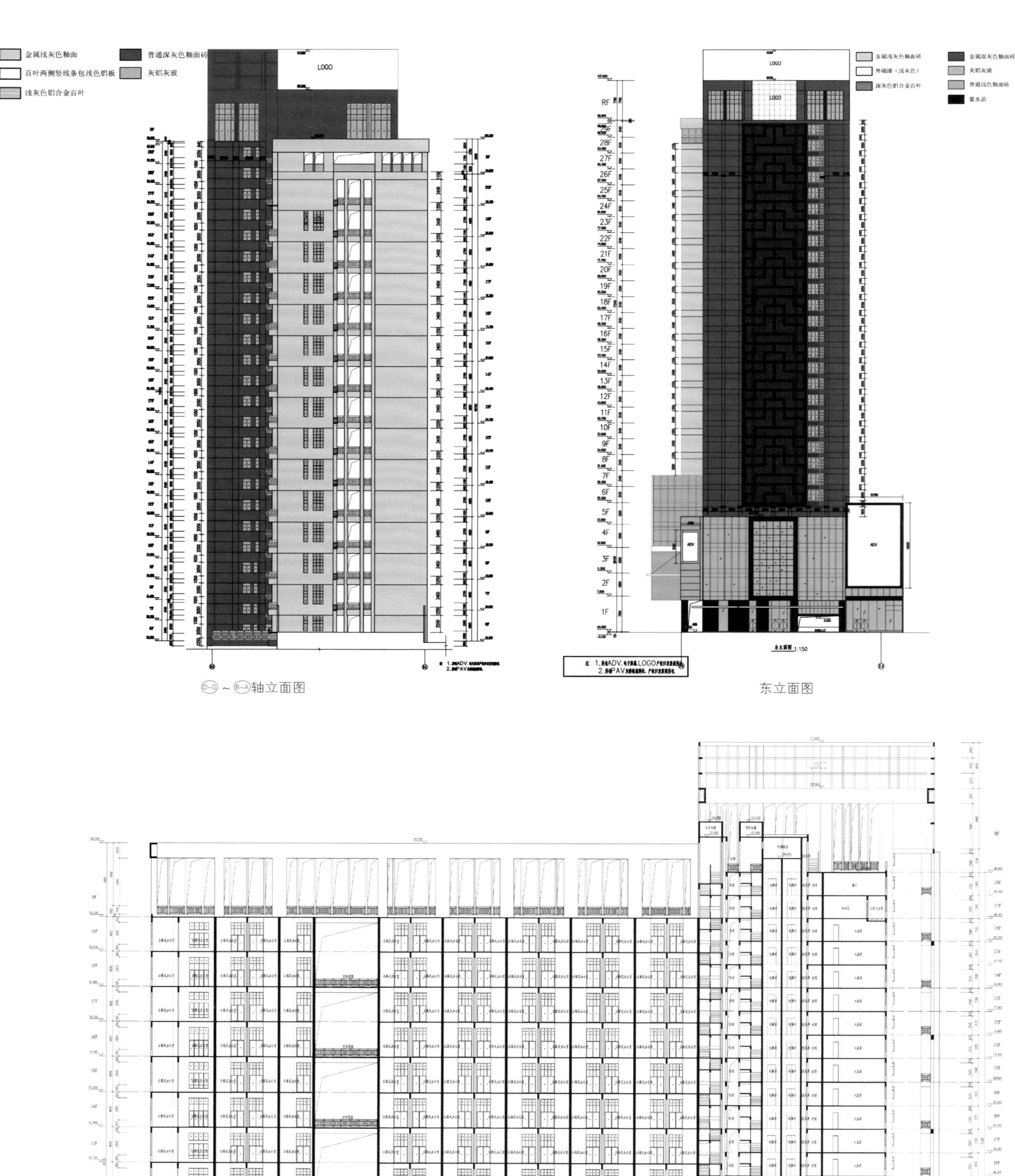

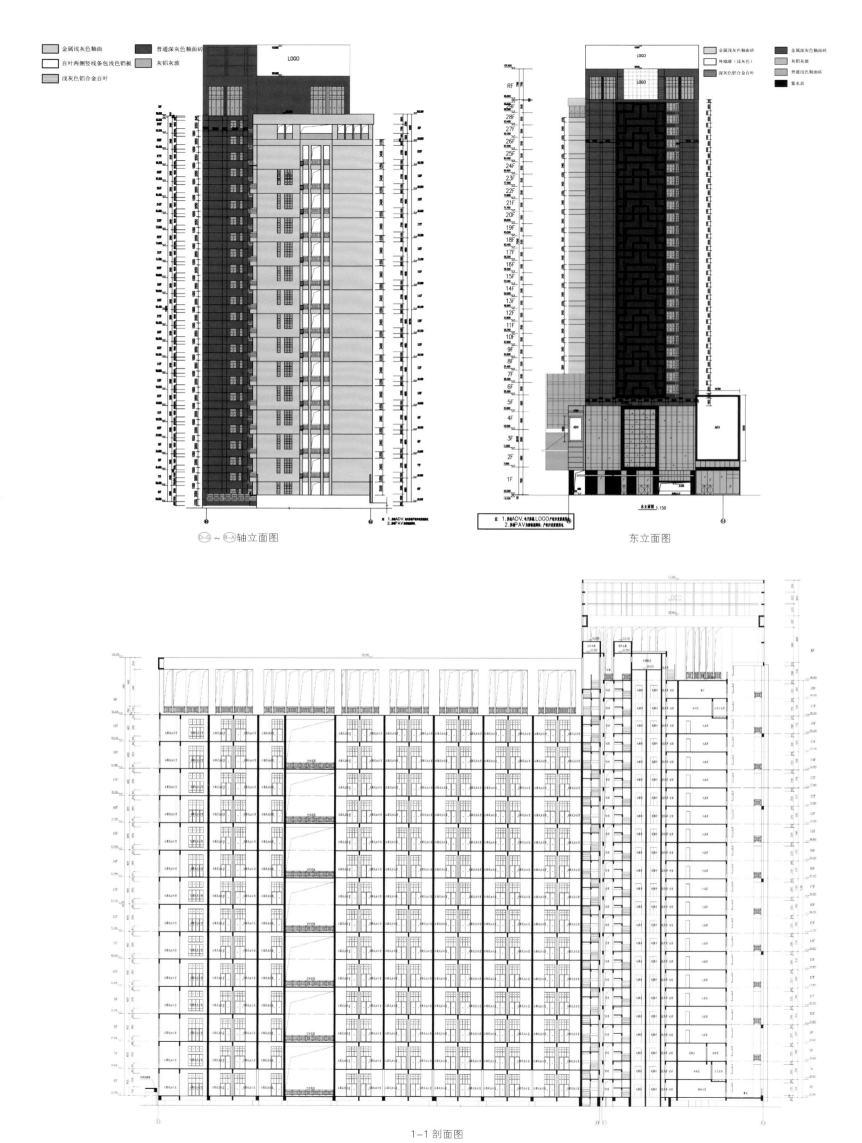

D-G～B-A轴立面图

东立面图

1-1 剖面图

星汇四季酒店
Starry Four Seasons
禅城绿地中心
82238888

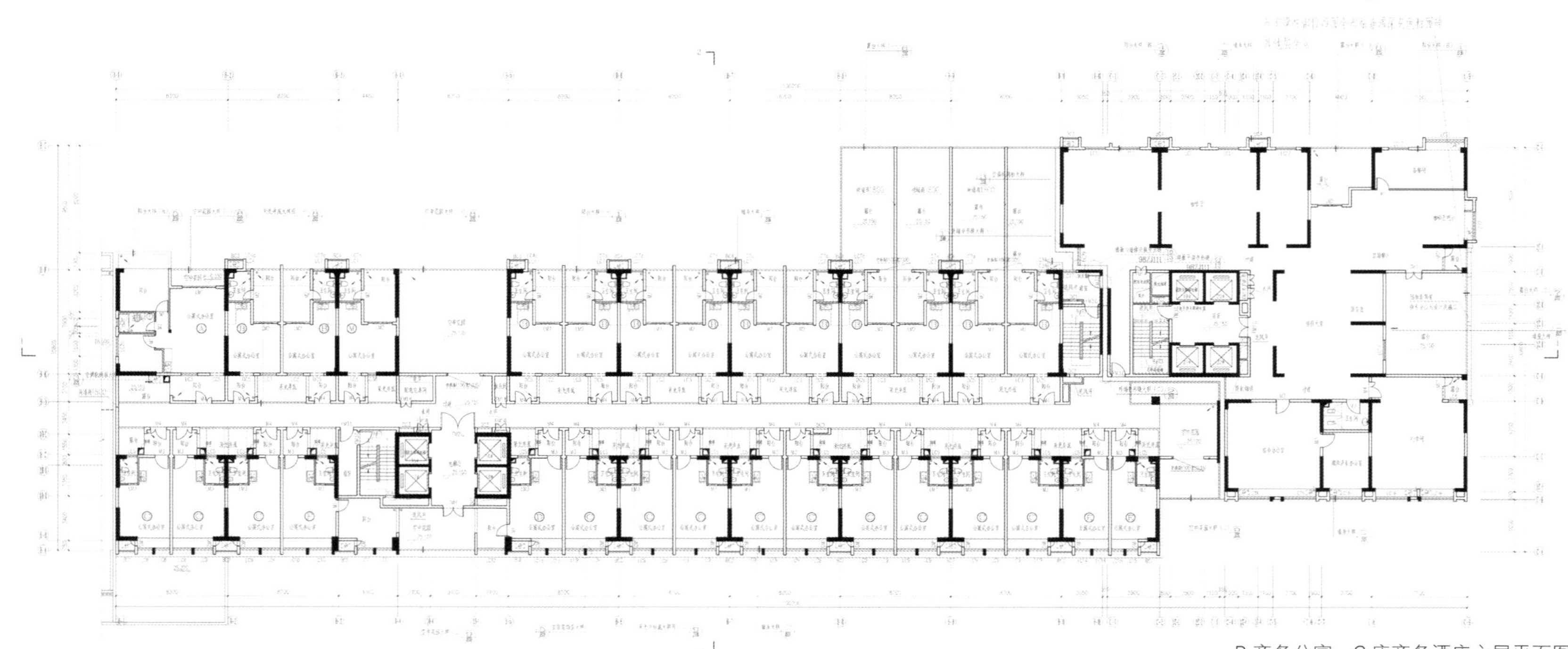

B 商务公寓、C 座商务酒店六层平面图

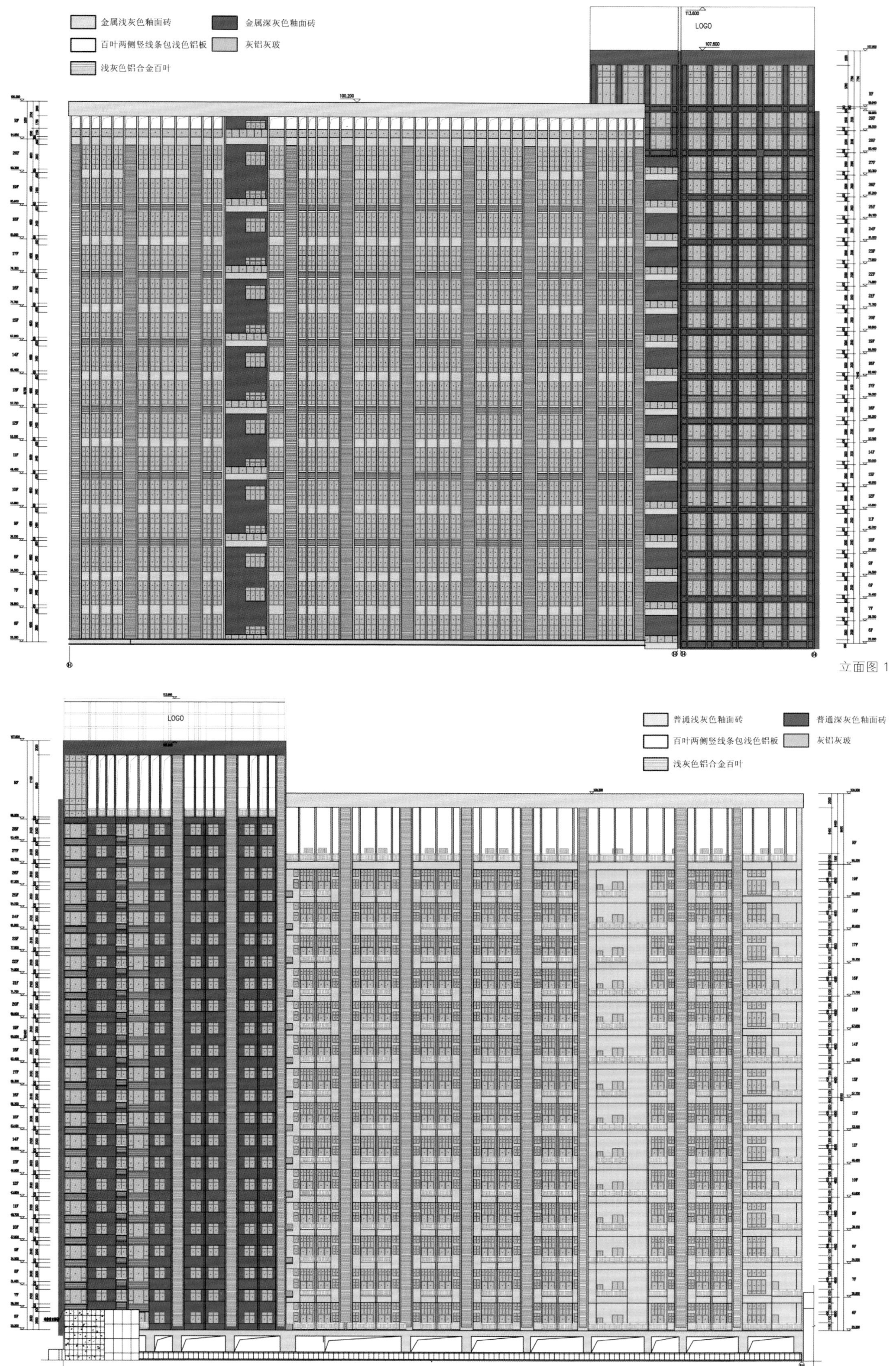
金属浅灰色釉面砖
金属深灰色釉面砖
百叶两侧竖线条包浅色铝板
灰铝灰玻
浅灰色铝合金百叶
LOGO
立面图 1
LOGO
普通浅灰色釉面砖
普通深灰色釉面砖
百叶两侧竖线条包浅色铝板
灰铝灰玻
浅灰色铝合金百叶
立面图 2

恒福国际商业中心
恒福 国际
三房两卫

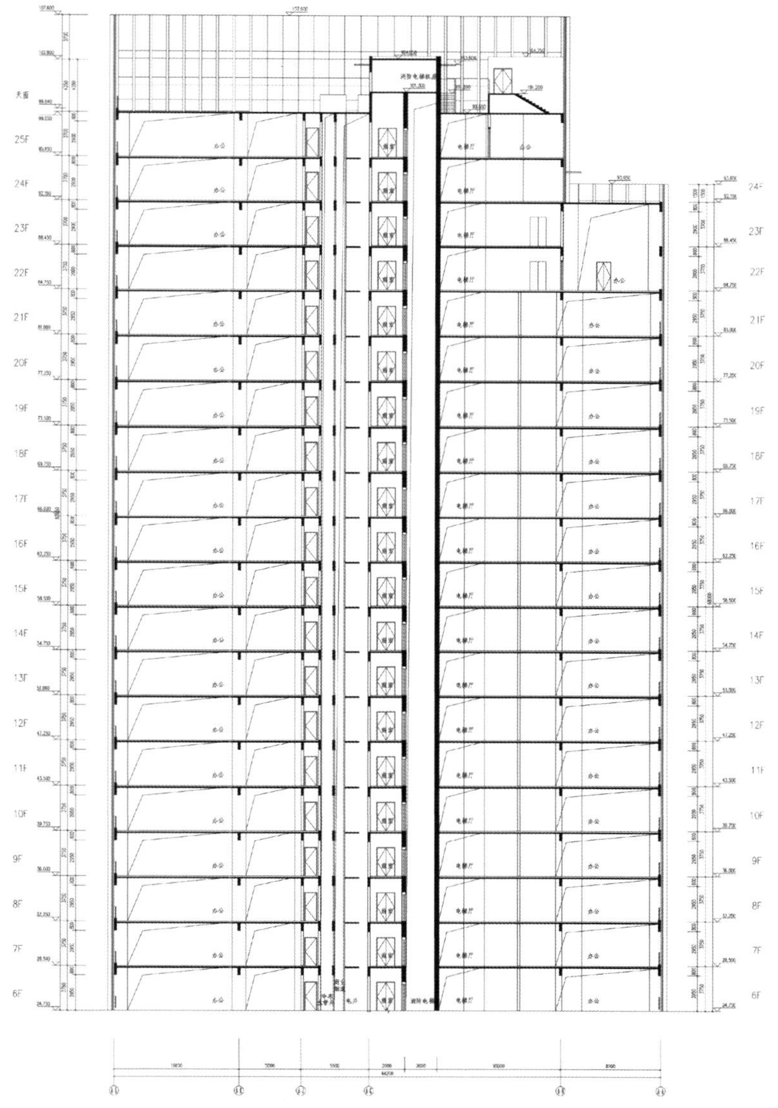

1–1 剖面图

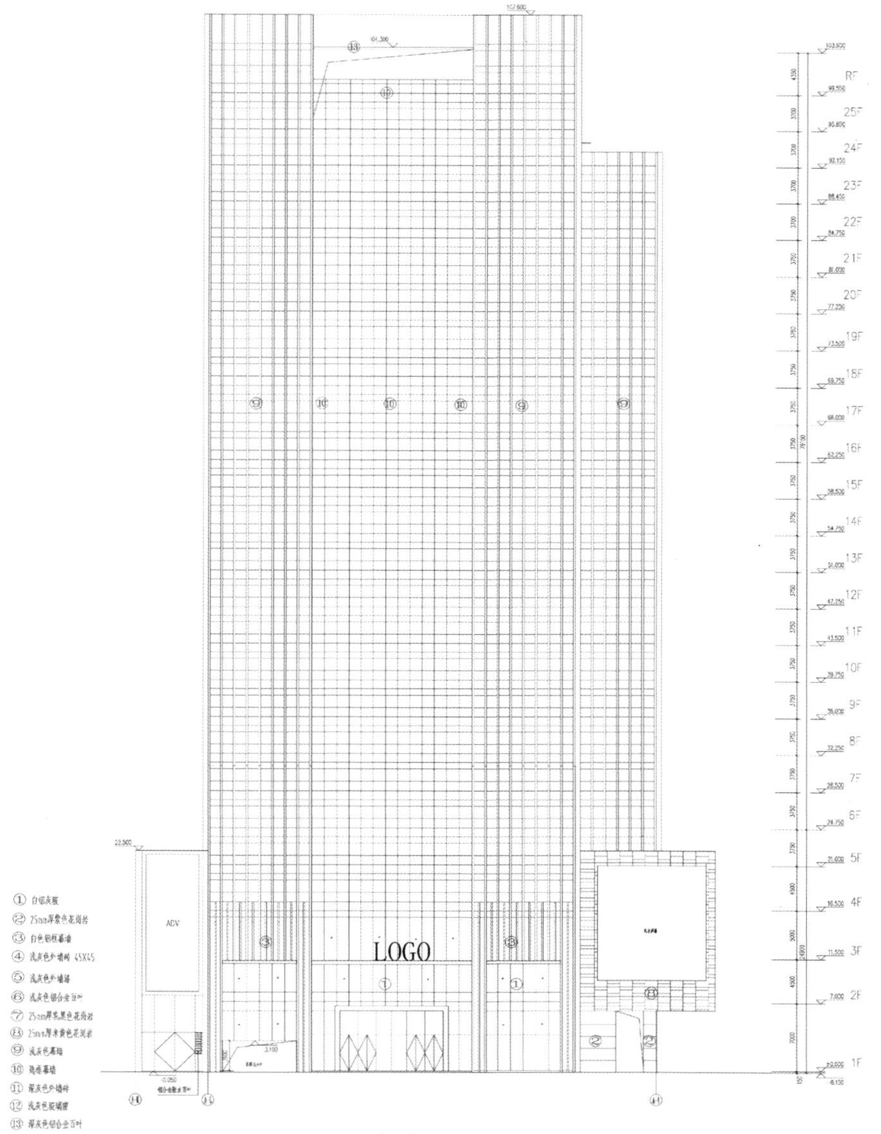

LOGO

① 白铝灰板
② 25mm厚紫色花岗岩
③ 白色铝框幕墙
④ 浅灰色外墙砖 45X45
⑤ 浅灰色外墙涂
⑥ 浅灰色铝合金百叶
⑦ 25mm厚乳黑色花岗岩
⑧ 25mm厚米黄色花岗岩
⑨ 浅灰色幕墙
⑩ 隐框幕墙
⑪ 深灰色外墙砖
⑫ 浅灰色玻璃窗
⑬ 深灰色铝合金百叶

组合西立面图

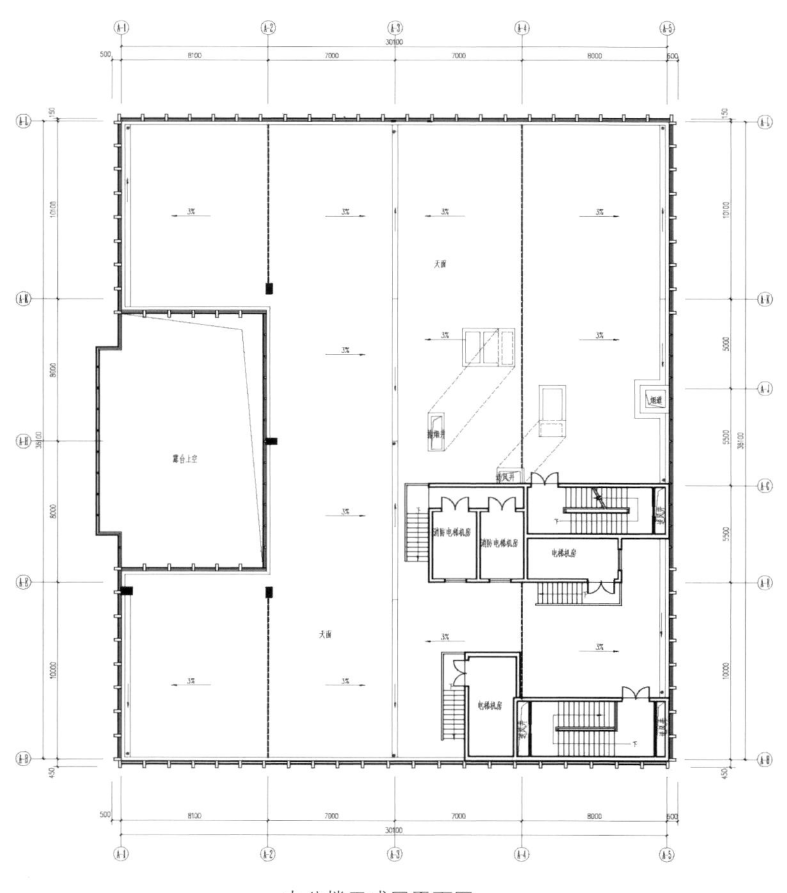

办公楼天成层平面图

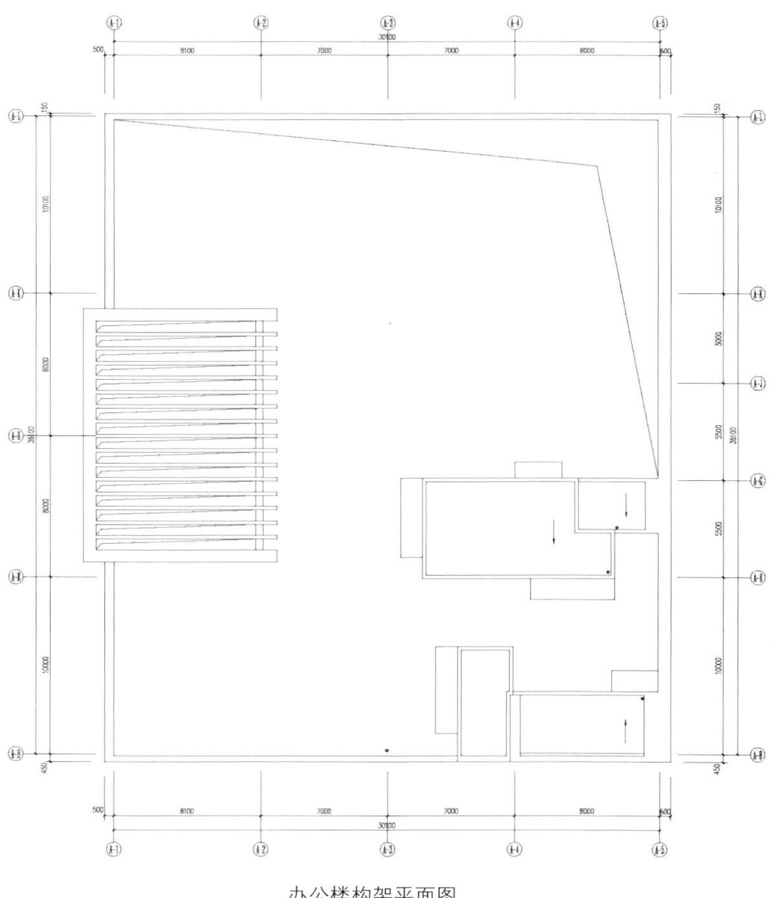

办公楼构架平面图

深圳市福田科技广场

- 项目地点：中国广东省深圳市福田区
- 建设方（业主）：深圳市福田工务局金地公司
- 建筑设计：华阳国际设计集团
- 总用地面积：38 623.56 m^2
- 总建筑面积：273 565 m^2
- 建筑高度：180 m
- 容积率：8.36
- 覆盖率：49%
- 绿地率：30%

综合办公建筑

关 键 词

● 环境小气候 ● 晶体状建筑 ● 全方位景观

项目亮点

在内部的空间组织中充分考虑景观与建筑以及道路系统的有机组合，烘托出空间开放性和舒适性的特点，运用水景与植物的配置改变建筑内环境的小气候，使建筑与环境成为一个有机结合体。

项目概况

项目位于深南路沿线，位置突出。在规划中，三栋晶体状建筑，以品字形布置于用地之中，每栋与地面直接联系，犹如破土而出的水晶。

规划布局

设计方同时将三栋塔楼中最高的 180 m 塔楼布置于地块东南角与深南路南侧的香港花园主楼，共同构筑中心区东入口，创建一个极具现代气息的门户空间。在城市界面上创造极具冲击力的展示效应。在近人尺度方面，通过以三栋超高层塔楼为主体，用地内散落 5 个大小高低不一的裙楼组合，形成几条富有变化的内街，内街中穿插水景与下沉广场，形成丰富的公共活动空间。

功能组织

在功能组织上，三座塔楼分别被赋予酒店和办公功能。塔楼 A 座和塔楼 B 座定位于高标准甲级科技办公写字楼及总部办公基地。塔楼 C 座则由办公及酒店两部分组成。塔楼 A 座与 C 座之间的横向联系为会议休闲中心。而各裙房则是特色办公区和商业、服务设施。

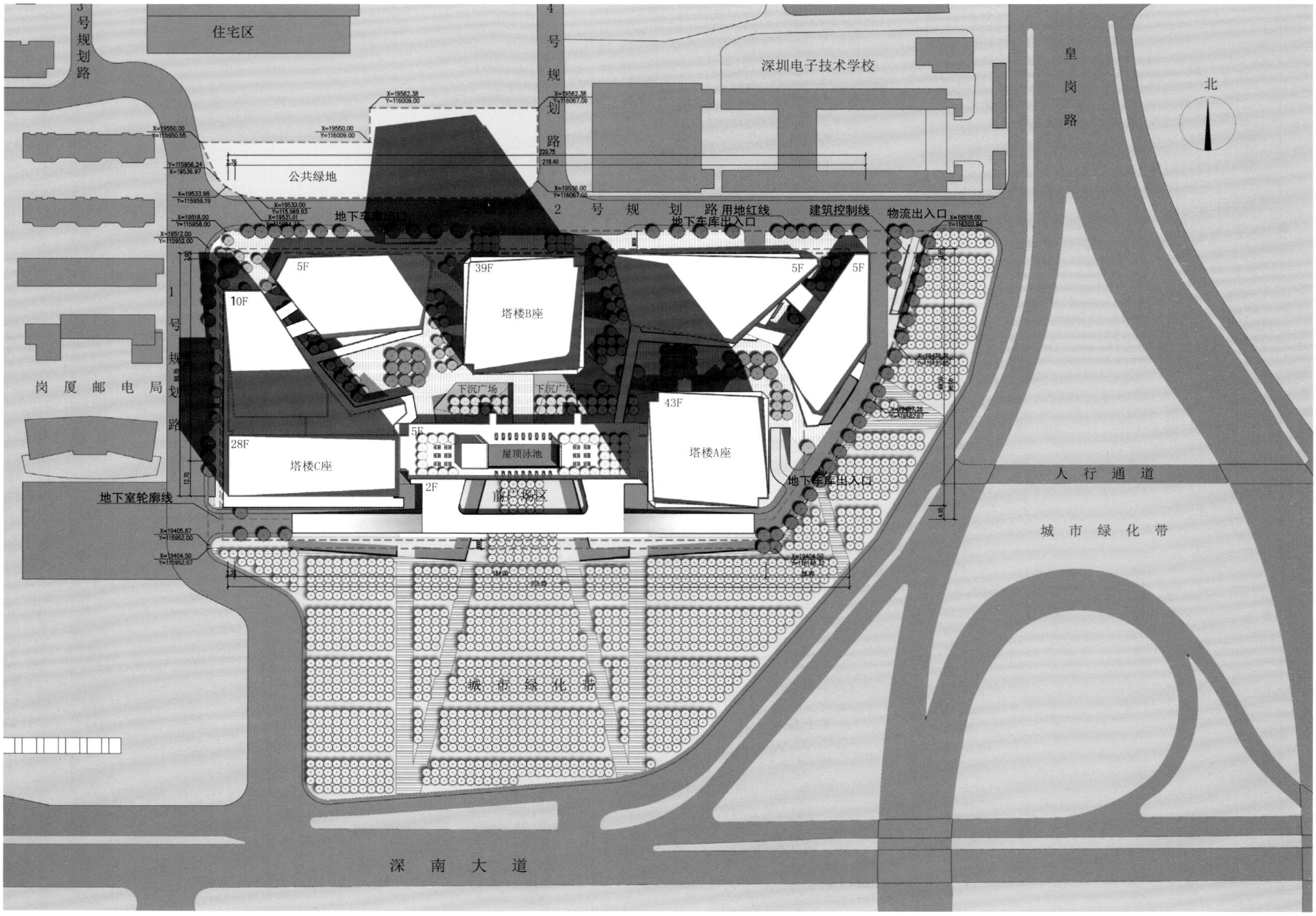

3号规划路
住宅区
4号规划路
深圳电子技术学校
皇岗路
北
公共绿地
2号规划路
用地红线
建筑控制线
物流出入口
地下车库出入口
1号规划路
岗厦邮电局
5F
39F
5F
5F
10F
塔楼B座
下沉广场
下沉广场
43F
5F
屋顶泳池
28F
塔楼C座
塔楼A座
2F
前广场区
地下车库出入口
人行通道
地下室轮廓线
城市绿化带
城市绿化带
深南大道

总平面图

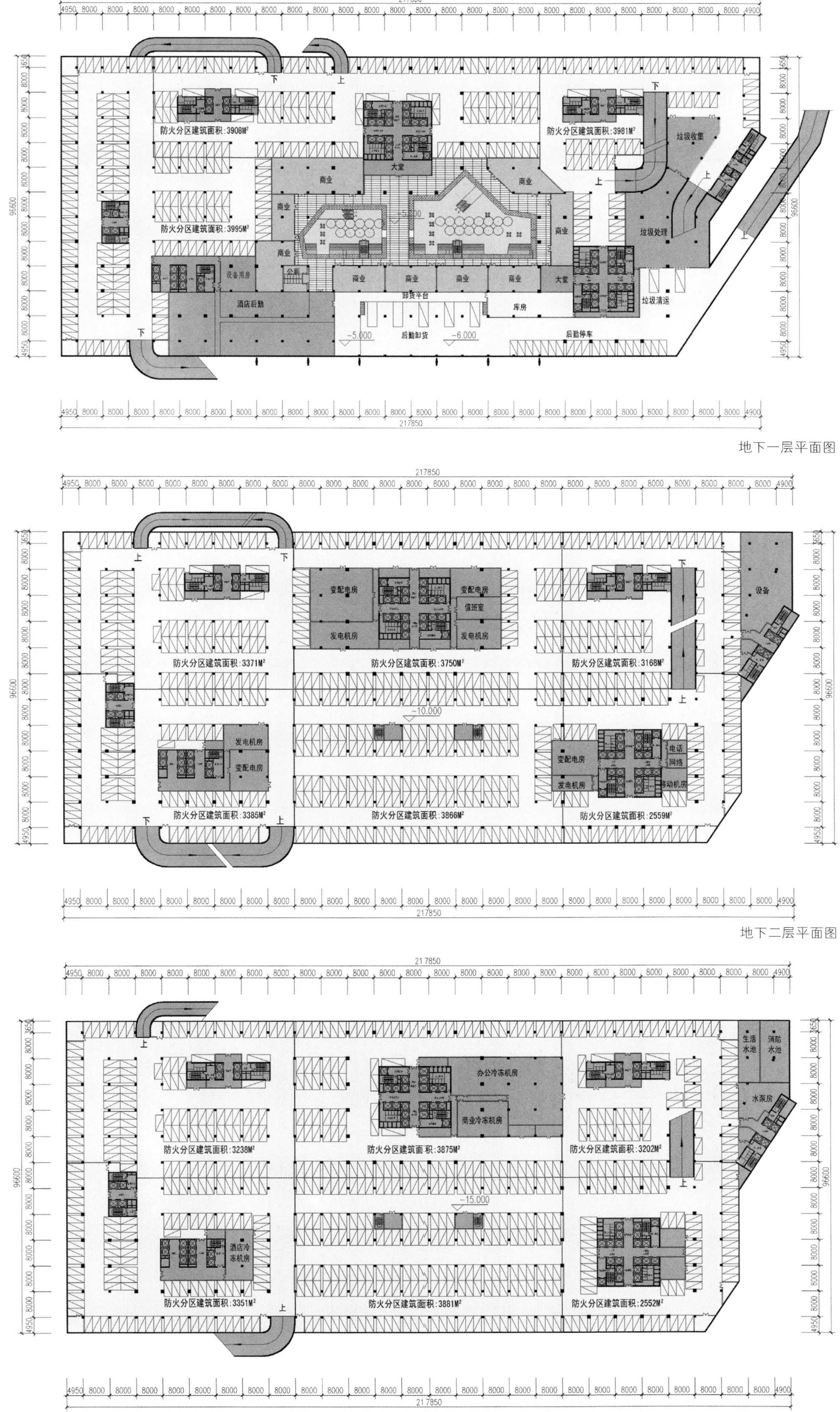

地下一层平面图

地下二层平面图

地下三层平面图

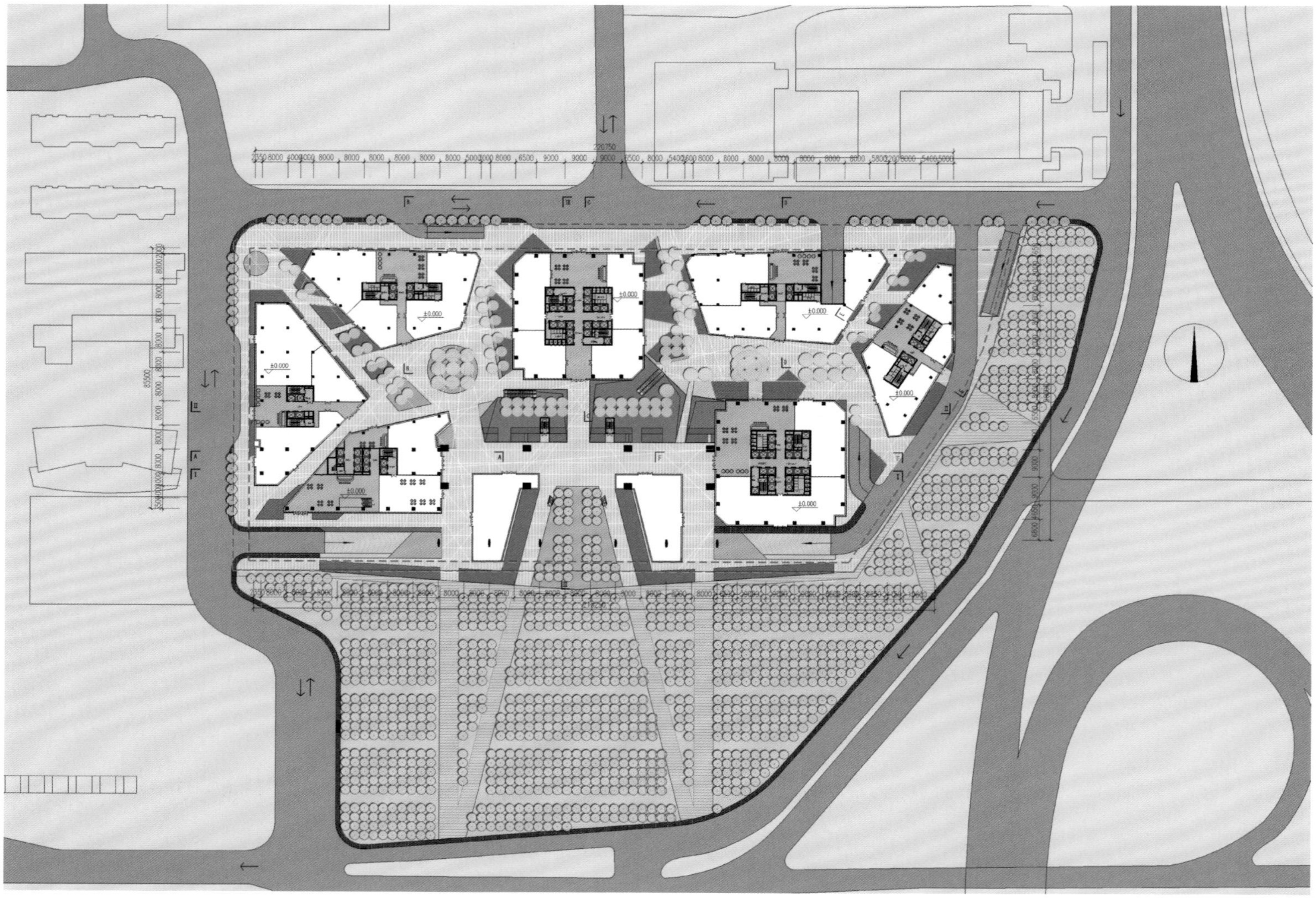

一层平面图

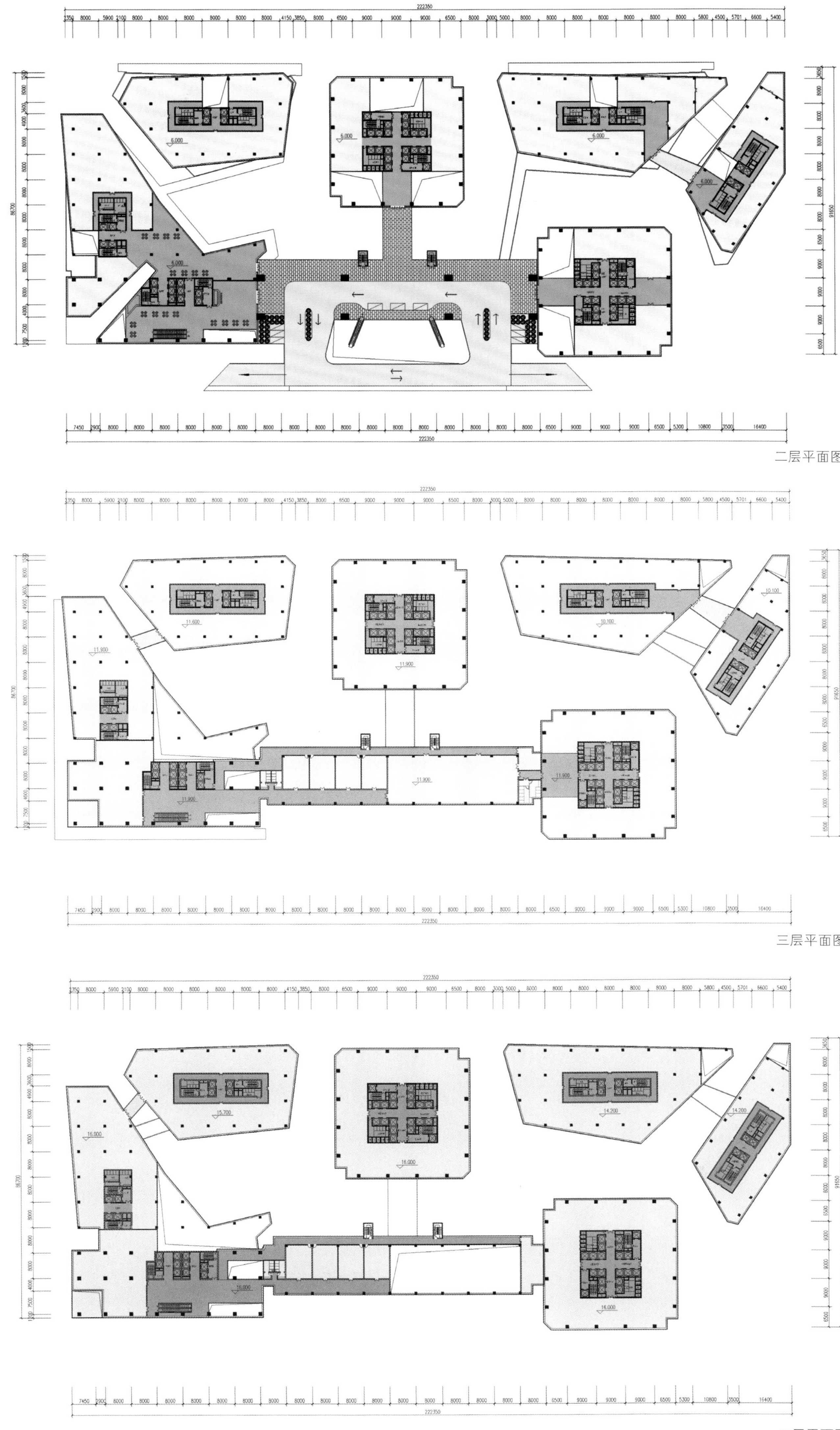

二层平面图

三层平面图

四层平面图

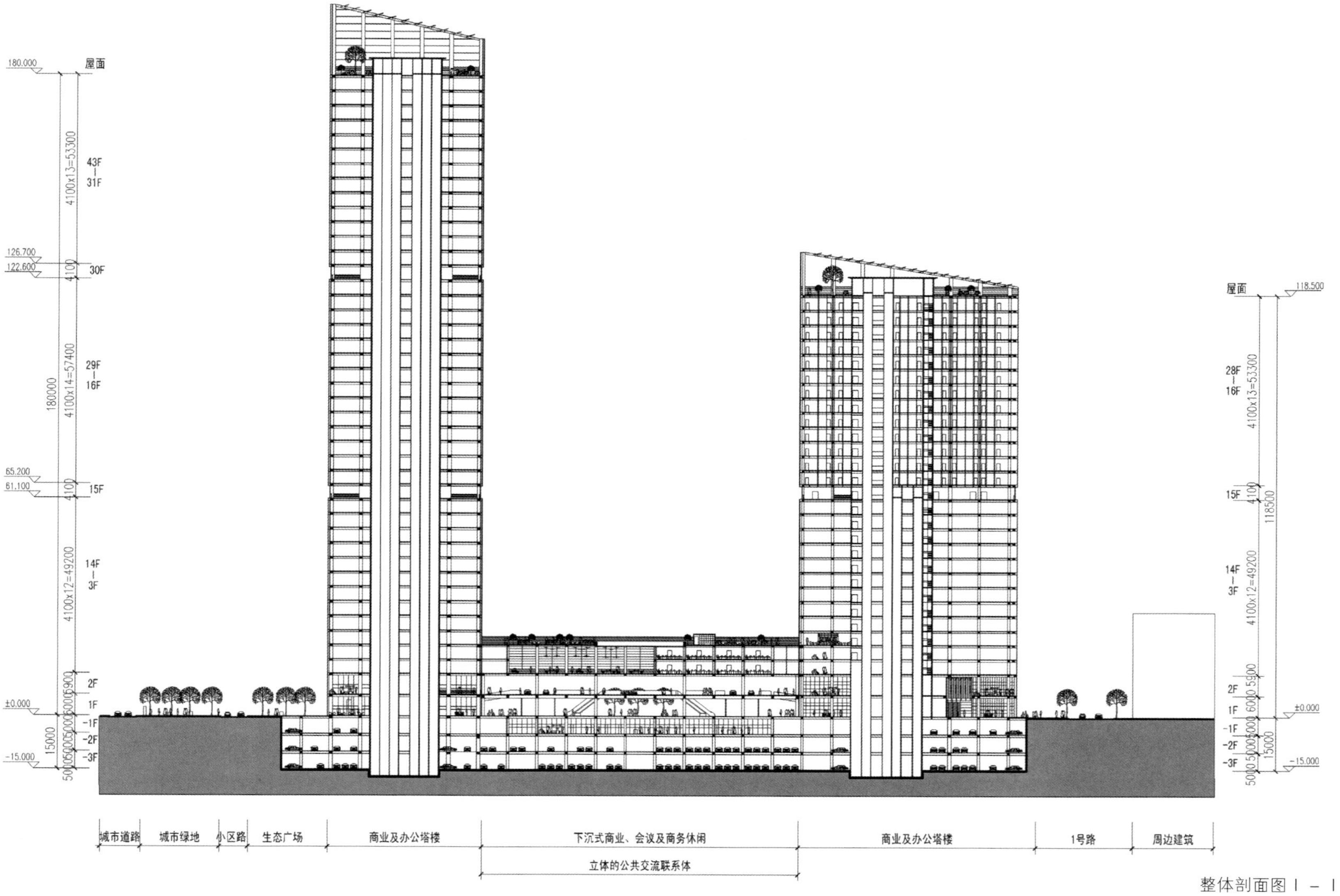

城市道路 城市绿地 小区路 生态广场 商业及办公塔楼 下沉式商业、会议及商务休闲 商业及办公塔楼 1号路 周边建筑

立体的公共交流联系体

整体剖面图 I – I

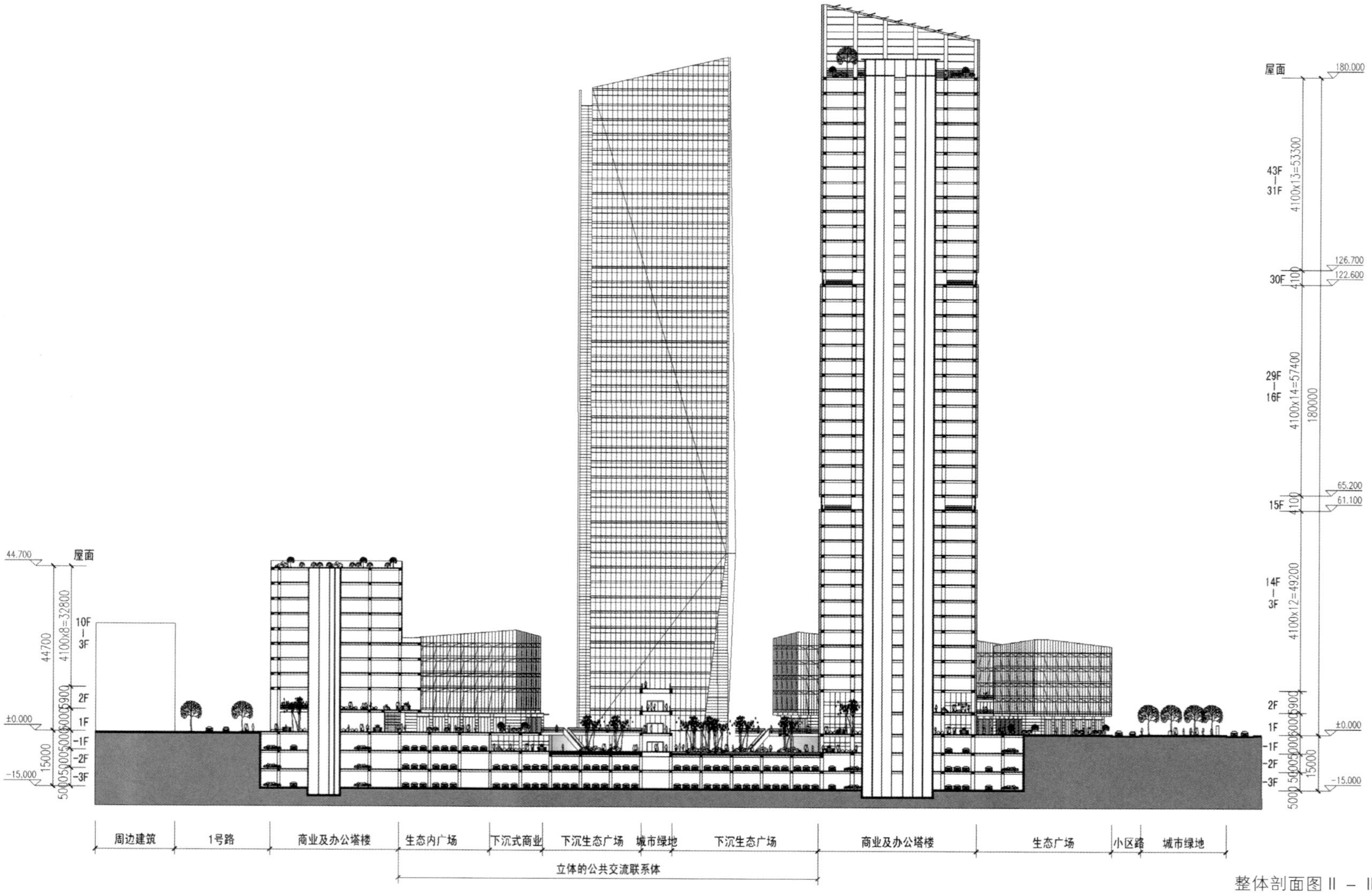

周边建筑 1号路 商业及办公塔楼 生态内广场 下沉式商业 下沉生态广场 城市绿地 下沉生态广场 商业及办公塔楼 生态广场 小区路 城市绿地

立体的公共交流联系体

整体剖面图 II – II

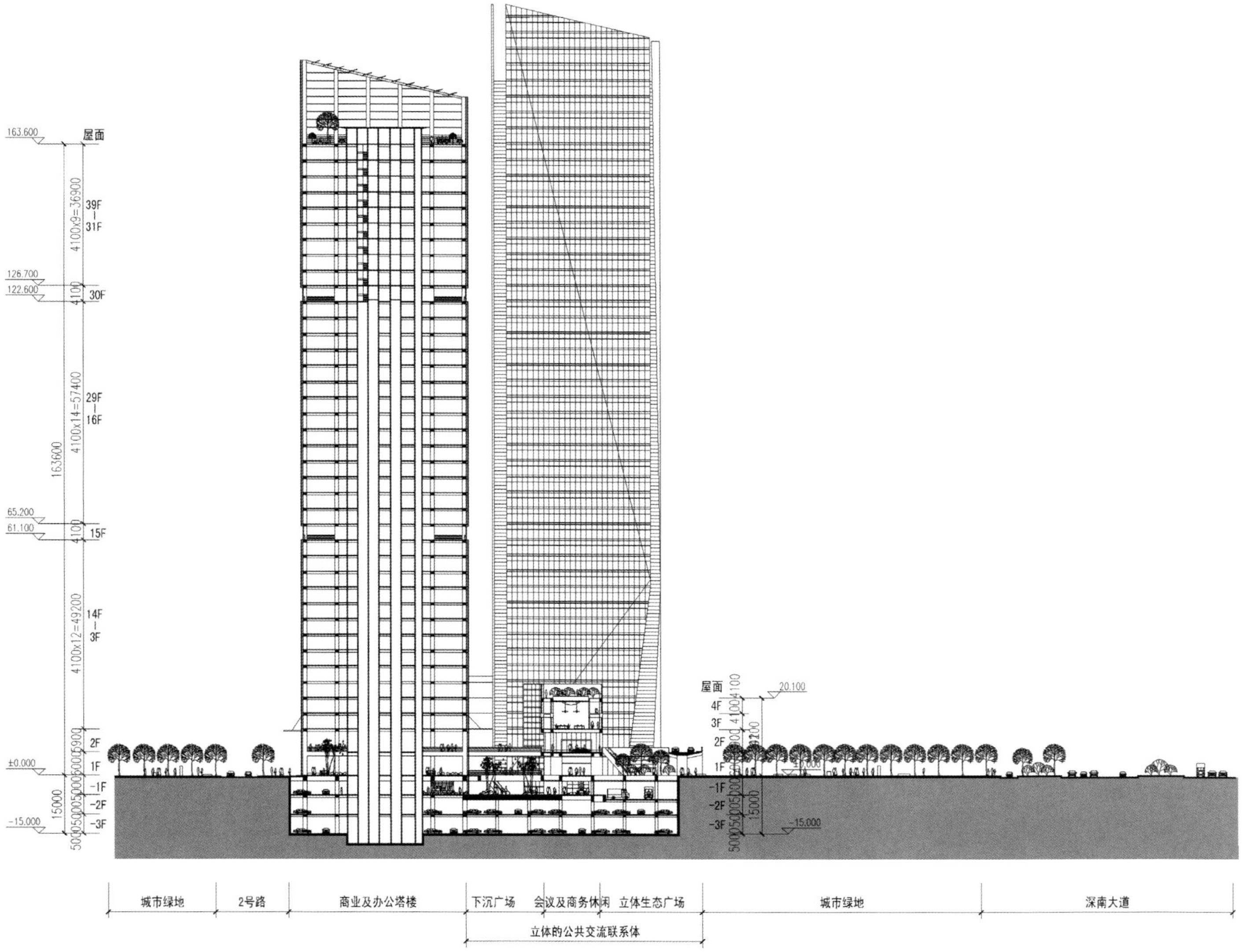

城市绿地 2号路 商业及办公塔楼 下沉广场 会议及商务休闲 立体生态广场 城市绿地 深南大道

立体的公共交流联系体

整体剖面图 Ⅲ – Ⅲ

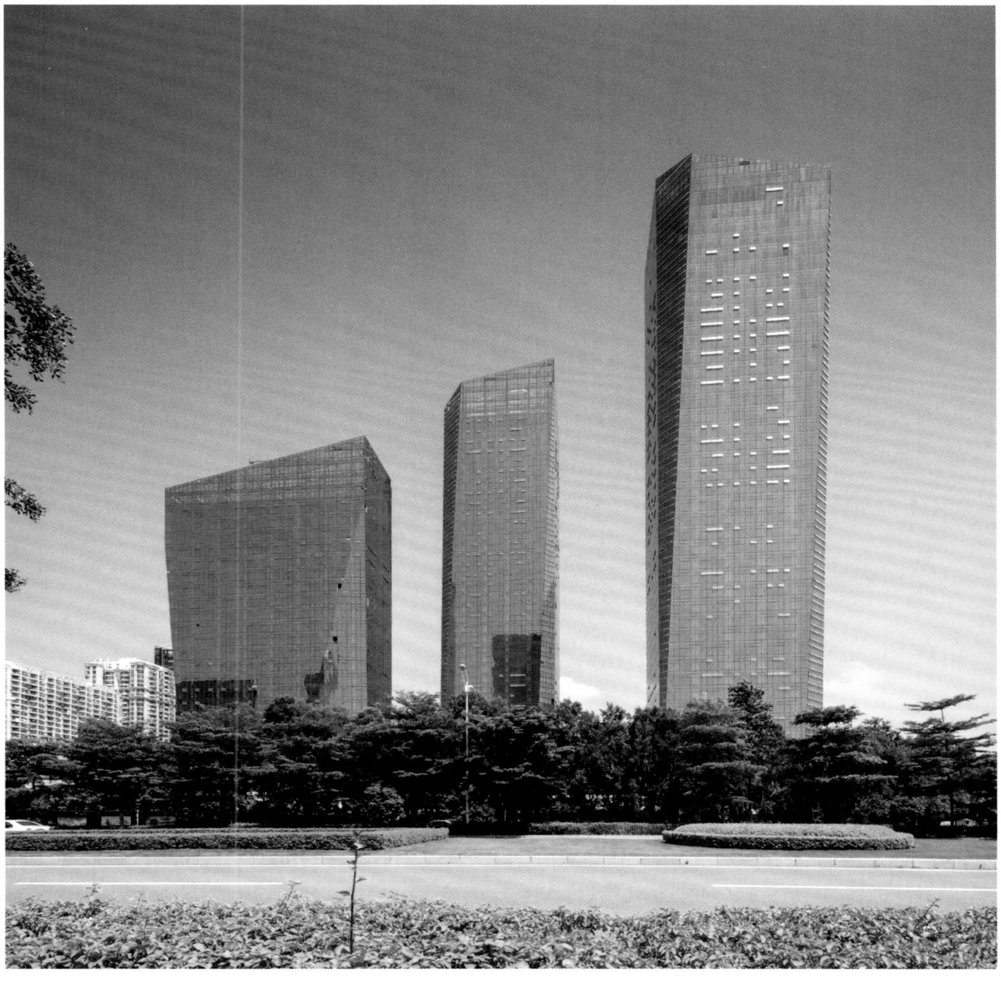

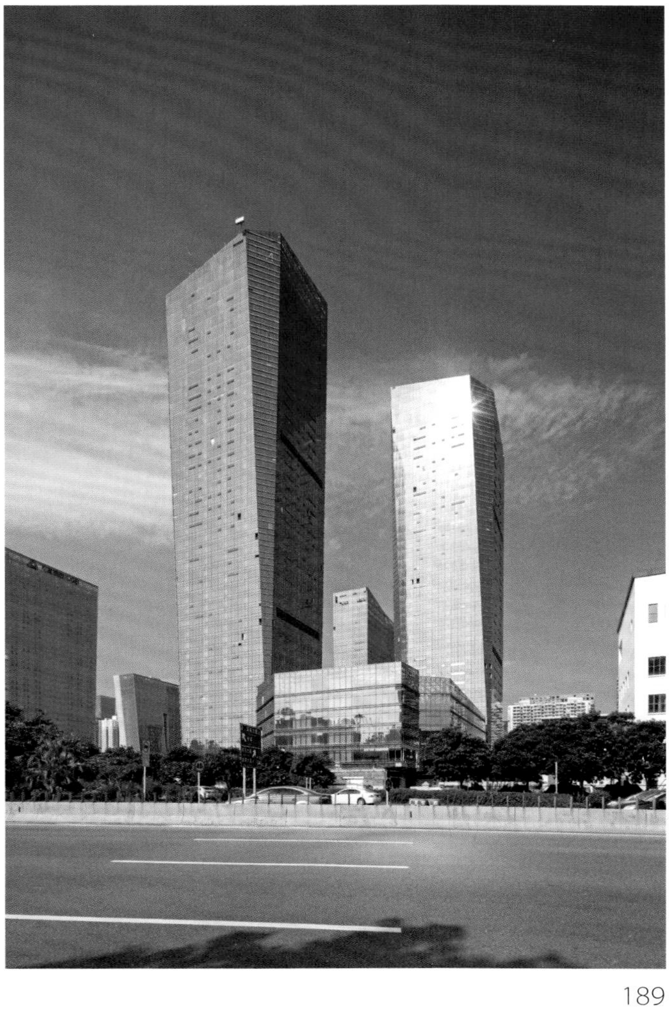

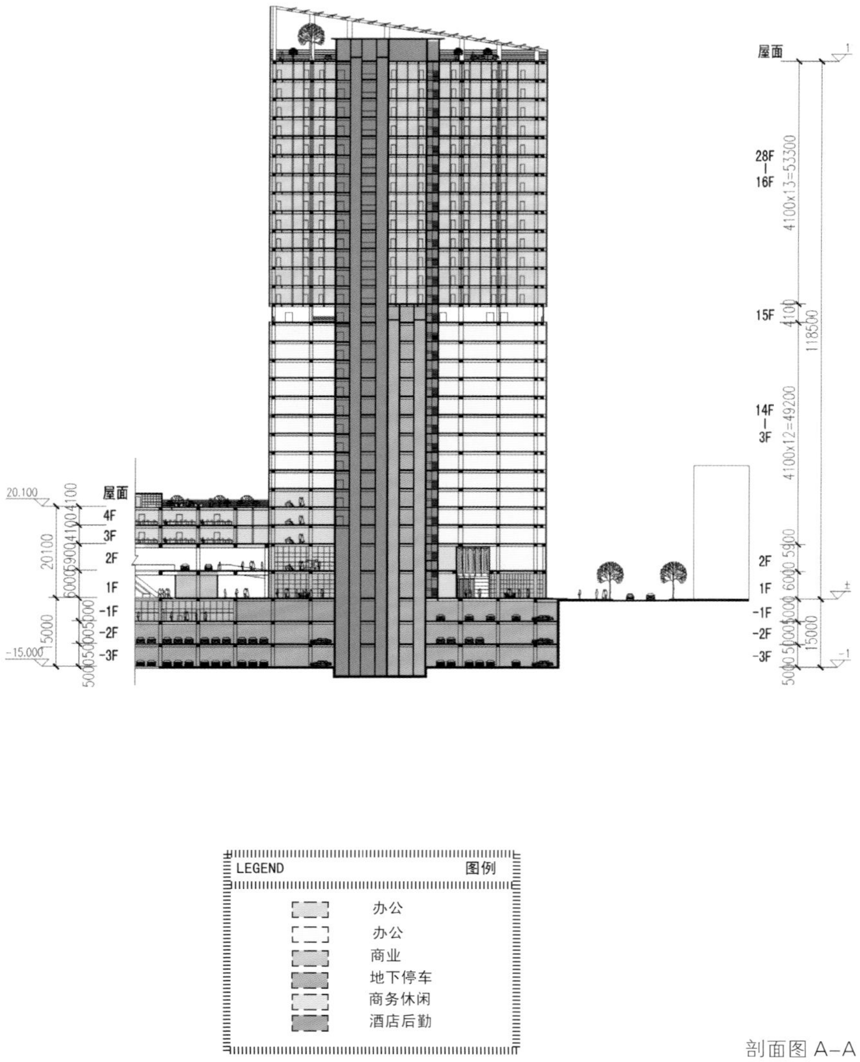

LEGEND 图例

- 办公
- 办公
- 商业
- 地下停车
- 商务休闲
- 酒店后勤

剖面图 A-A

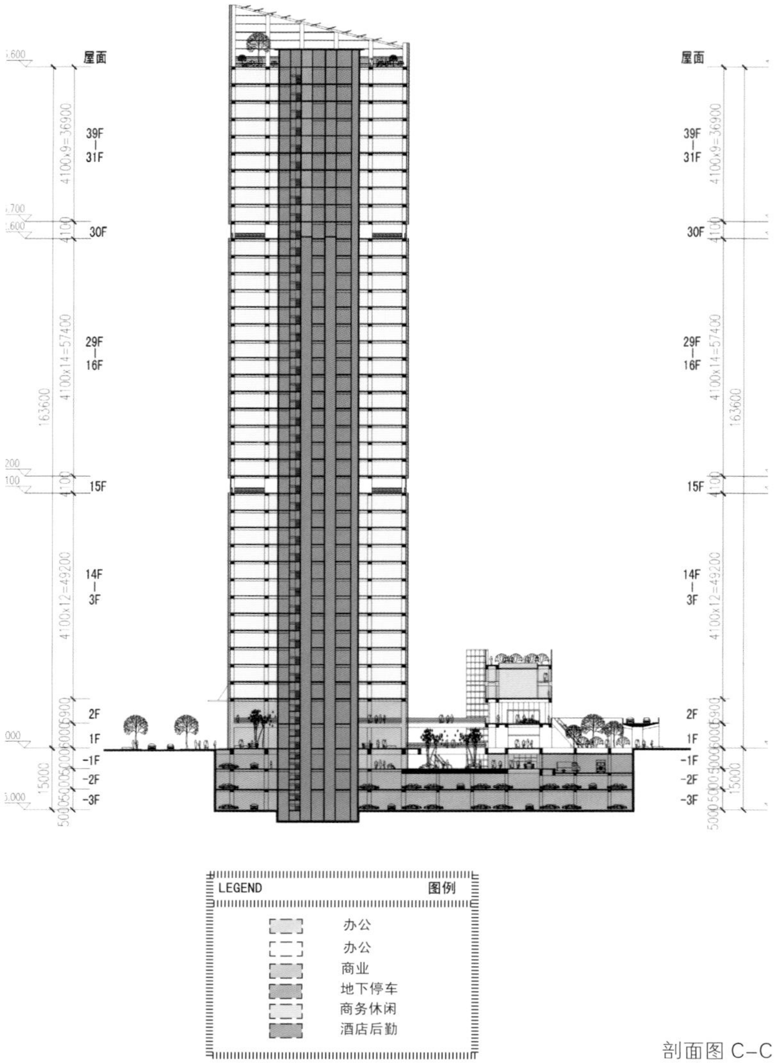

LEGEND 图例

- 办公
- 办公
- 商业
- 地下停车
- 商务休闲
- 酒店后勤

剖面图 C-C

剖面图 F-F

内部空间特色

在内部的空间组织中充分考虑景观与建筑以及道路系统的有机组合，烘托出空间开放性和舒适性的特点，运用水景与植物的配置改变建筑内环境的小气候，使建筑与环境成为一个有机结合体。

绿化规划

规划中绿化带 120 m，现有植被只有大约 80 m 宽，在保留地块大部分现存绿化带的同时，增加与项目内部空间轴线相同的人行休闲景观长廊，并在荔枝林后面补种其他种类绿化植被以丰富景观的多样性，改善南面的绿化品质，增加人气。地块西北角新增公共绿地，并在绿地北面边界设置线性屏障式绿化以改善现有用地北面环境品质。

全方位景观

通过塔楼品字形布局，使各塔楼均能享受城市现有的外部景观资源，如南侧的绿化带、东边的城市中心公园和西面的中心区城市景观。由于用地周边建筑高度不高，所以塔楼几乎没有任何遮挡，可以达到 360 度的全方位景观视野。

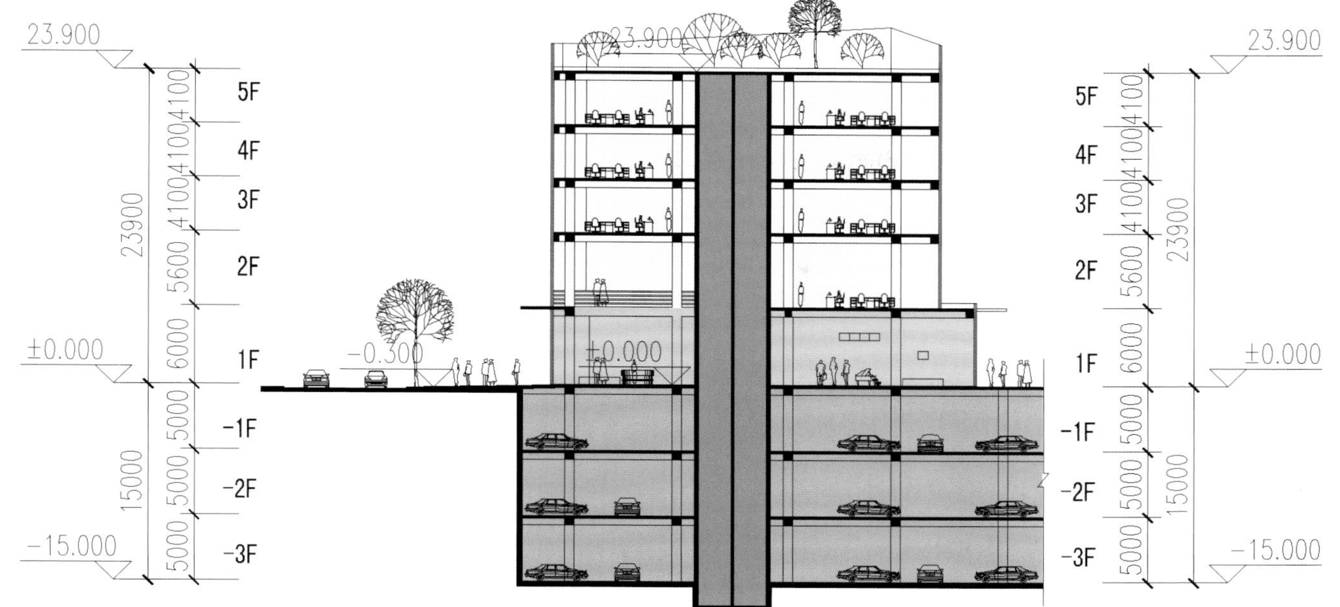

剖面图 B-B

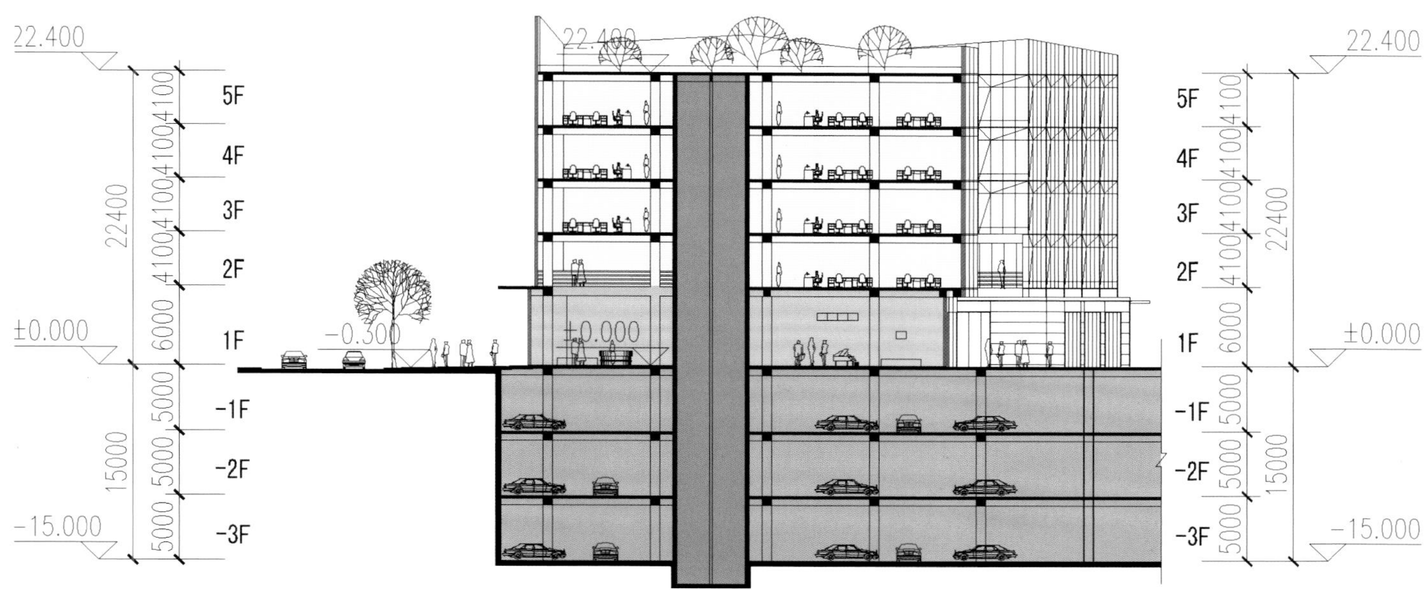

剖面图 D-D

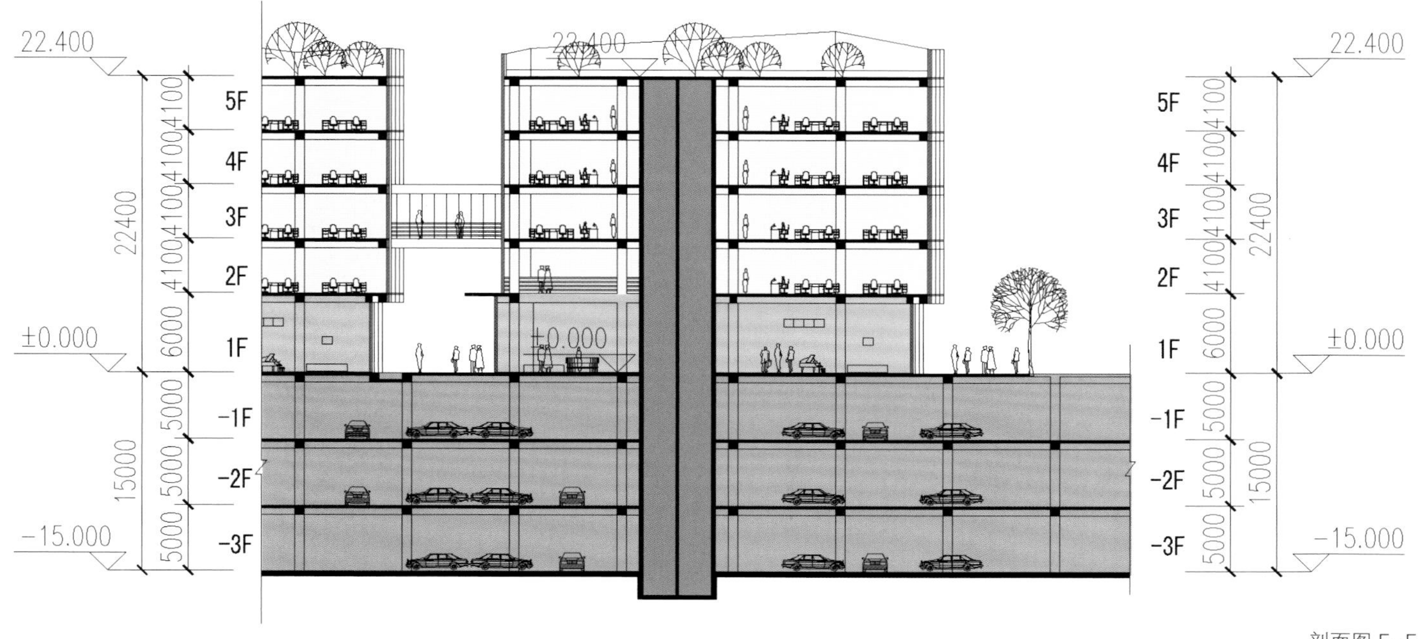

剖面图 E-E

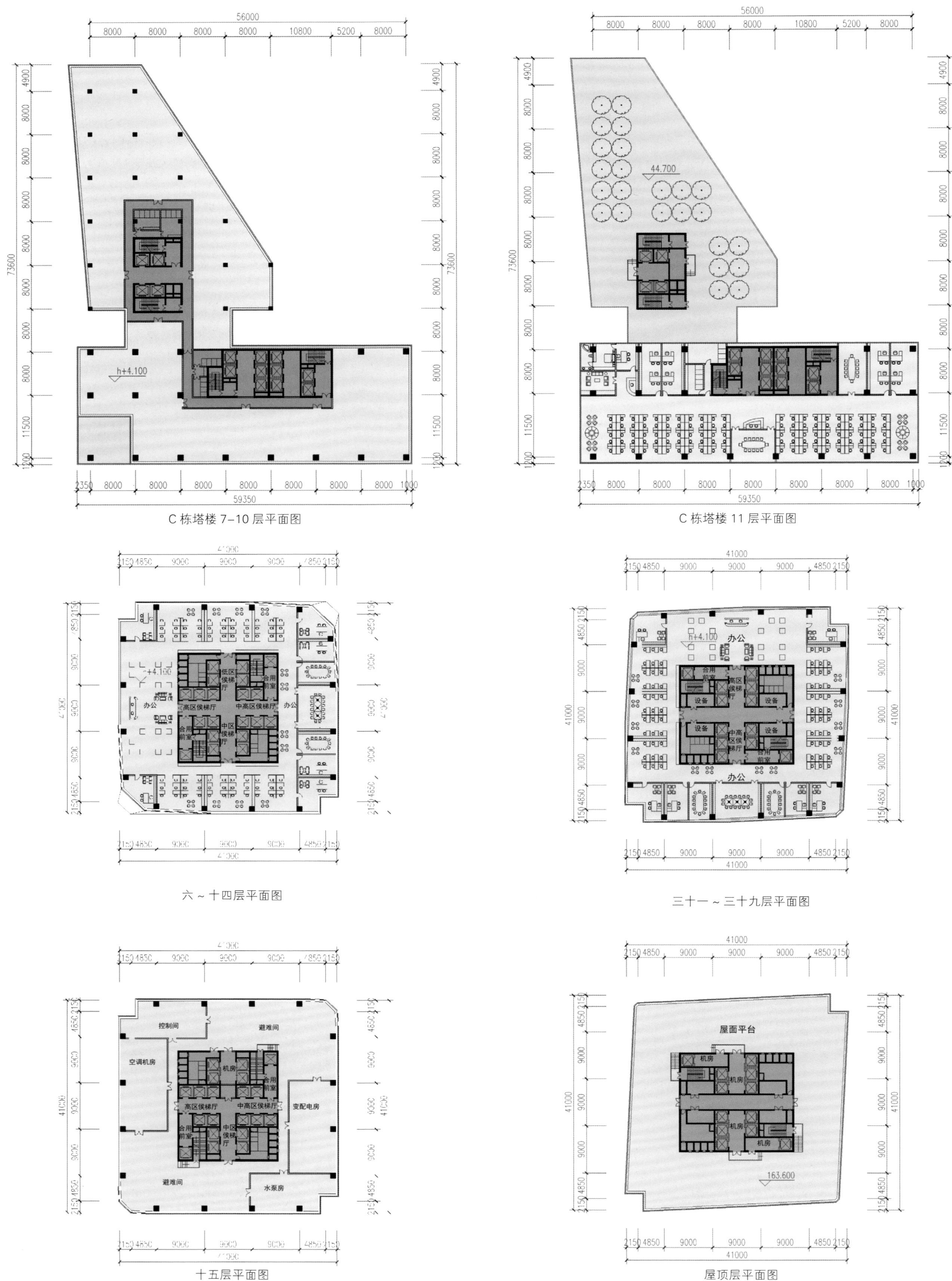

C 栋塔楼 7-10 层平面图

C 栋塔楼 11 层平面图

六～十四层平面图

三十一～三十九层平面图

十五层平面图

屋顶层平面图

奥考务费第八区办公楼

- 项目地点：意大利拉斯佩齐亚
- 建筑设计：MMAA 建筑事务所
- 设计团队：Mario Manfroni、Patrizia Burlando、Alessandra Ferrari
- 建筑面积：6 750 m^2
- 摄影：Roberto Buratta

关 键 词 ● 双正立面 ● 上层紧凑 ● 三层束带层

项目亮点

建筑外立面采用水平分割线形成三层束带层，对应着首层之上的三层办公区域。虚实（即覆面镶板与窗户）比例可根据室内光线需求随意变换，丝毫不影响建筑外立面的整体平衡。

项目概况

项目位于拉斯佩齐亚市东北部的第八区原冶炼厂所在基地。

规划布局

该项目旨在将该不渗透区域重新利用，保留基地后方的绿化；新建办公楼伫立在现有的停车场区域。办公楼高 4 层，建筑采用一个鲜明的斜角形成圆润的锥形，使其拥有双正立面，与众不同。地下室和首层的支柱支撑着建筑上层紧凑的体量。

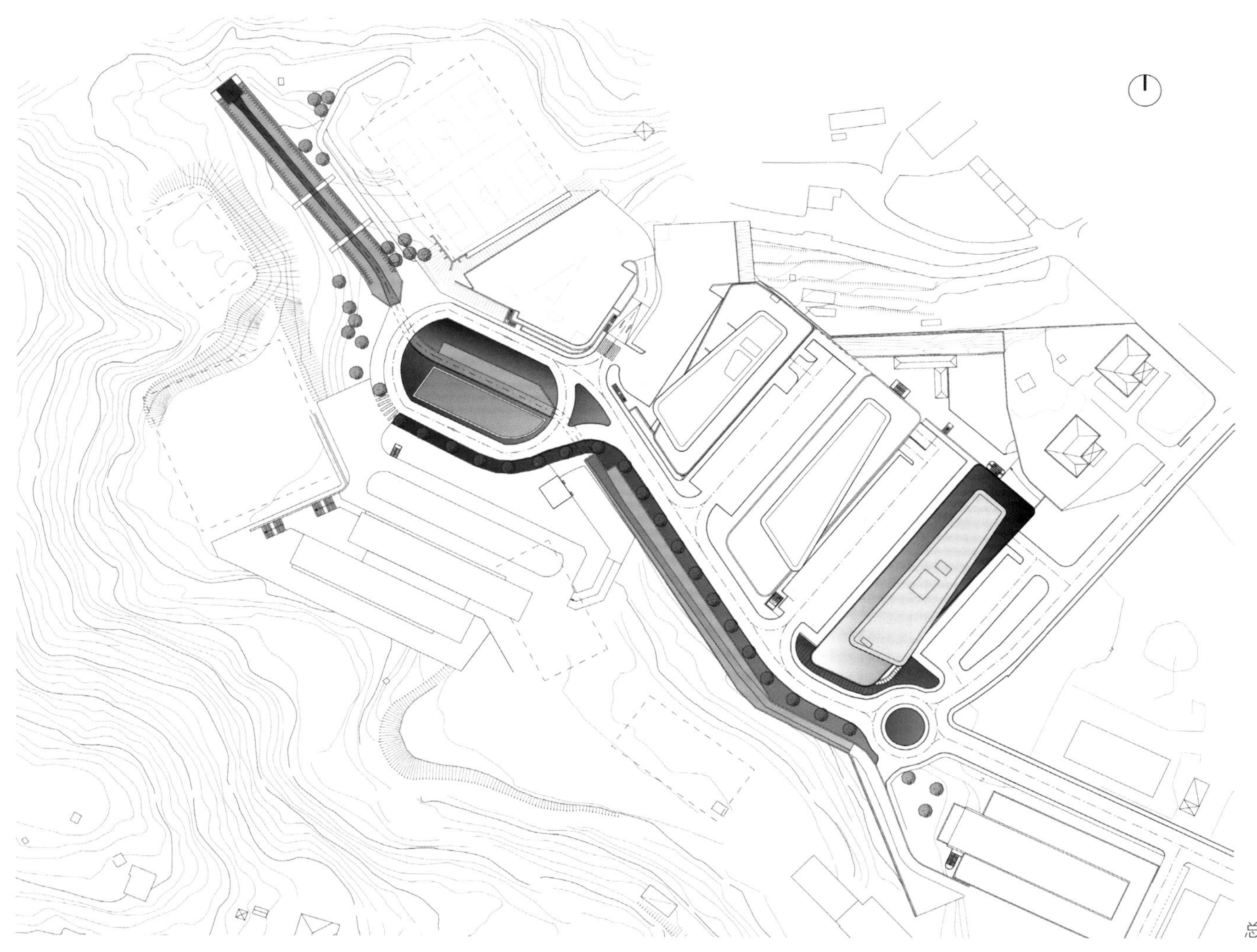

总平面图

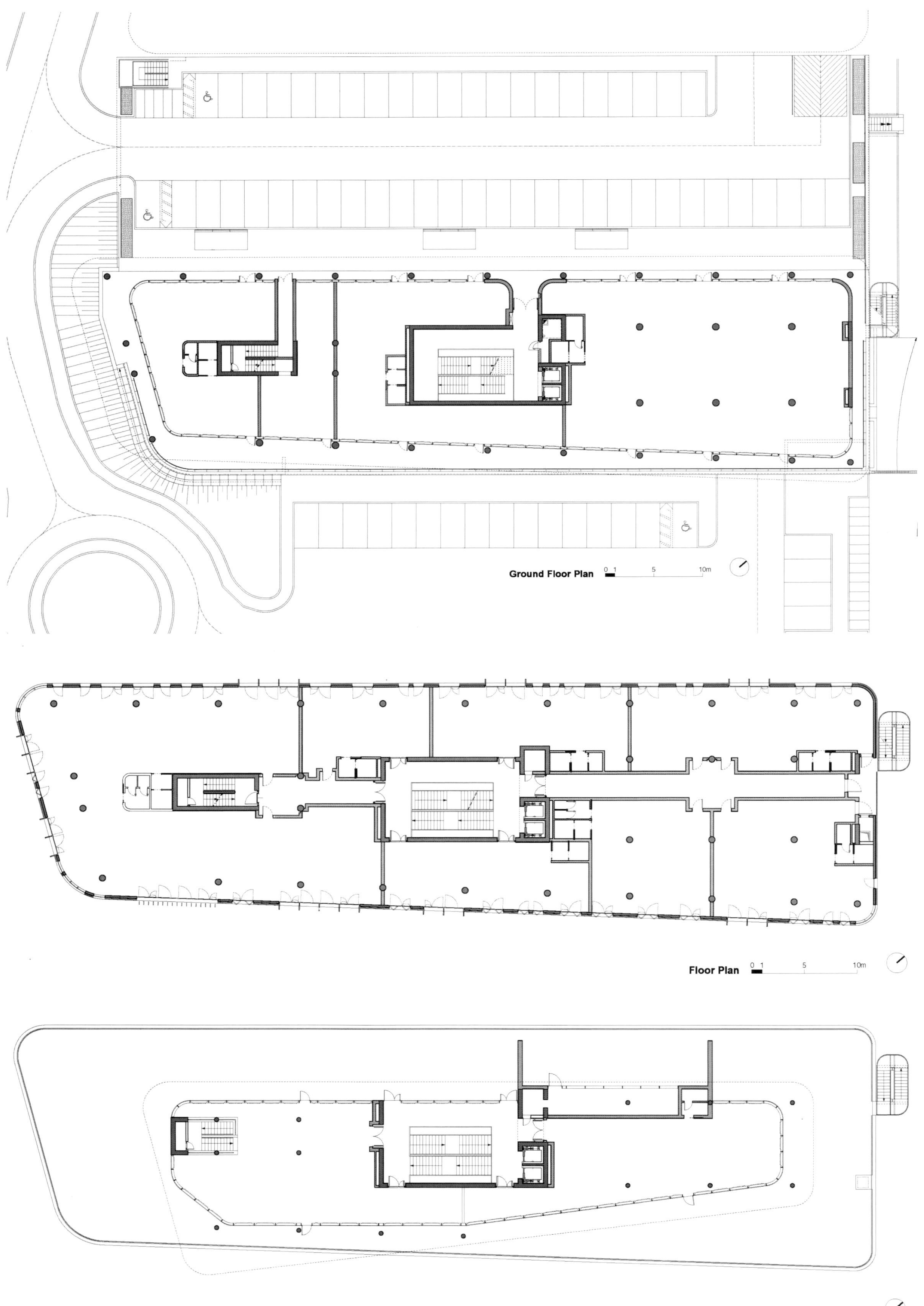

Ground Floor Plan
0 1 5 10m
Floor Plan
0 1 5 10m
Attic Floor Plan
0 1 5 10m

立面设计

建筑外立面采用水平分割线形成三层束带层，对应着首层之上的三层办公区域。虚实（即覆面镶板与窗户）比例可根据室内光线需求随意变换，丝毫不影响建筑外立面的整体平衡。

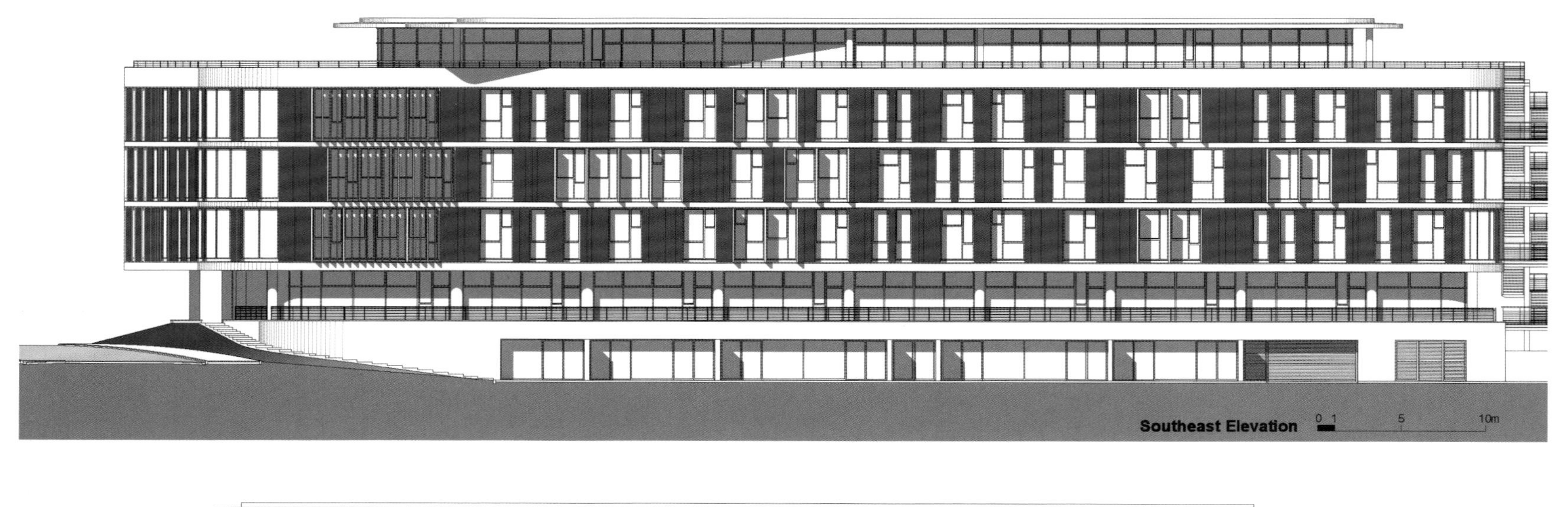
Southeast Elevation
0 1
5
10m

Northwest Elevation
0 1
5
10m

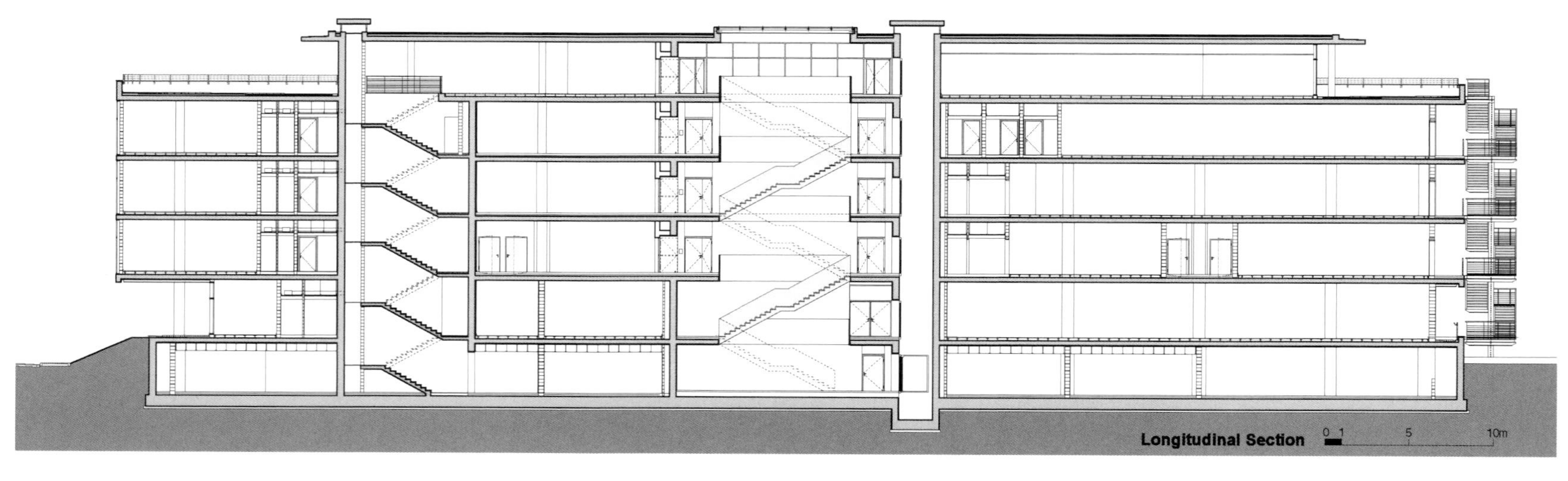
Longitudinal Section
0 1
5
10m

Cross Section
0 1
5
10m

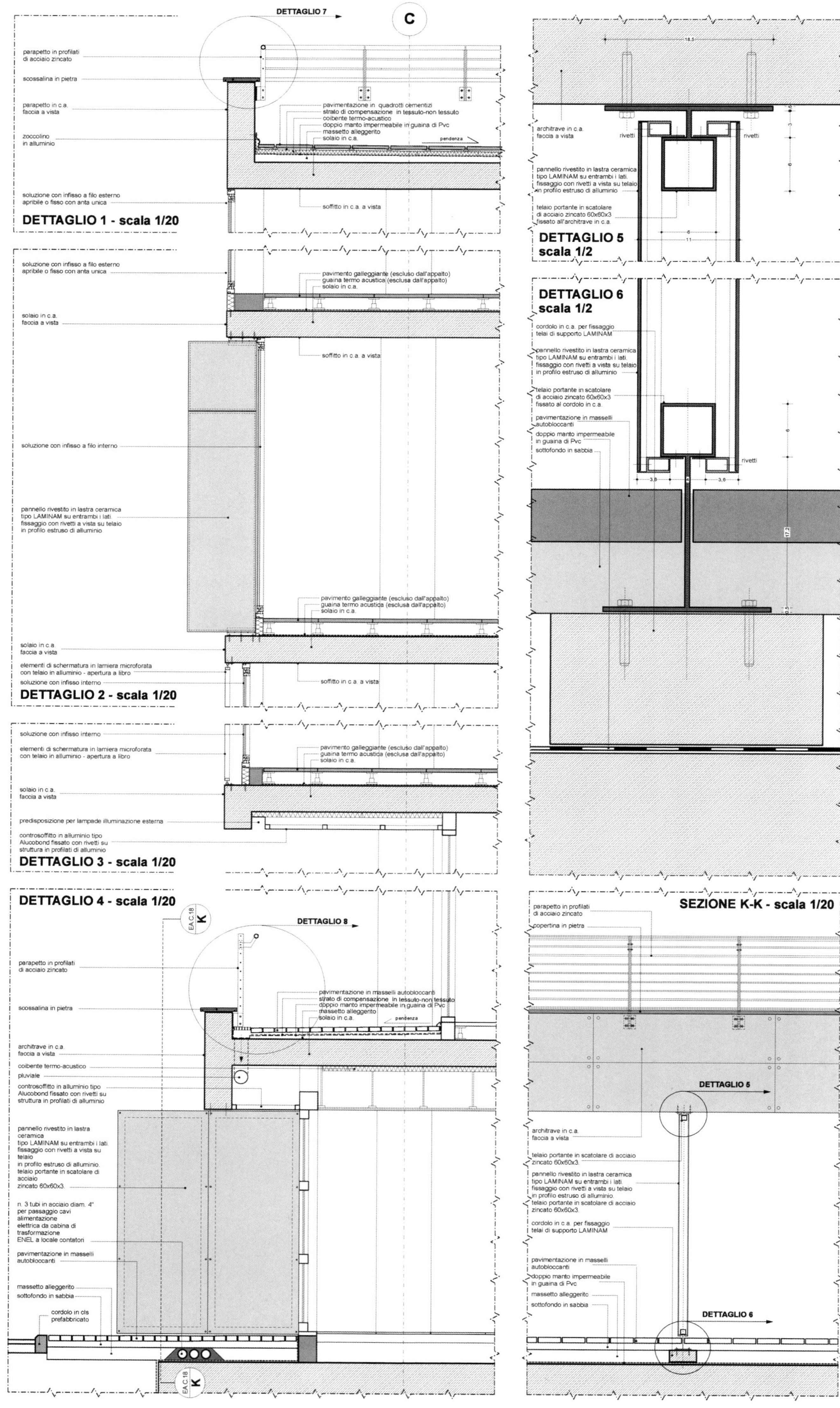
DETTAGLIO 7
C
parapetto in profilati di acciaio zincato
scossalina in pietra
parapetto in c.a. faccia a vista
zoccolino in alluminio
pavimentazione in quadrotti cementizi
strato di compensazione in tessuto-non tessuto
coibente termo-acustico
doppio manto impermeabile in guaina di Pvc
massetto alleggerito
solaio in c.a.
pendenza
soluzione con infisso a filo esterno apribile o fisso con anta unica
soffitto in c.a. a vista
DETTAGLIO 1 - scala 1/20
pavimento galleggiante (escluso dall'appalto)
guaina termo acustica (esclusa dall'appalto)
solaio in c.a. faccia a vista
soluzione con infisso a filo interno
pannello rivestito in lastra ceramica tipo LAMINAM su entrambi i lati. fissaggio con rivetti a vista su telaio in profilo estruso di alluminio
elementi di schermatura in lamiera microforata con telaio in alluminio - apertura a libro
soluzione con infisso interno
DETTAGLIO 2 - scala 1/20
predisposizione per lampade illuminazione esterna
controsoffitto in alluminio tipo Alucobond fissato con rivetti su struttura in profilati di alluminio
DETTAGLIO 3 - scala 1/20
DETTAGLIO 4 - scala 1/20
DETTAGLIO 8
pavimentazione in masselli autobloccanti
architrave in c.a. faccia a vista
coibente termo-acustico
pluviale
telaio portante in scatolare di acciaio zincato 60x60x3.
n. 3 tubi in acciaio diam. 4" per passaggio cavi alimentazione elettrica da cabina di trasformazione ENEL a locale contatori
sottofondo in sabbia
cordolo in cls prefabbricato
rivetti
telaio portante in scatolare di acciaio zincato 60x60x3 fissato all'architrave in c.a.
DETTAGLIO 5 scala 1/2
DETTAGLIO 6 scala 1/2
cordolo in c.a. per fissaggio telai di supporto LAMINAM
telaio portante in scatolare di acciaio zincato 60x60x3 fissato al cordolo in c.a.
SEZIONE K-K - scala 1/20
copertina in pietra
DETTAGLIO 5
DETTAGLIO 6

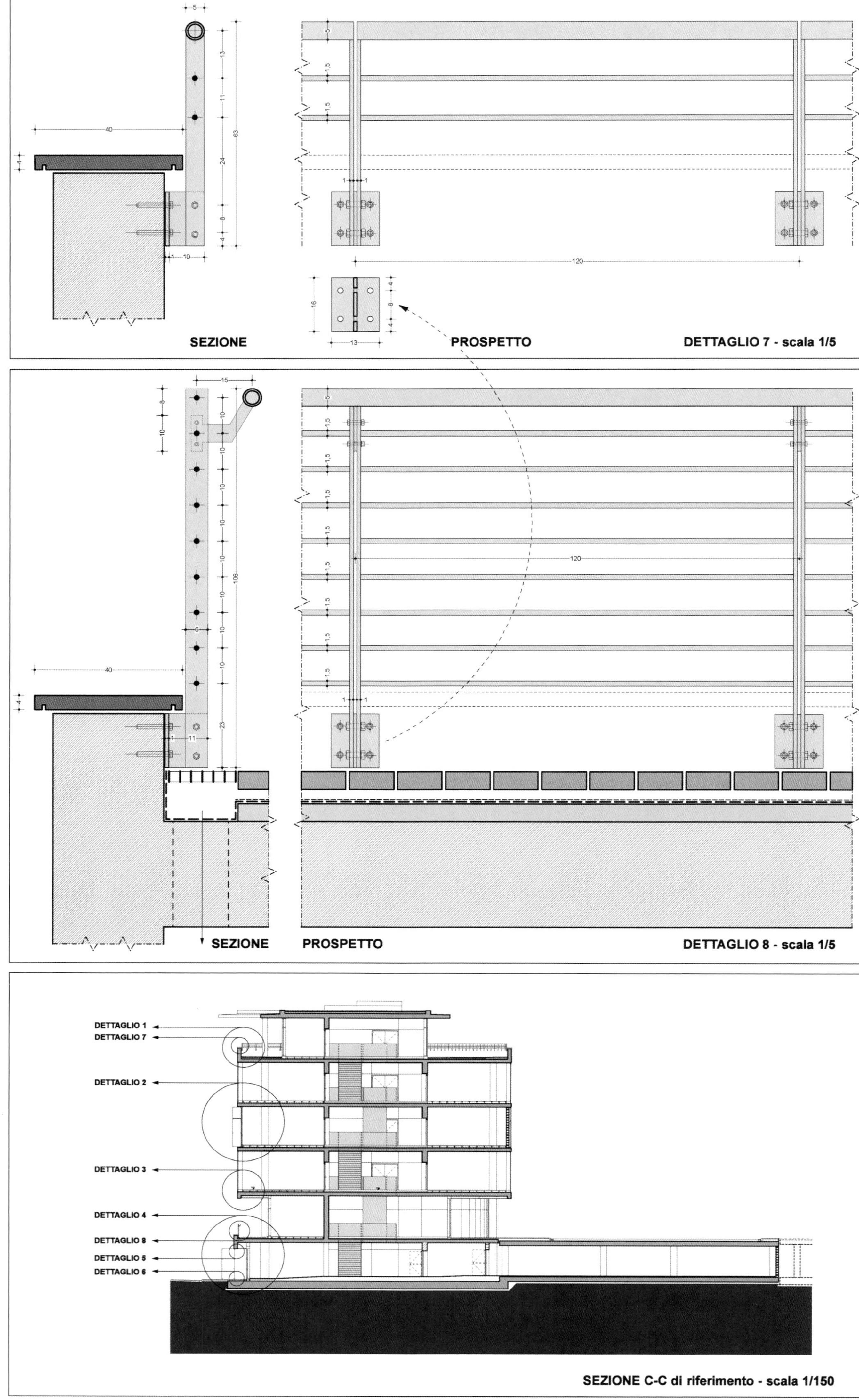
SEZIONE
PROSPETTO
DETTAGLIO 7 - scala 1/5
SEZIONE
PROSPETTO
DETTAGLIO 8 - scala 1/5
DETTAGLIO 1
DETTAGLIO 7
DETTAGLIO 2
DETTAGLIO 3
DETTAGLIO 4
DETTAGLIO 8
DETTAGLIO 5
DETTAGLIO 6
SEZIONE C-C di riferimento - scala 1/150

DETTAGLIO 1 - scala 1/2

staffa in alluminio con asole di regolazione

pannello LAMINAM con rinforzo strutturale in fibra di vetro spessore totale 3,5 mm

sottostruttura parete ventilata in profilati e staffe di alluminio

intercapedine ventilata

pannello isolante in lana di roccia con foglio esterno di protezione in alluminio, spessore 80 mm

parete in mattoni tipo Poroton, spessore 20 cm

finitura interna in intonaco/cartongesso/pannello di arredo

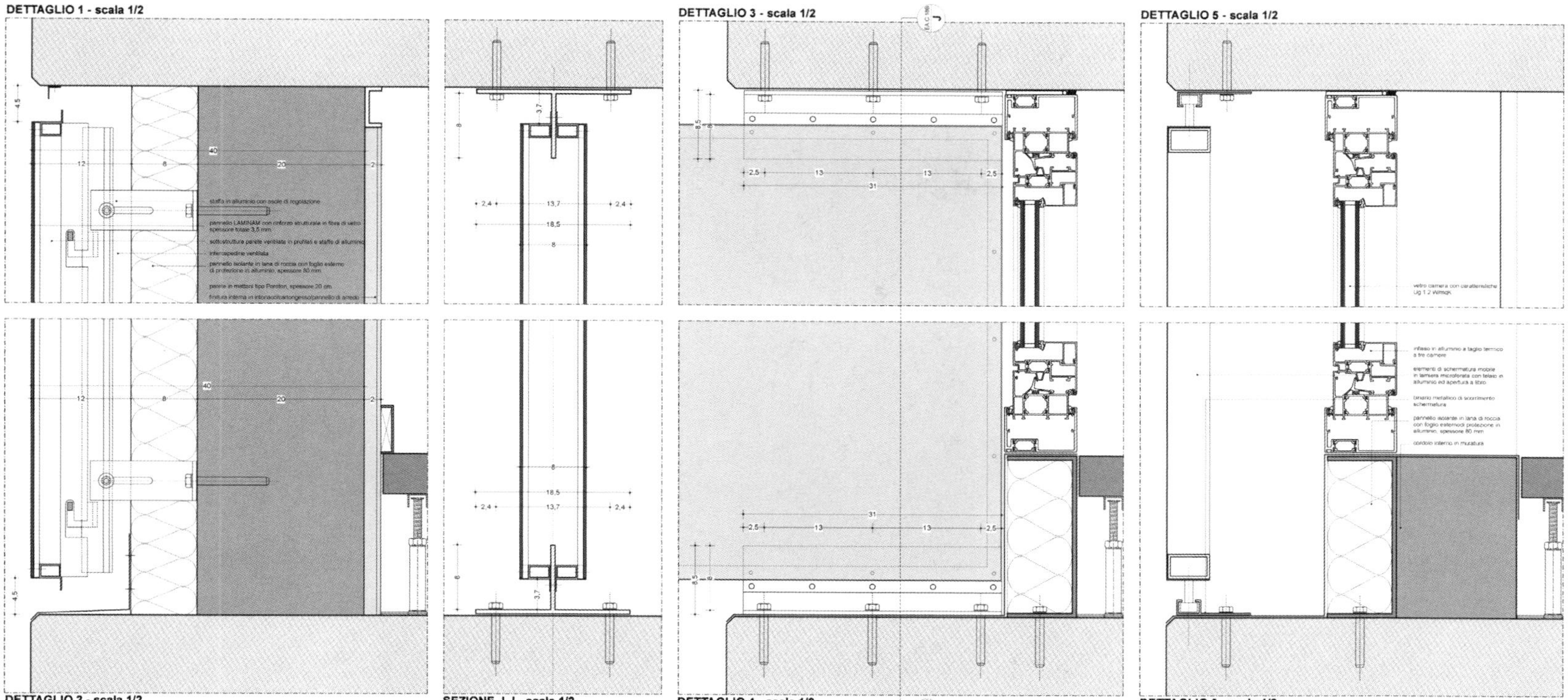

DETTAGLIO 2 - scala 1/2

SEZIONE J-J - scala 1/2

DETTAGLIO 3 - scala 1/2

DETTAGLIO 4 - scala 1/2

DETTAGLIO 5 - scala 1/2

vetro camera con caratteristiche Ug 1,2 W/mqK

infisso in alluminio a taglio termico a tre camere

elementi di schermatura mobile in lamiera microforata con telaio in alluminio ed apertura a libro

binario metallico di scorrimento schermatura

pannello isolante in lana di roccia con foglio esterno di protezione in alluminio, spessore 80 mm

cordolo interno in muratura

DETTAGLIO 6 - scala 1/2

DETTAGLIO 1
DETTAGLIO 2
DETTAGLIO 3
DETTAGLIO 4
DETTAGLIO 5
DETTAGLIO 6

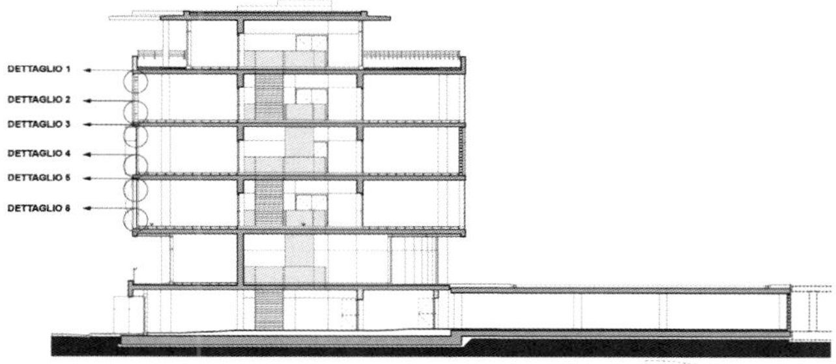

SEZIONE C-C di riferimento - scala 1/150

STRALCIO PROSPETTO - scala 1/50

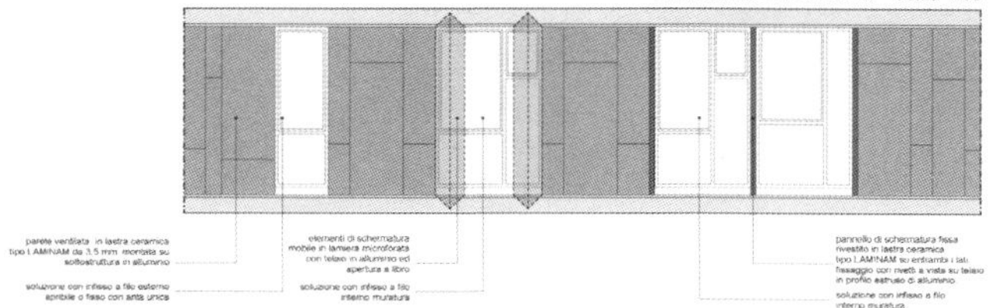

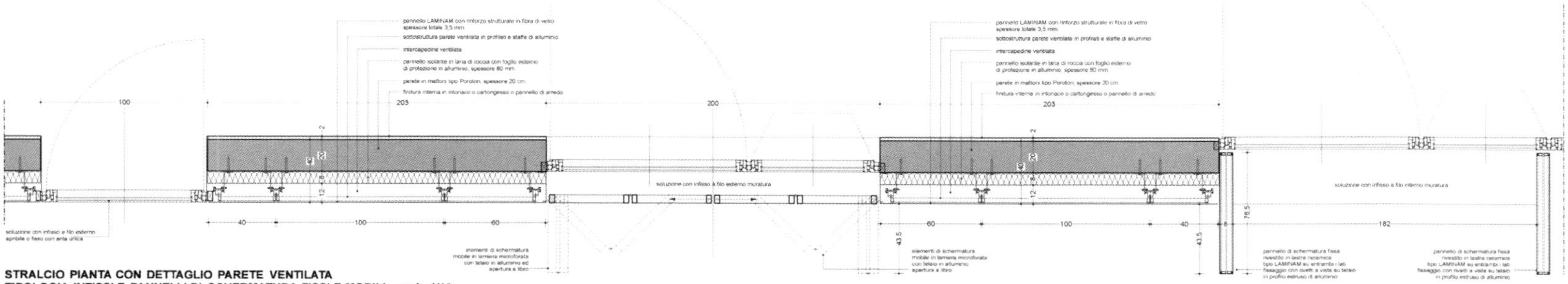

parete ventilata in lastra ceramica tipo LAMINAM da 3,5 mm montata su sottostruttura in alluminio

soluzione con infisso a filo esterno apribile o fisso con anta unica

elementi di schermatura mobile in lamiera microforata con telaio in alluminio ed apertura a libro

soluzione con infisso a filo interno muratura

pannello di schermatura fissa rivestito in lastra ceramica tipo LAMINAM su entrambi i lati fissaggio con rivetti a vista su telaio in profilo estruso di alluminio

soluzione con infisso a filo interno muratura

pannello LAMINAM con rinforzo strutturale in fibra di vetro spessore totale 3,5 mm

sottostruttura parete ventilata in profilati e staffe di alluminio

intercapedine ventilata

pannello isolante in lana di roccia con foglio esterno di protezione in alluminio, spessore 80 mm

parete in mattoni tipo Poroton, spessore 20 cm

finitura interna in intonaco o cartongesso o pannello di arredo

soluzione con infisso a filo esterno muratura

soluzione con infisso a filo interno muratura

soluzione con infisso a filo esterno apribile o fisso con anta unica

elementi di schermatura mobile in lamiera microforata con telaio in alluminio ed apertura a libro

pannello di schermatura fissa rivestito in lastra ceramica tipo LAMINAM su entrambi i lati fissaggio con rivetti a vista su telaio in profilo estruso di alluminio

STRALCIO PIANTA CON DETTAGLIO PARETE VENTILATA
TIPOLOGIA INFISSI E PANNELLI DI SCHERMATURA FISSI E MOBILI - scala 1/10

PIANO 2
D

高层办公建筑

- 坚向线条
- 宏大体量
- 新锐气息
- 地标建筑

建汇大厦外立面改造

- 项目地点：中国上海市
- 建筑设计：上海秉仁建筑师事务所
- 用地面积：5 520 m^2
- 总建筑面积：39 847 m^2

高层办公建筑

关 键 词 ● 张弛有度 ● 简洁大气 ● 协调整体感

项目亮点

幕墙外端加装竖向装饰条，四个角部用金属铝板形成挺拔的竖线条来强化建筑物的竖向感和力度，并在顶部做内向的切角形成承托之势，从而形成张弛有度，简洁大气的高档写字楼形象。

项目概况

建汇大厦是于 1996 年建成的一栋高档涉外办公楼，位于华山路与衡山路的交叉口，地处徐家汇核心位置。鉴于当初建造时的设计水平和国有企业有限的经济力量，加之外墙面建材选择有限，原外墙采用的是珠光面砖和银白色单层铝合金外窗。经过 10 多年的使用，外墙面砖局部已有褪色现象，外观略显陈旧，同时随着大厦周边现代化办公楼的陆续兴建，大厦的外观形象愈发与自身所处的繁华商业地段不相称，与区域整体城市景观不相协调，已不能满足作为高档涉外办公楼的要求。

改造原则

通过对大厦现状进行全面的分析研究，大厦改造的原则是力求保持原有的整体结构不变，采用新型、环保、节能的材料，使大厦的整体外观形象焕然一新，同时改善大厦的保温节能性能，为上海的旧楼改造起到一个示范带头作用。

立面改造设计

大厦的改造涉及主楼办公标准层、顶部设计、首层建设银行及大堂主入口。

洋百货
太平洋百货
SUNTORY
纯生
洋百货
CLINIQUE

入口层设计

首层建设银行及大堂主入口采用玻璃幕墙和金属装饰线条，统一立面表皮肌理，协调整体感。

标准层设计

大厦主体为35层的高层建筑，9层以下为八边形平面，以上部分外接4段圆弧，顶层设备及水箱层体量内收。其外窗形式及材质、外墙面砖材料已不符合当今建筑设计潮流。设计方案力求在整体外形形态不变的情况，为大厦穿上一张精致的表皮：在四段圆弧部分距离外墙400 mm的位置加设单层玻璃幕墙，上下配以铝合金百叶通风条，体现大厦的时代感。同时幕墙外端加装竖向装饰条，四个角部用金属铝板形成挺拔的竖线条来强化建筑物的竖向感和力度，并在顶部做内向的切角形成承托之势，从而形成张驰有度、简洁大气的高档写字楼形象。同时，大厦的保温节能性能得到了大大改善，一劳永逸地解决了原有外墙面砖剥落的问题。

顶部设计

大厦的顶部处理也是本次设计的重点。现有的顶部形式显得拘谨、局促。将原有设备层玻璃幕墙重新制作安装，来统一原有较乱的平面格局，辅以外圈的金属装饰构架来表现顶部的表皮肌理。通过这些手法优化了大厦的整体外形比例，使大厦的顶部有较强的张力和特色。

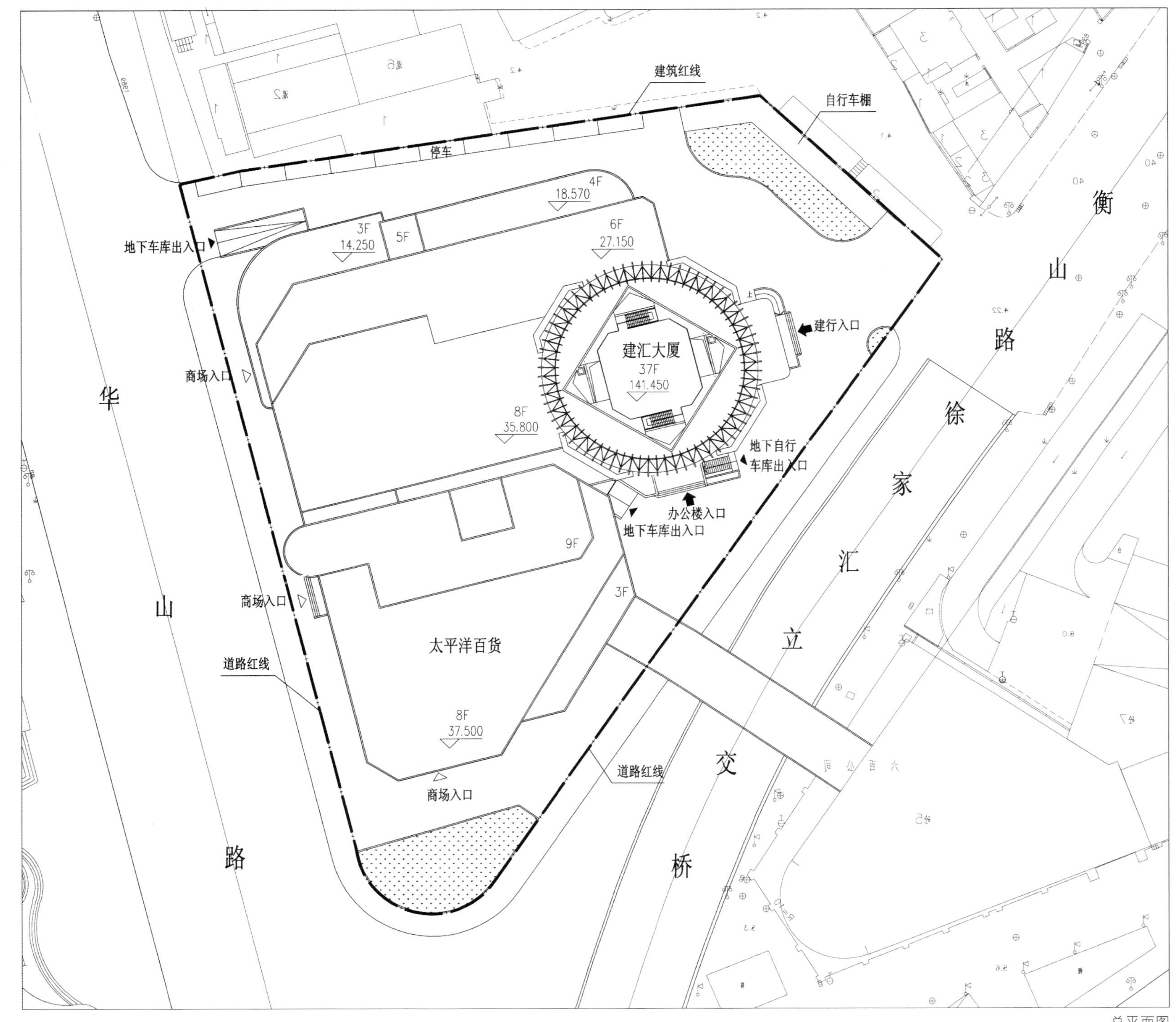

总平面图

太平洋百货
建汇大厦
中国建设银行

中国建设银行
China Construction Bank
中国建设银行
China Construction Bank
欢迎光临中国建设银行

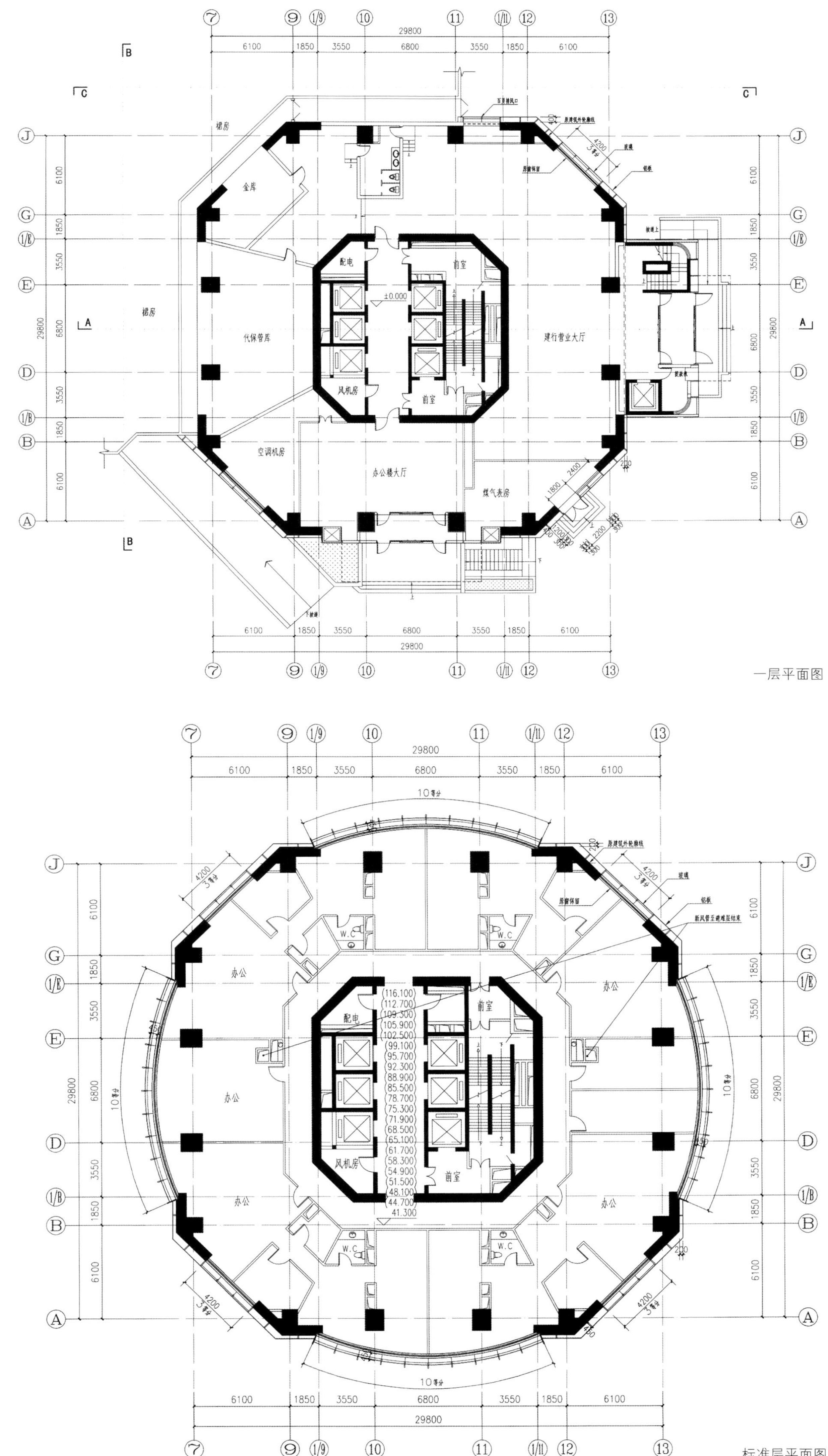

一层平面图

标准层平面图

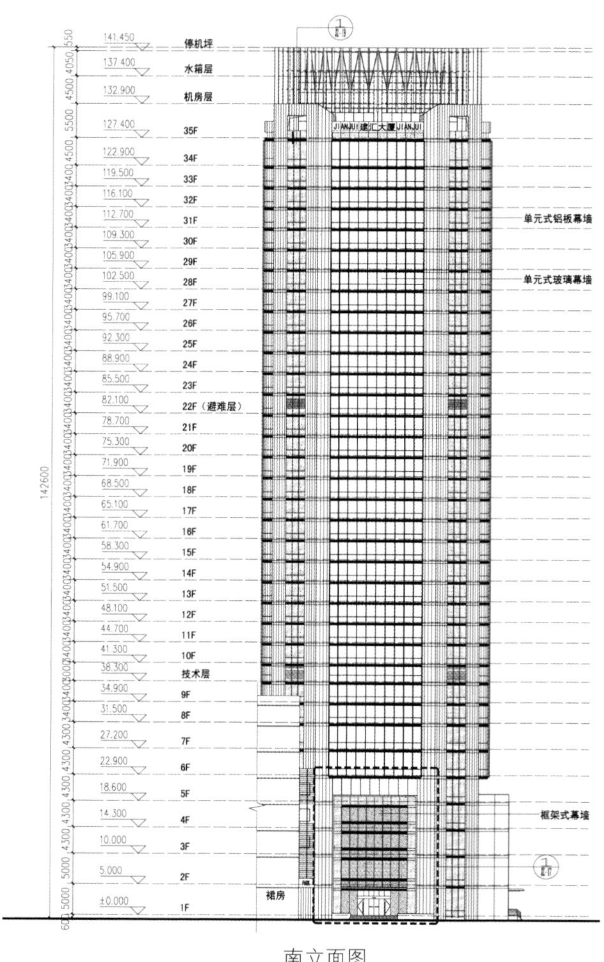

南立面图

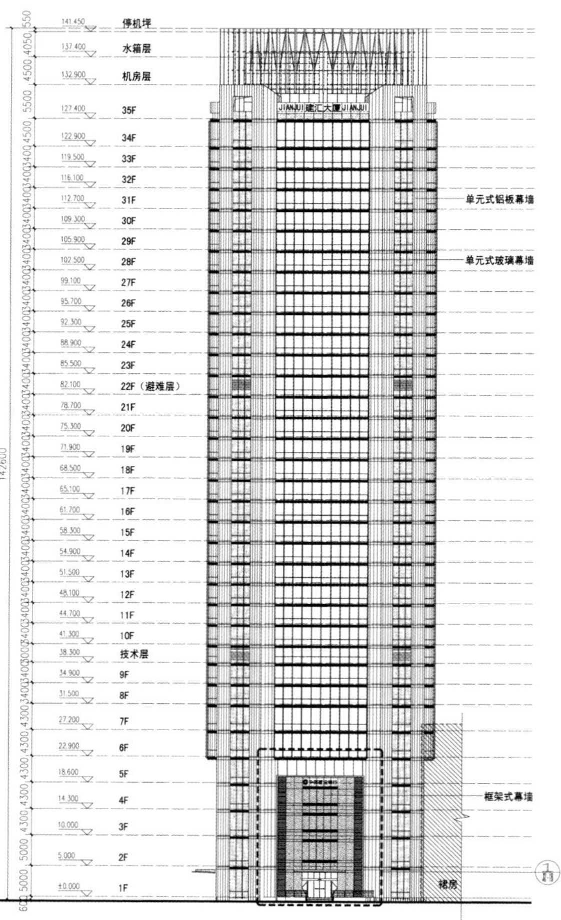

东立面图

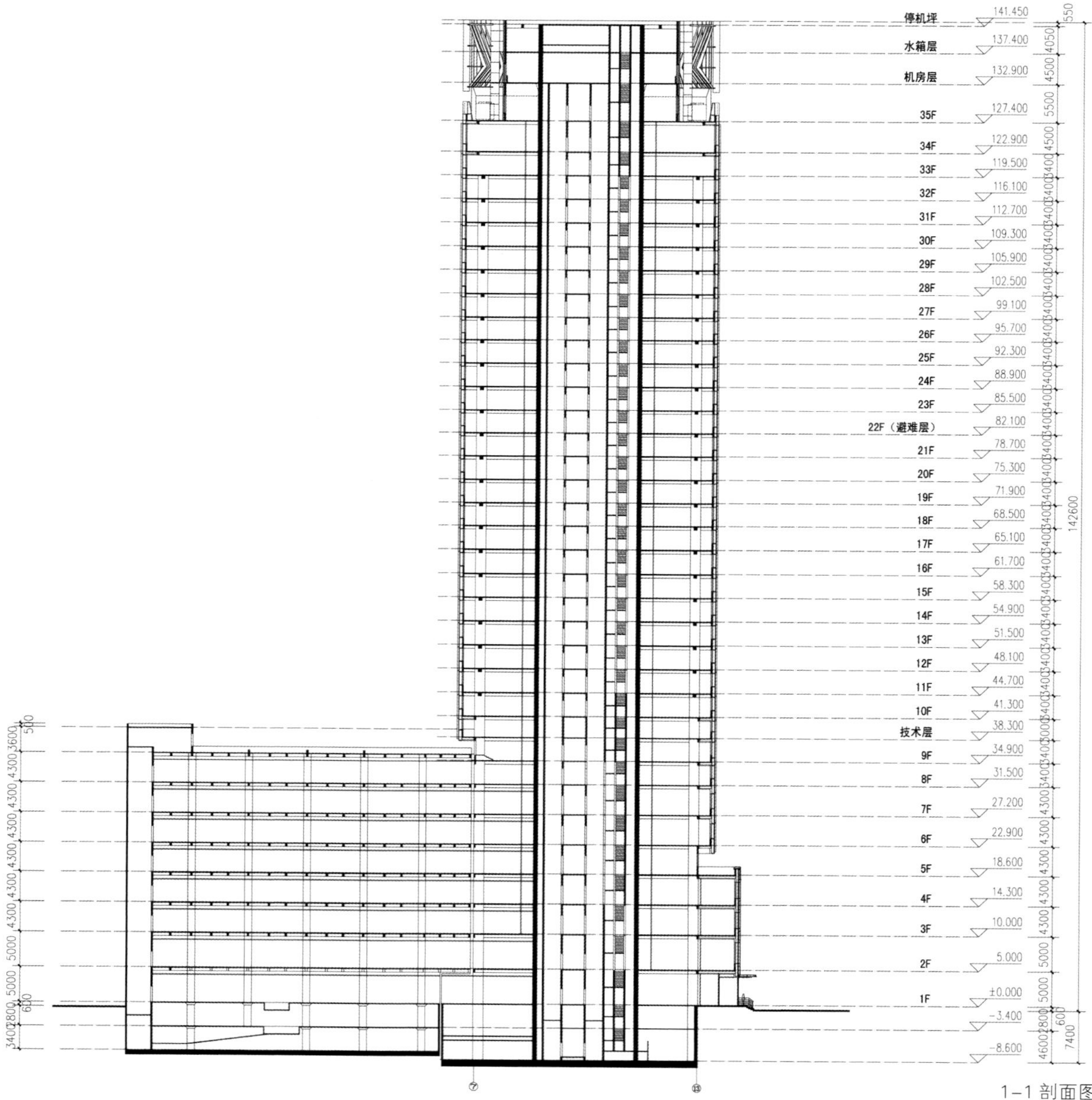

1-1 剖面图

平洋百货

浦江镇 122-4 办公楼

- 项目地点：中国上海市闵行区
- 开发商：上海天祥华侨城投资有限公司
- 建筑设计：上海中房建筑设计有限公司
- 建筑面积：81 371 m²

● 现代风格 ● 景观分级 ● 形体丰富

北侧办公建筑设计出发点提取了隐藏于南侧已建的综合楼建筑设计中的模数，将之运用在平面单元的分配上，使得设计更具有理性。在此基础上，将整体空间均匀的划分为四个独立的建筑，在体量感上与已建建筑达成平衡。

项目概况

项目规划设计延续意大利 Gregotti Associati International（格力高利）公司总体详细规划及城市设计理念和形态。新建工程位于 122-4 地块北侧，地块南侧已建成办公和服务公建，风格形式现代而不拘一格。为了整个地块的统一性和完整性，122-4 号地块北侧的建筑规划设计以衬托和强调南侧建筑已经形成的空间形态为主旨，进一步将空间延伸向北，形成首尾呼应，融会贯通的空间布局。

规划设计

北侧办公建筑设计出发点提取了隐藏于南侧已建的综合楼建筑设计中的模数，将之运用在平面单元的分配上，使得设计更具有理性。在此基础上，将整体空间均匀的划分为四个独立的建筑，在体量感上与已建建筑达成平衡。在布局上，底层至三层采用了几何对称的平面，强调了南北向轴线，在人行尺度上与南侧步行空间连成一体。东西向的轴线也将东侧绿坡和西侧景观河道联通。C、D 楼四五层的平面采用局部退台的处理手法，使得形体变化丰富，体量变得轻盈。

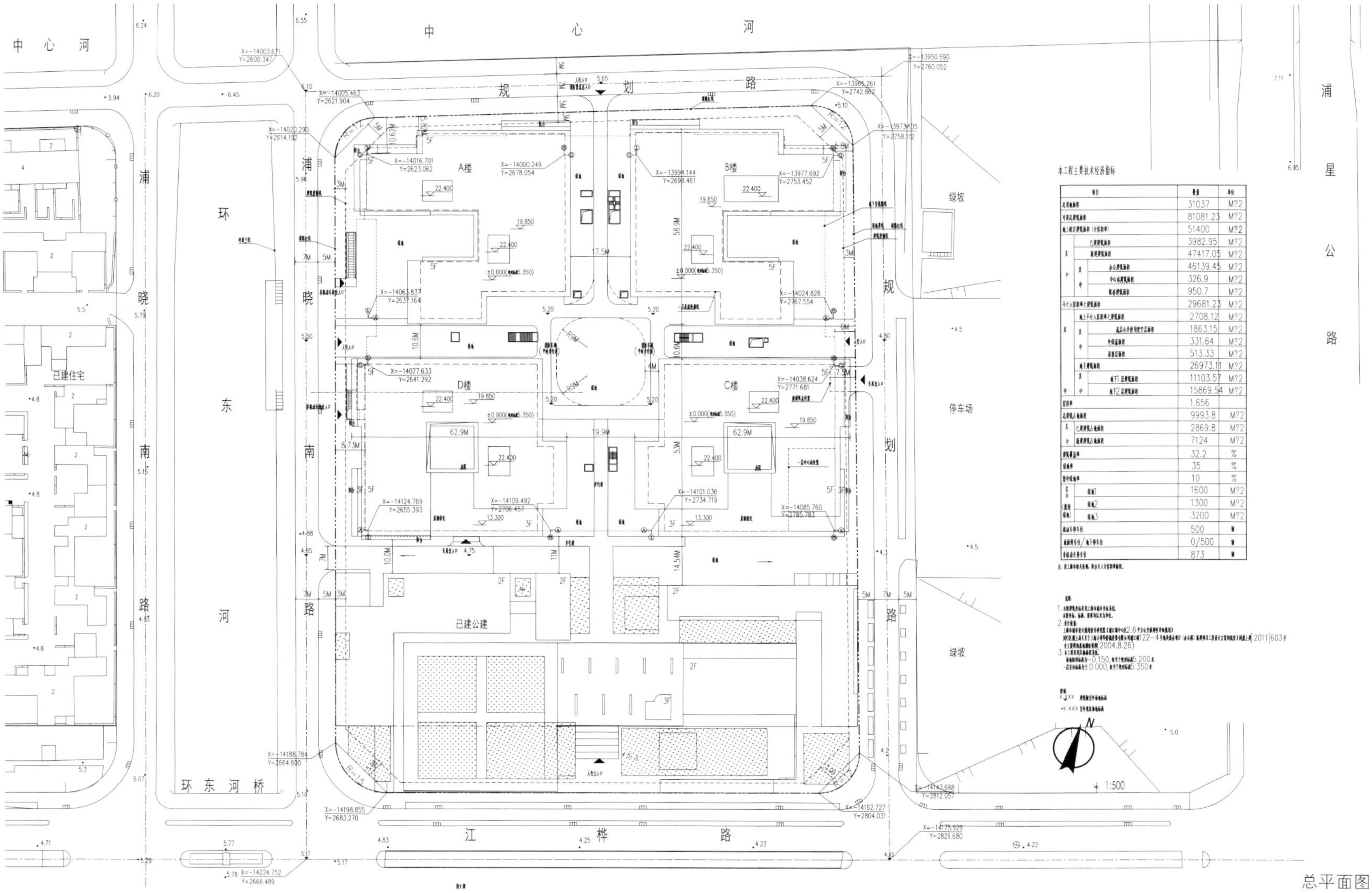

本工程主要技术经济指标

项目			数量	单位
总用地面积			31037	M?2
可建总建筑面积			81081.23	M?2
地上核定建筑面积（计容积率）			51400	M?2
其中	已建建筑面积		3982.95	M?2
	新建建筑面积		47417.05	M?2
	其中	办公建筑面积	46139.45	M?2
		中心站建筑面积	326.9	M?2
		配套建筑面积	950.7	M?2
不计入容积率之建筑面积			29681.23	M?2
其中	地上不计入容积率之建筑面积		2708.12	M?2
	其中	底层公共使用架空层面积	1863.15	M?2
		外保温面积	331.64	M?2
		屋顶层面积	513.33	M?2
	地下建筑面积		26973.11	M?2
	其中	地下1层建筑面积	11103.57	M?2
		地下2层建筑面积	15869.54	M?2
容积率			1.656	
总建筑占地面积			9993.8	M?2
其中	已建建筑占地面积		2869.8	M?2
	新建建筑占地面积		7124	M?2
建筑覆盖率			32.2	%
绿地率			35	%
集中绿地率			10	%
其中（集中绿地）	绿地1		1600	M?2
	绿地2		1300	M?2
	绿地3		3200	M?2
机动车停车位			500	辆
地面停车位/地下停车位			0/500	辆
非机动车停车位			873	辆

总平面图

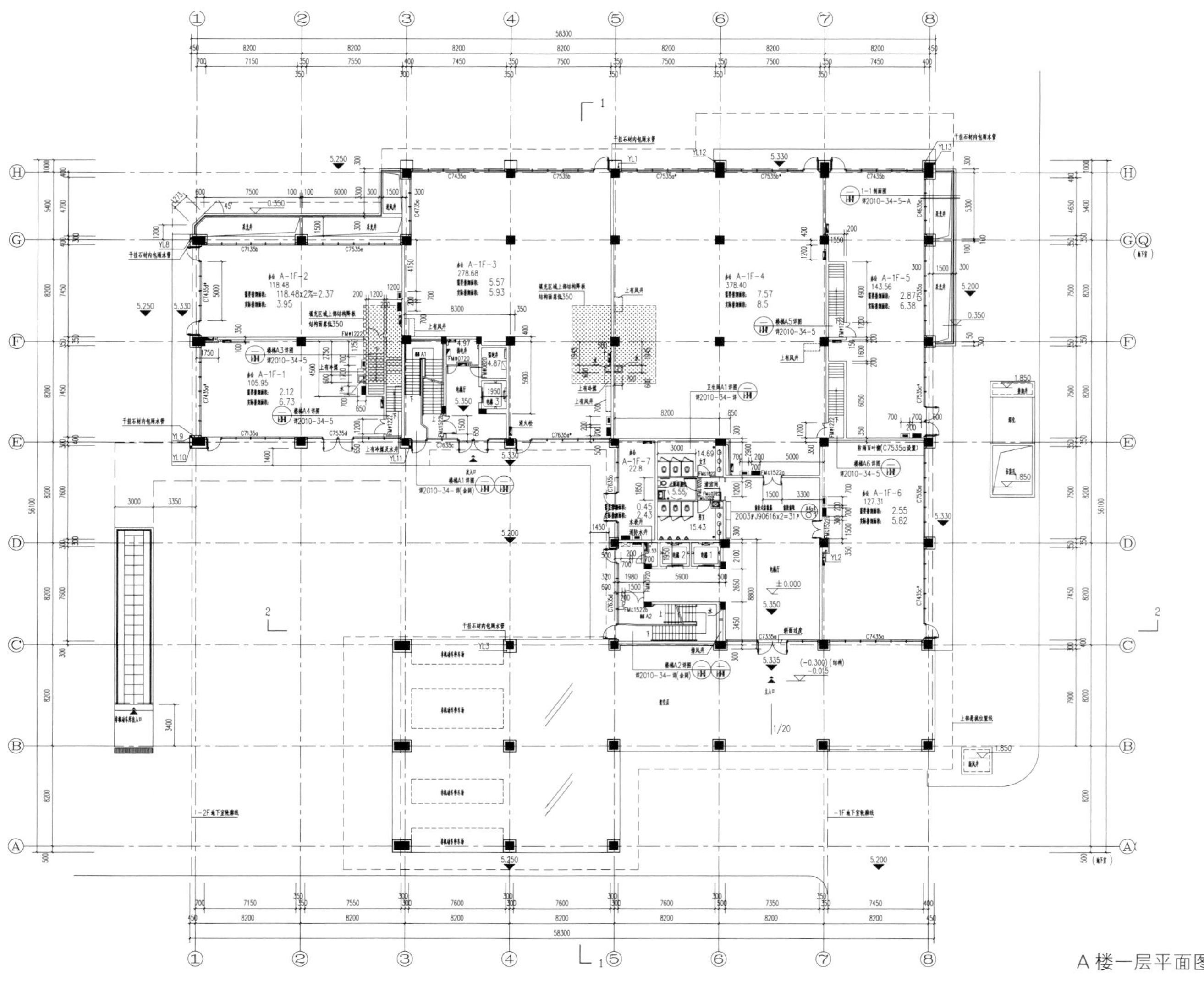

A 楼一层平面图

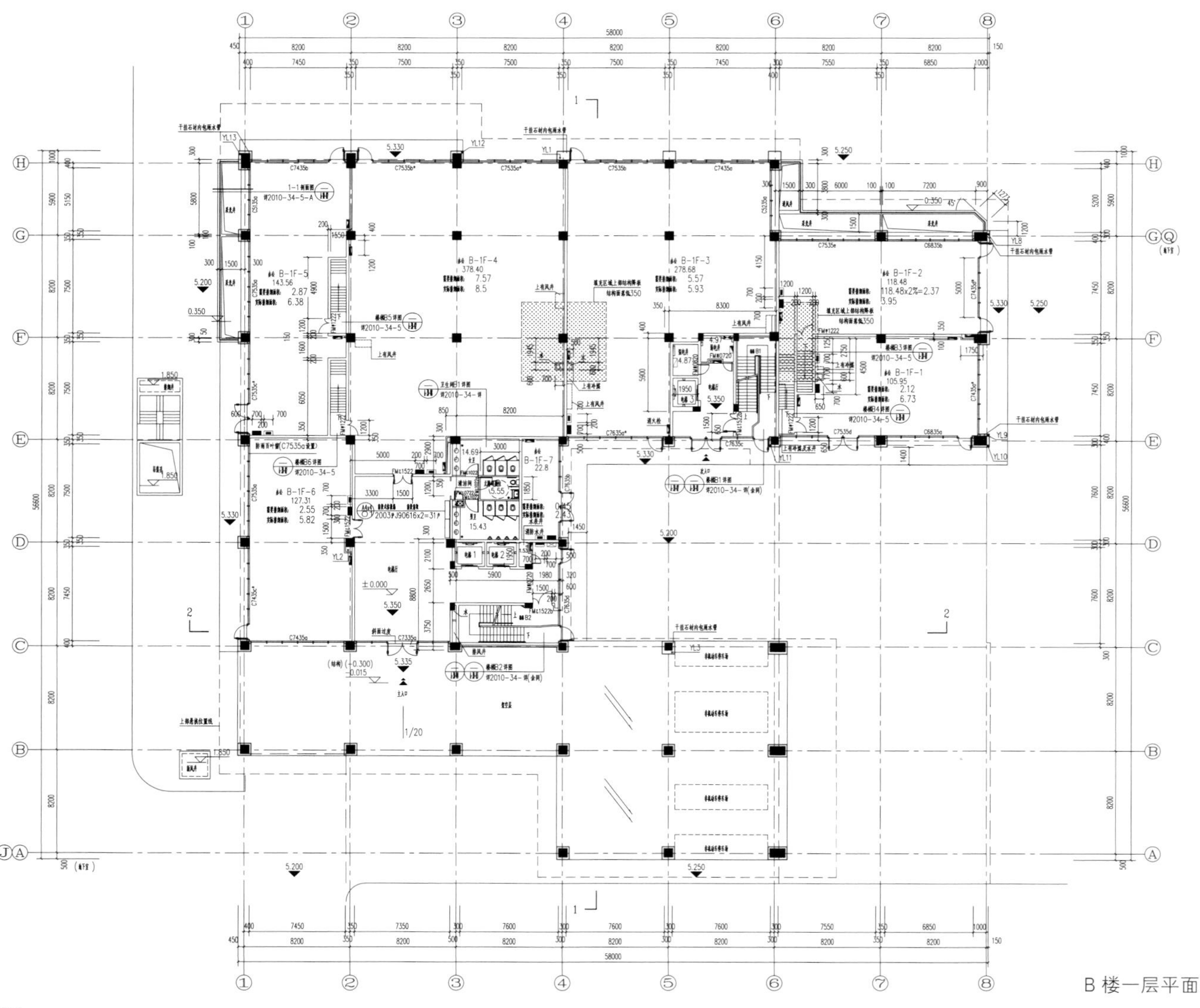

B 楼一层平面图

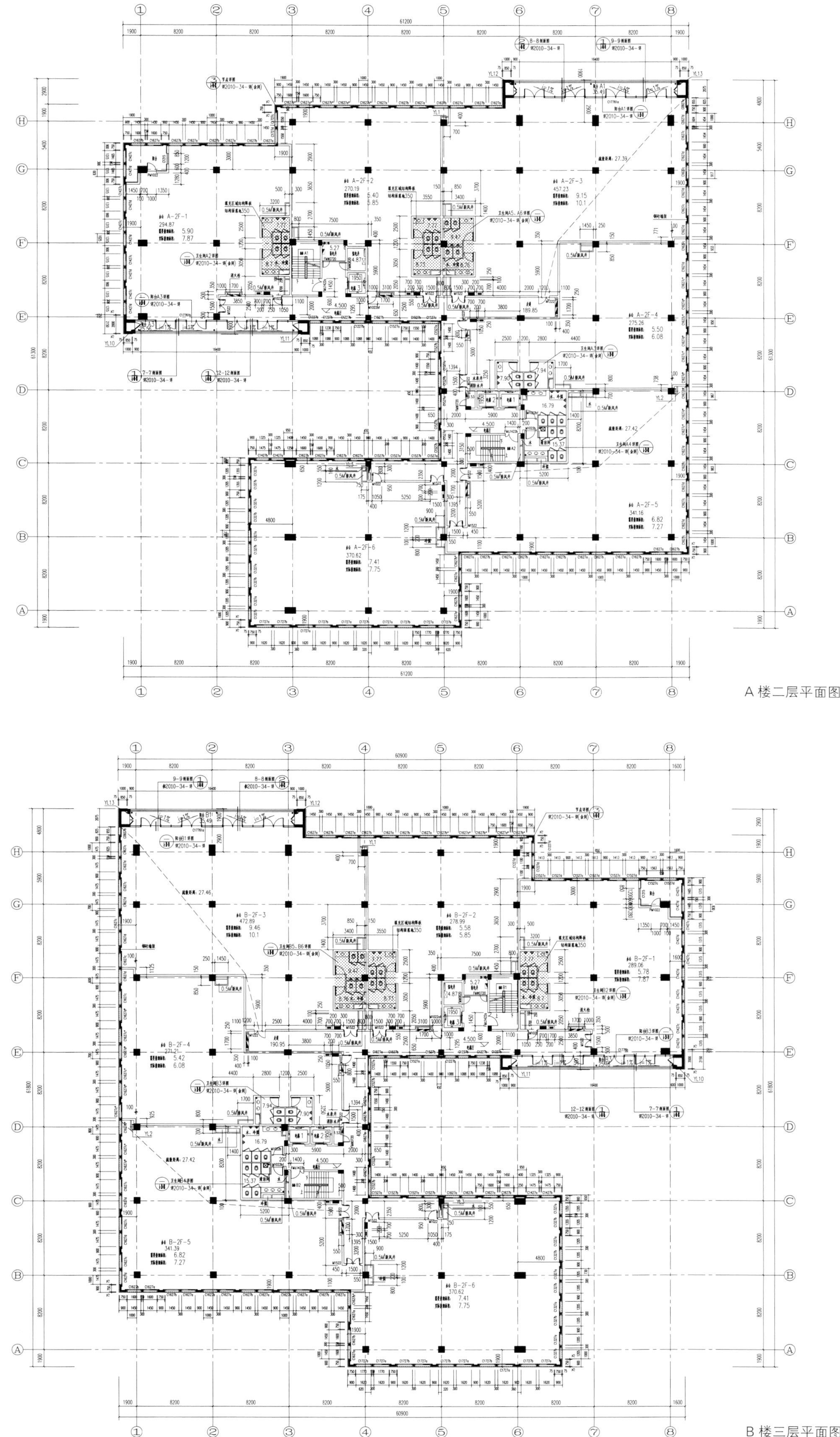

A 楼二层平面图

B 楼三层平面图

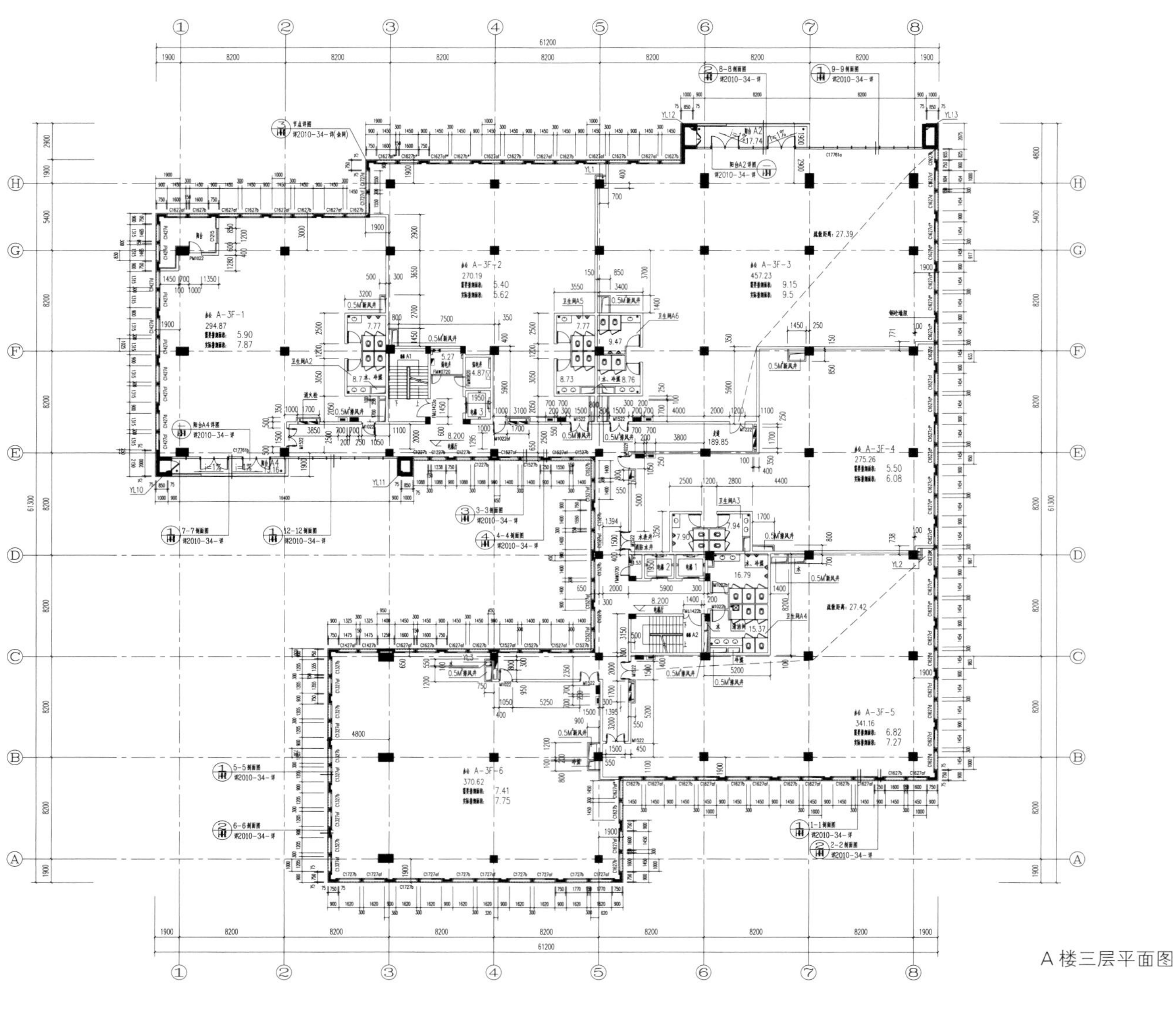

A 楼三层平面图

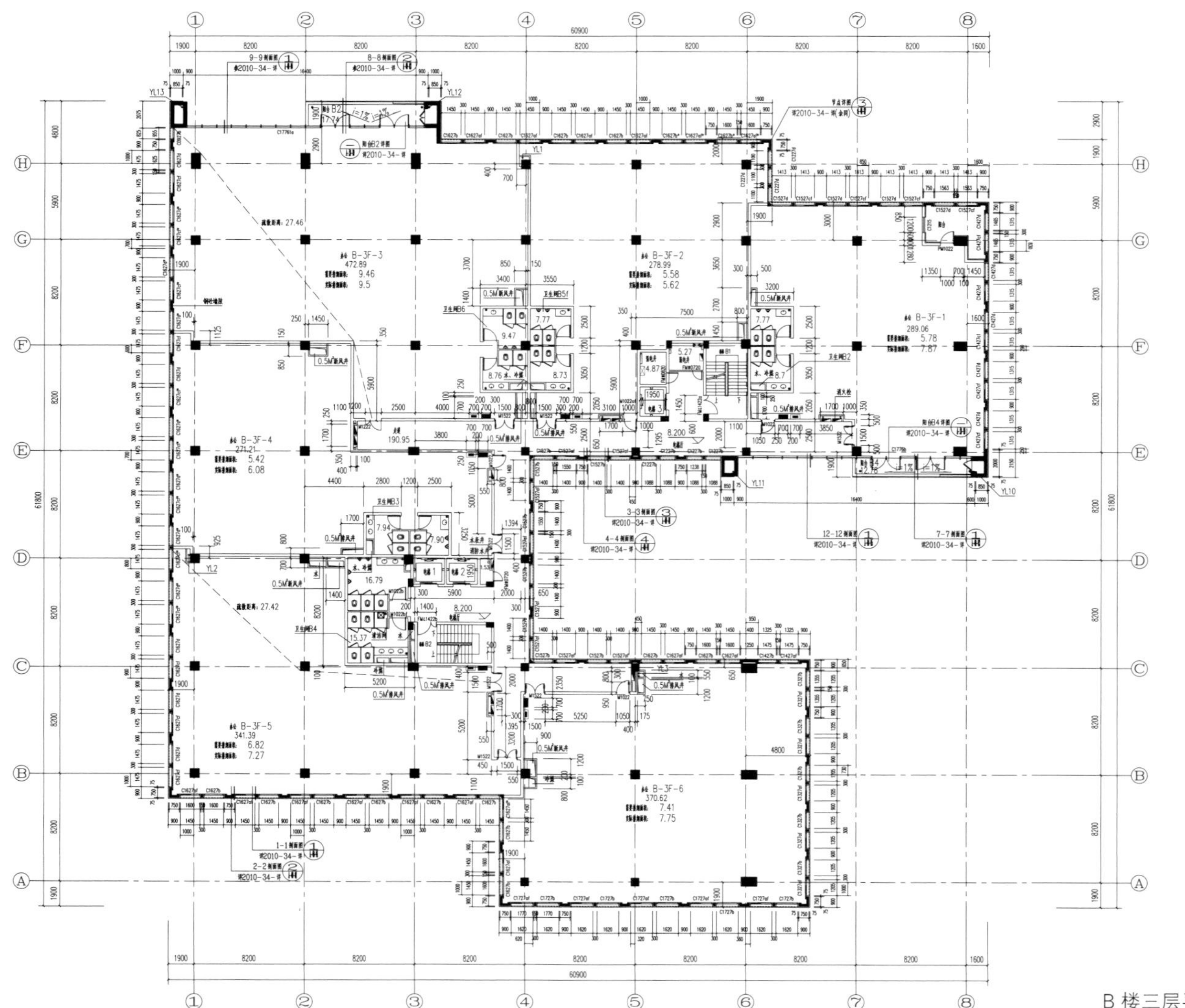

B 楼三层平面图

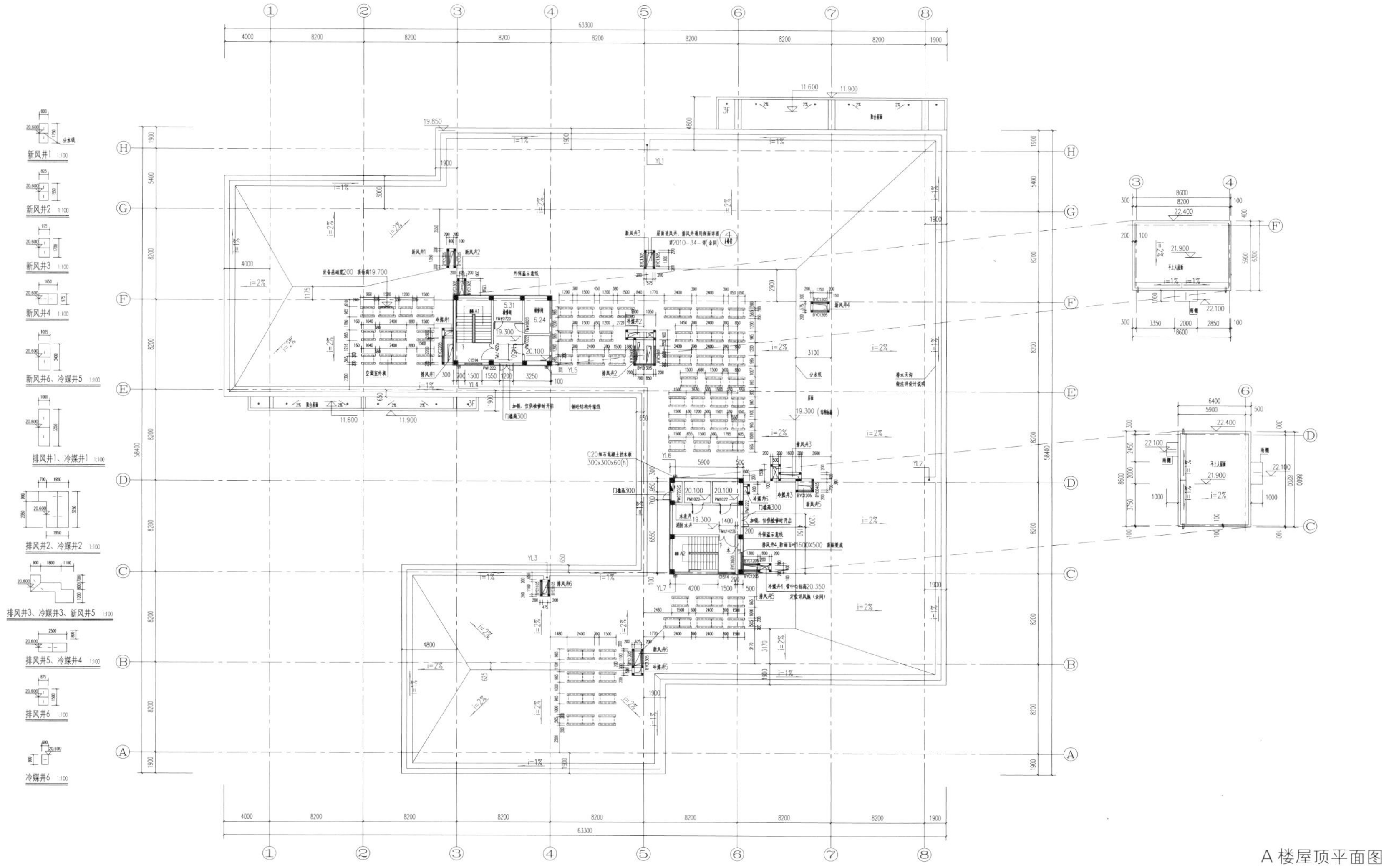

A 楼屋顶平面图

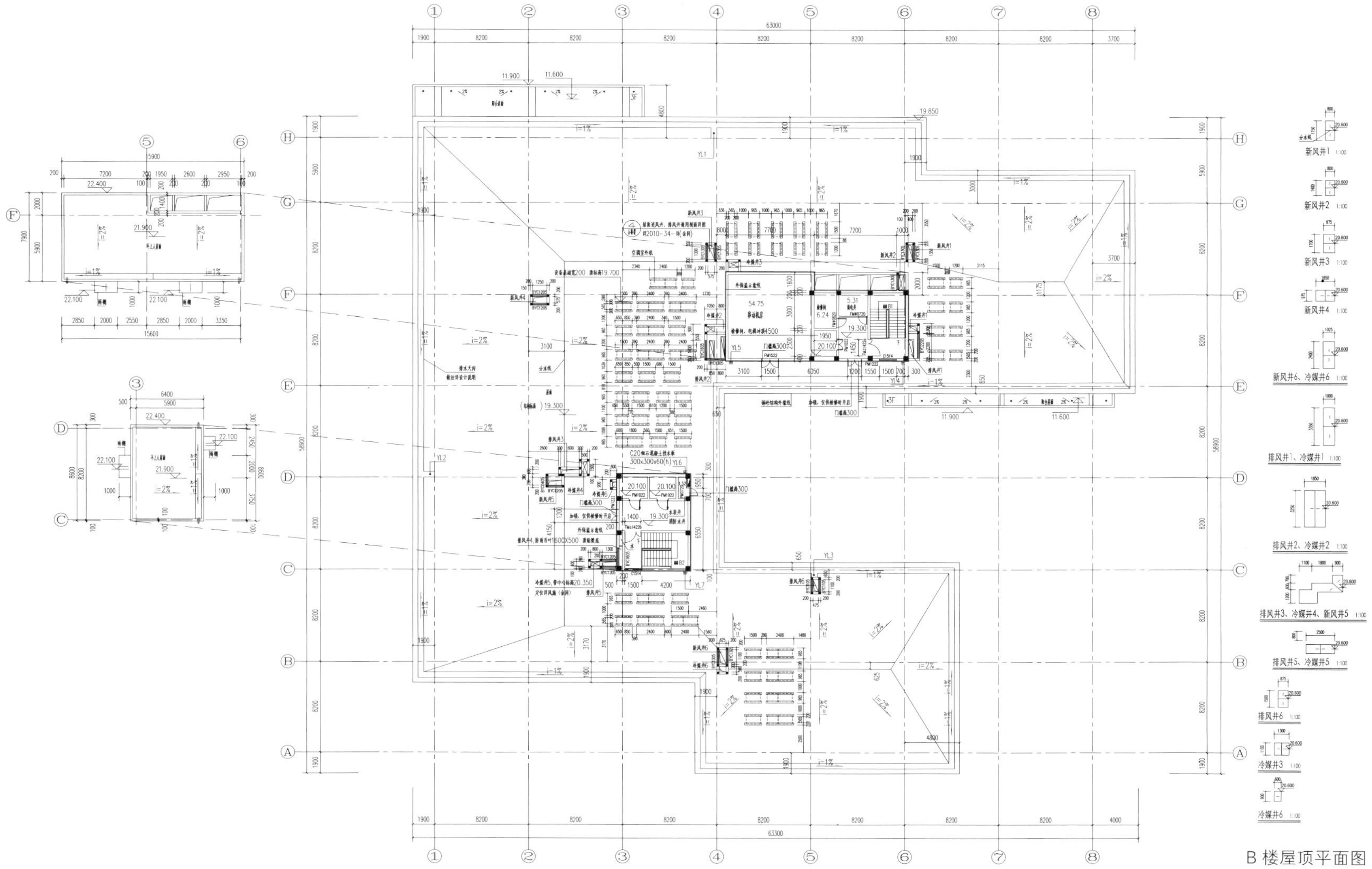

B 楼屋顶平面图

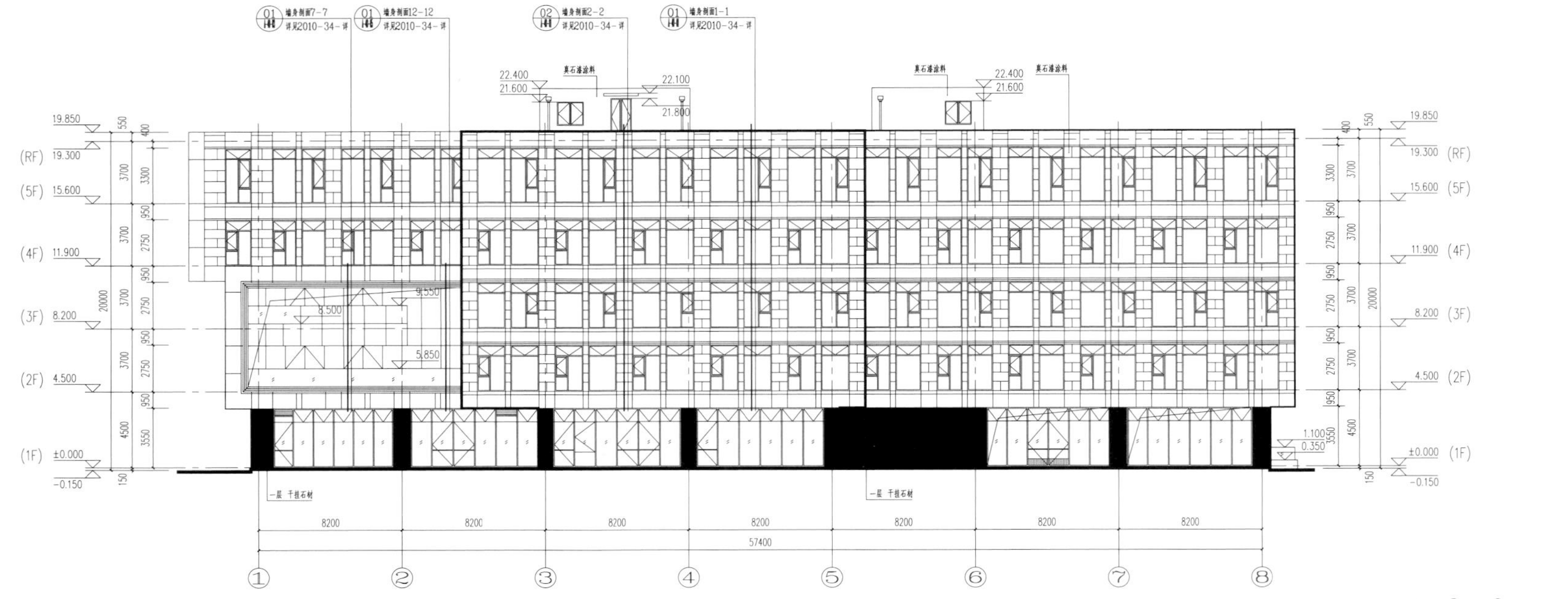

A 楼 ①～⑧轴立面图

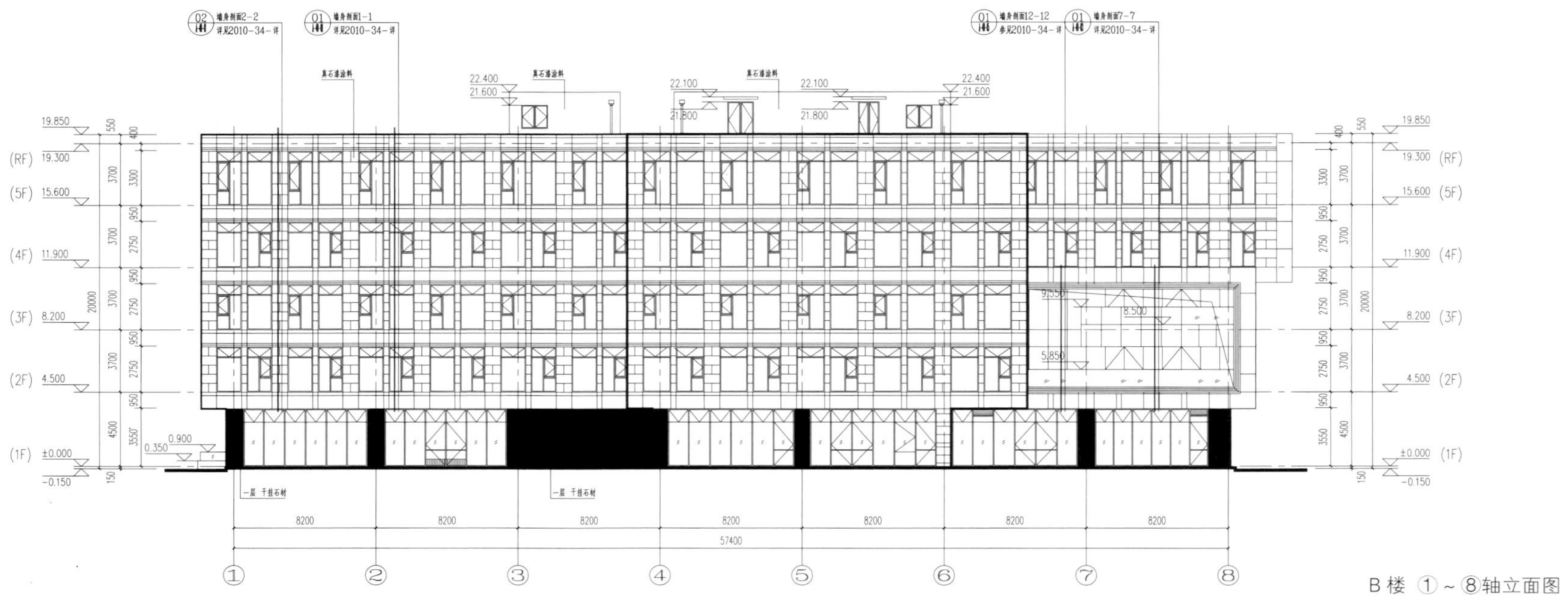

B 楼 ①～⑧轴立面图

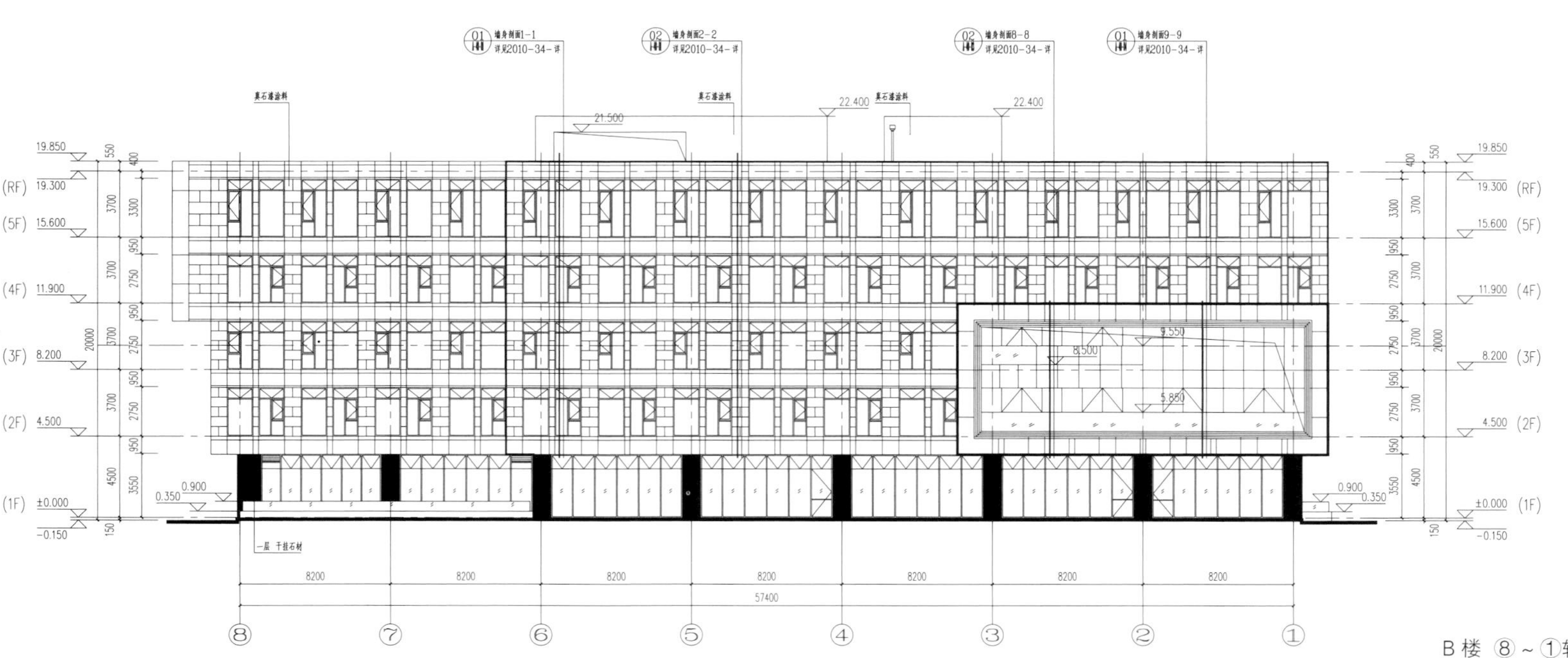

B 楼 ⑧～①轴立面图

A 楼 ⑧～①轴立面图

景观布置

总体景观采取分级设置。具体为地块中央纵横二条主轴的大“十”字中心绿化带为第一级设置，该级设置以城市小尺度街道绿化空间为特征，并形成左中右三块较大的规划绿地；4 个建筑体内侧的 4 个景观院落为第二级设置，以花木、草地、自然、软质为特征；第三级设置为建筑屋顶绿化，以草皮、低矮绿化为特征。

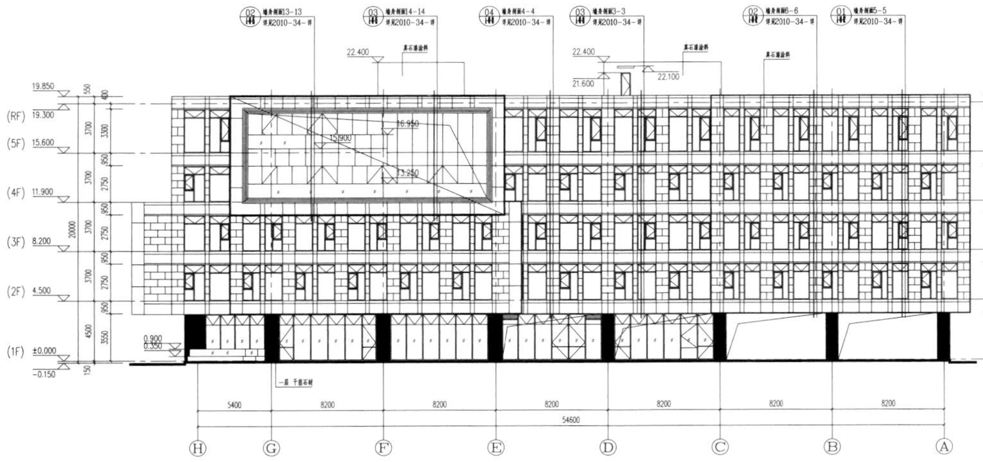

Ⓗ－Ⓐ轴立面图

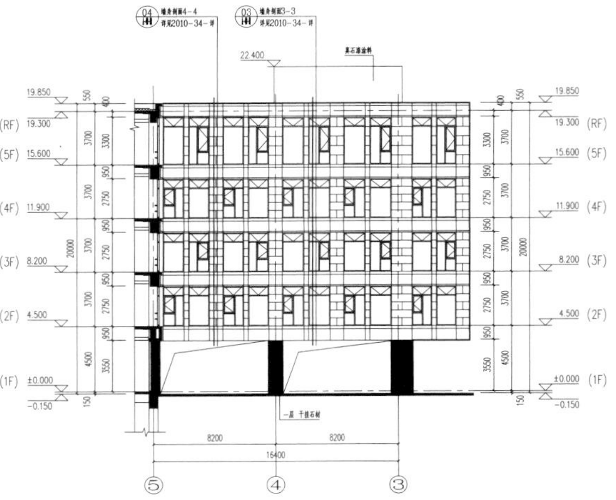

⑤－③轴立面图

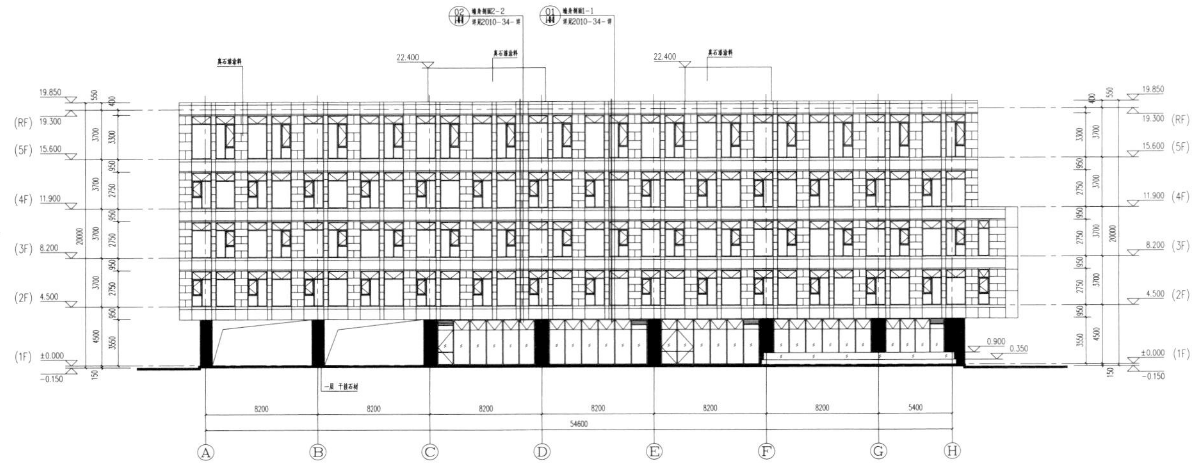

Ⓐ－Ⓗ轴立面图

A 楼立面图

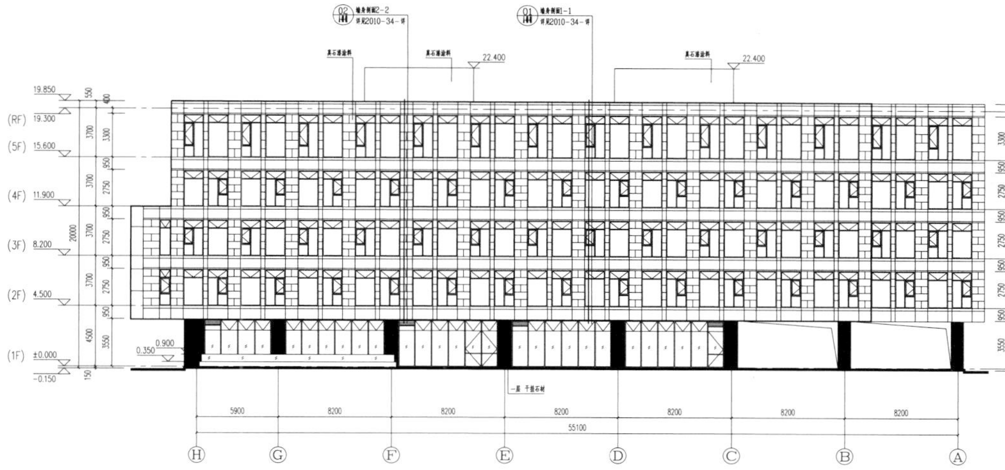

Ⓗ－Ⓐ轴立面图

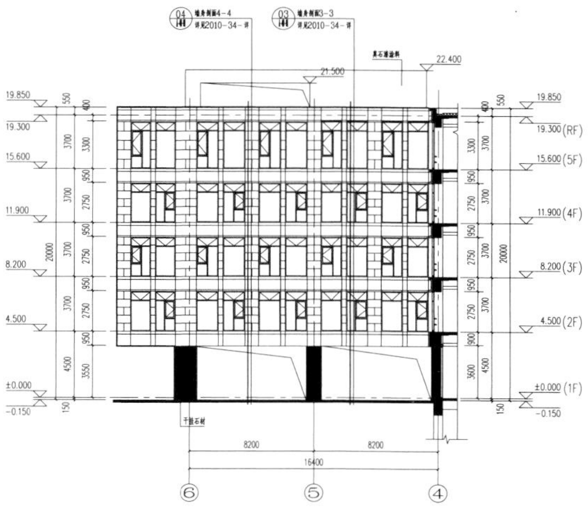

⑥－④轴立面图

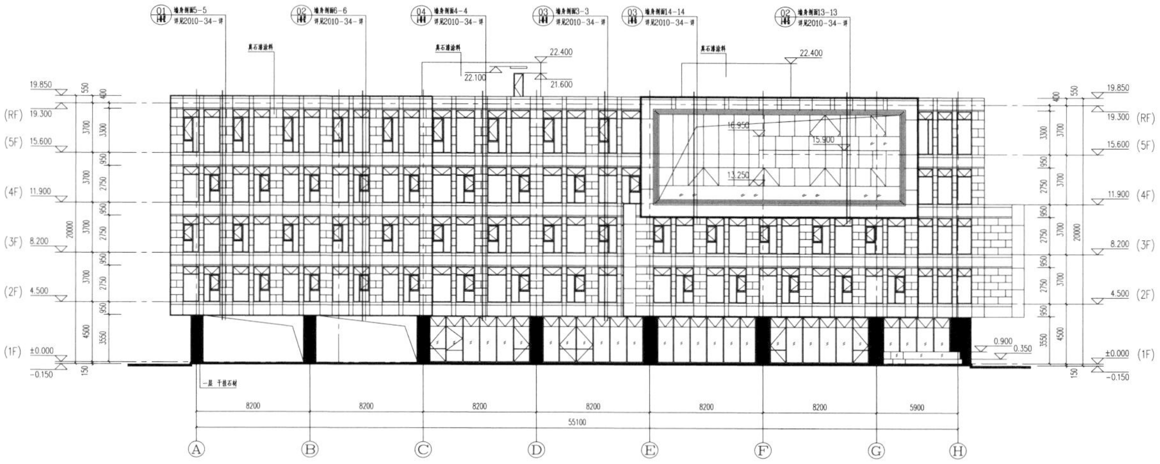

Ⓐ－Ⓗ轴立面图

B 楼立面图

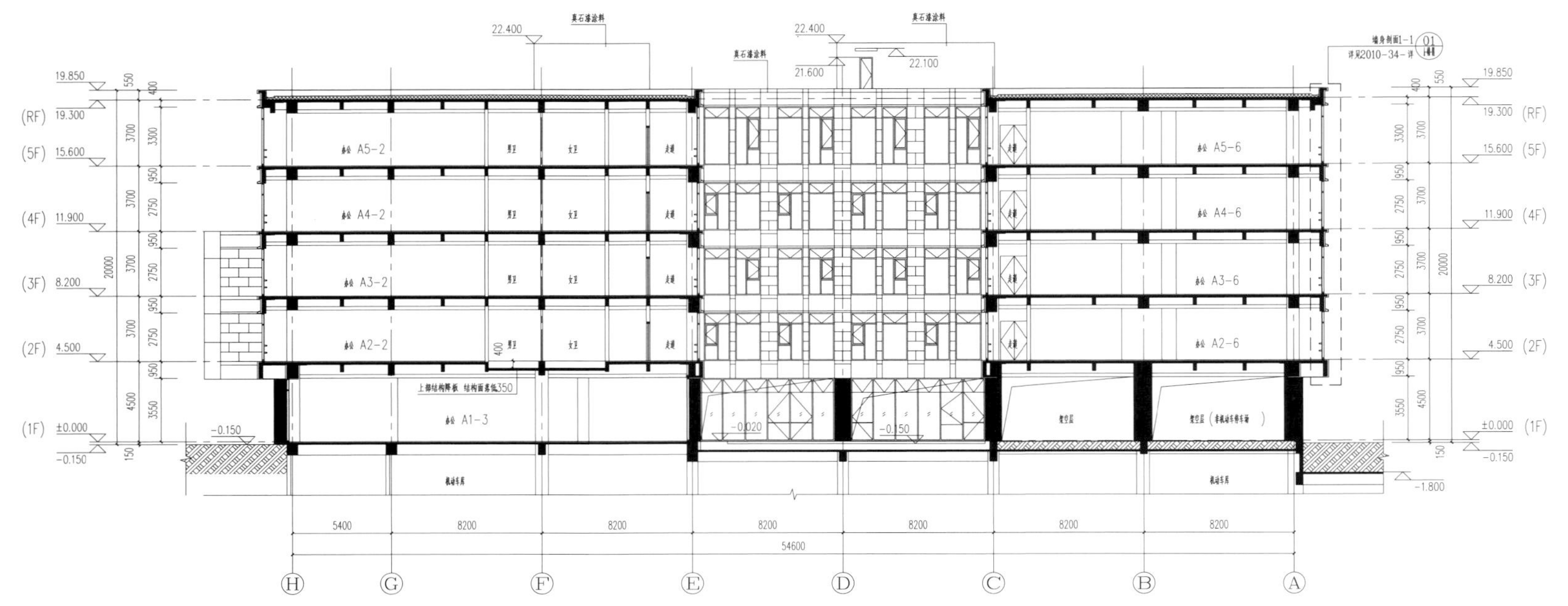

A 楼　1–1 剖面图

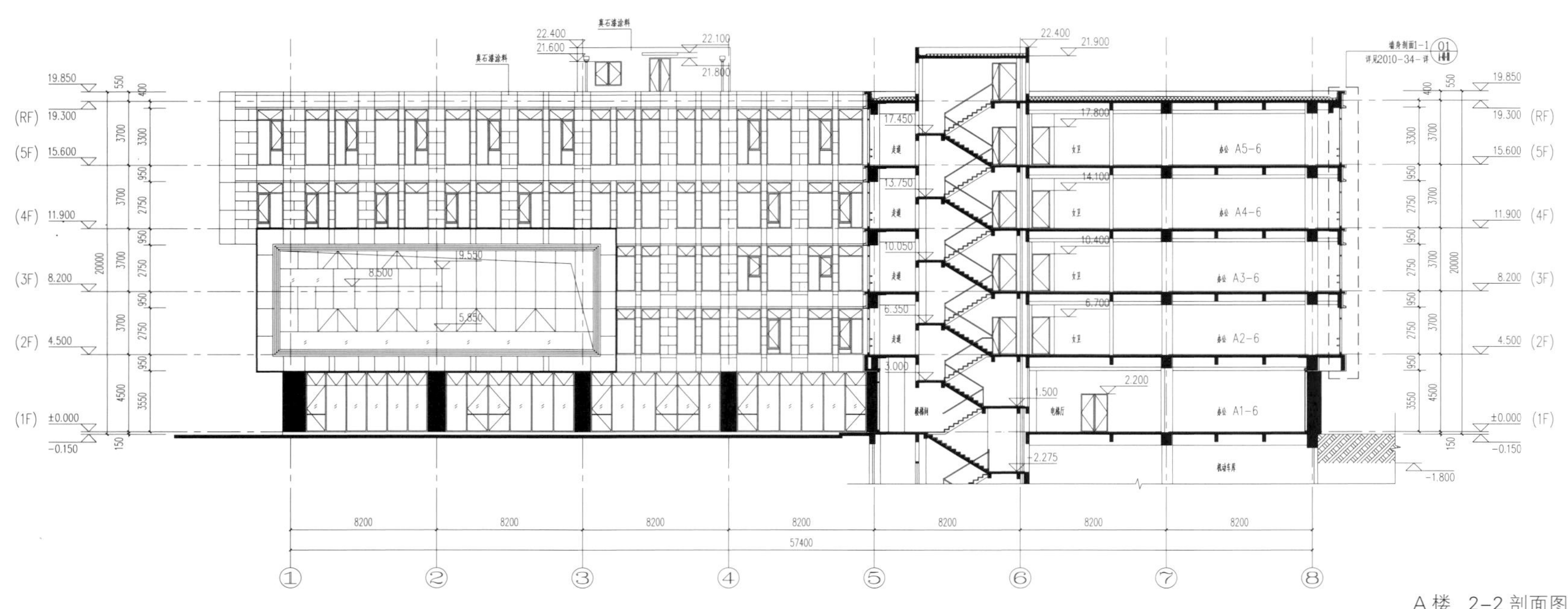

A 楼　2–2 剖面图

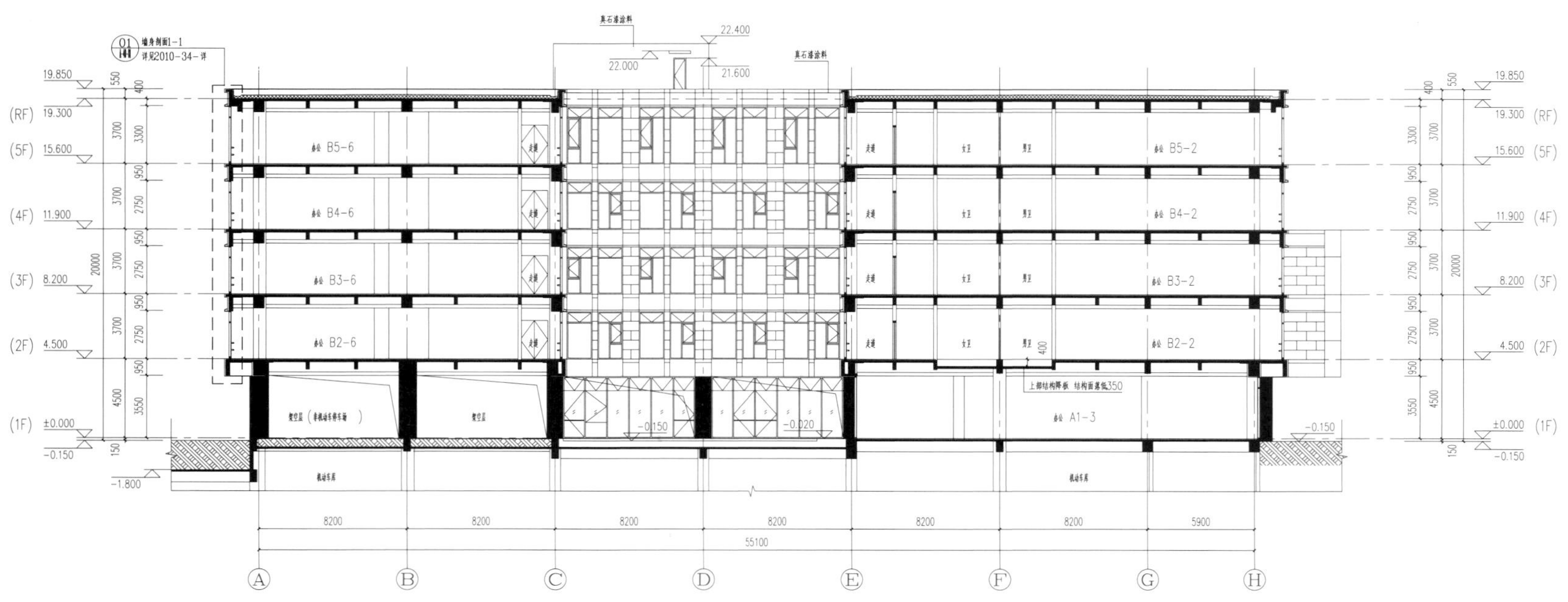

B 楼　1–1 剖面图

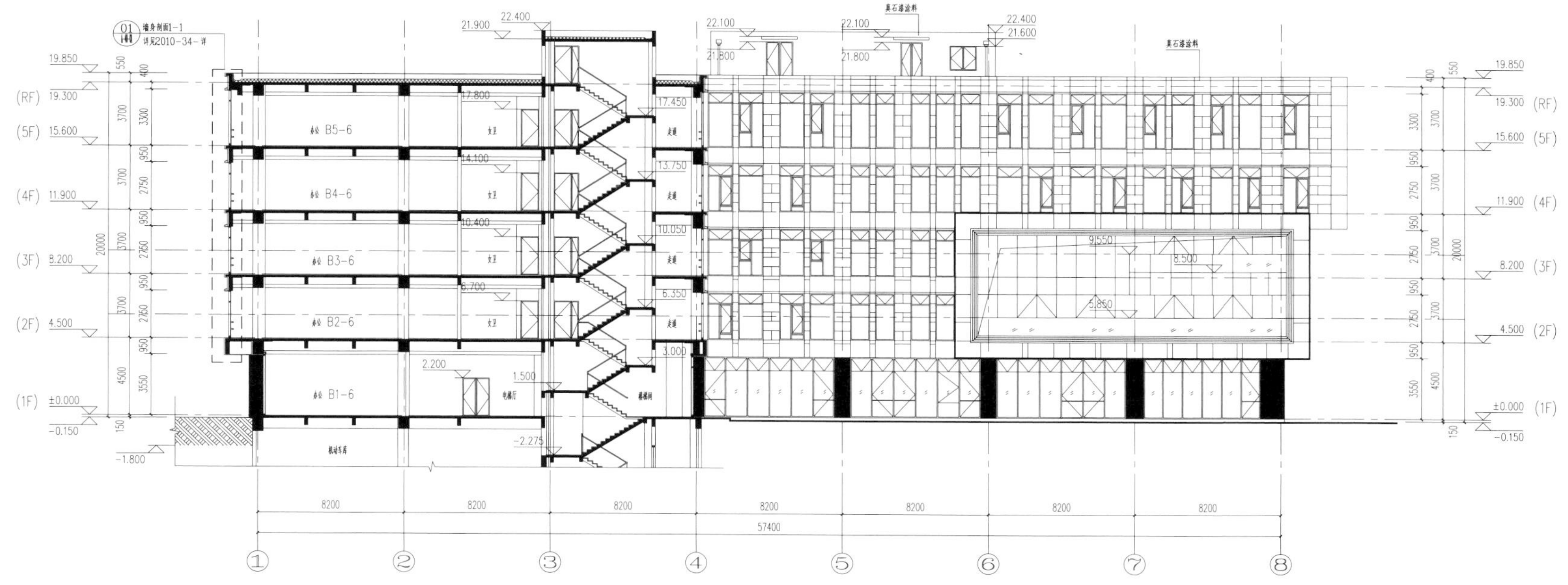

19.850
(RF) 19.300
(5F) 15.600
(4F) 11.900
(3F) 8.200
(2F) 4.500
(1F) ±0.000
-0.150
-1.800
B5-6
B4-6
B3-6
B2-6
B1-6
22.400
21.900
22.100
21.800
21.600
17.800
14.100
10.400
6.700
2.200
1.500
-2.275
17.450
13.750
10.050
6.350
3.000
9.550
8.500
5.850
8200
57400
①
②
③
④
⑤
⑥
⑦
⑧

B楼 2-2剖面图

厦门财富中心

- 项目地点：中国福建省厦门市
- 开发商：恒兴集团
- 建筑设计：厦门拓瑞怡民建筑事务所
- 用地面积：5 082 m^2
- 总建筑面积：88 943 m^2
- 建筑密度：34%
- 容积率：3.0
- 绿化率：34%

高层办公建筑

关 键 词

● 全钢结构 ● 高价值空间 ● 无柱办公空间

项目亮点

空中花园的设置，不仅为使用者提供一个可以休息交流的平台，也有利于传统封闭式写字楼的“自然呼吸”，改善通风条件调节微气候；同时也解决结构偏心的问题。

项目概况

厦门财富中心位于厦门岛西侧鹭江道100号，属于厦门老城密集建筑群与城市观光滨海大道的交界地带，同时这里也是厦门老城区的商务核心区和交通枢纽中心，拥有岛内最发达的交通网络。大楼面向风光旖旎的厦门西海域，并与著名的鼓浪屿隔海相望。

项目总建筑面积约 8.9 万 m^2，为 5A 级写字楼。地上 43 层，地下 5 层，建筑高度 192 m，为福建省第一座全钢结构的超高层建筑。

规划布局

方案在背向海景的一侧设置了 19 组 2 层通高的空中花园，尽可能将办公空间推向海景一侧，创造最多的高价值空间；而空中花园的设置，不仅为使用者提供一个可以休息交流的平台，也有利于传统封闭式写字楼的“自然呼吸”，改善通风条件调节微气候；同时也解决结构偏心的问题。

设计理念

由于面向优美的海景和具有唯一性的鼓浪屿，如何创造全海景办公空间成为设计中最主要的目标。但由于地处老市区边缘敏感地带，项目用地只有 5 082 m^2，用地小，沿海面宽有限，并且与四周老房子的间距都是场地所需直面的问题。

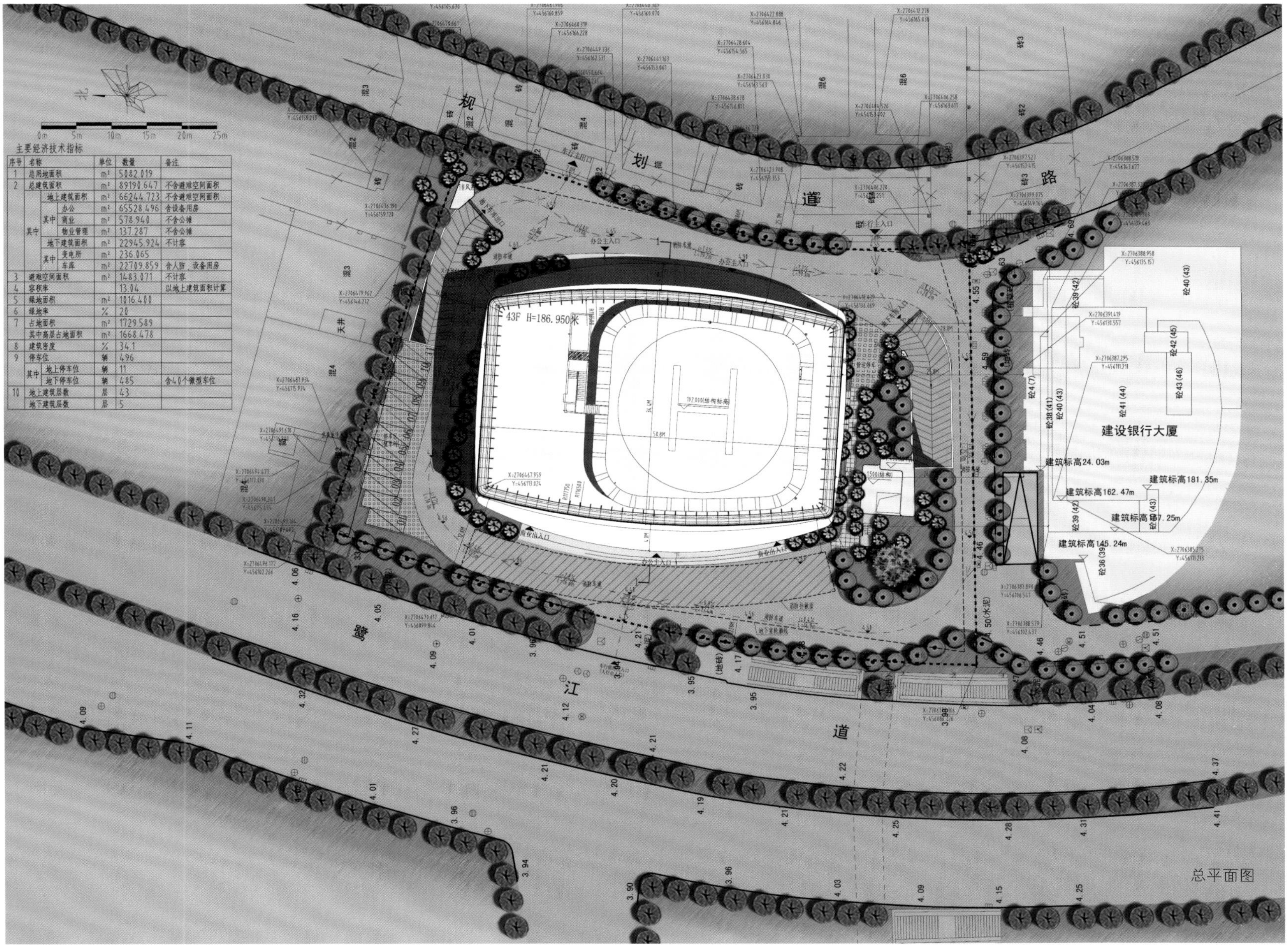

0m 5m 10m 15m 20m 25m
主要经济技术指标
序号 名称 单位 数量 备注
1 总用地面积 m² 5082.019
2 总建筑面积 m² 89190.647 不含避难空间面积
其中 地上建筑面积 m² 66244.723 不含避难空间面积
其中 办公 m² 65528.496 含设备用房
商业 m² 578.940 不含公摊
物业管理 m² 137.287 不含公摊
地下建筑面积 m² 22945.924 不计容
其中 变电所 m² 236.065
车库 m² 22709.859 含人防，设备用房
3 避难空间面积 m² 1483.071 不计容
4 容积率 13.04 以地上建筑面积计算
5 绿地面积 m² 1016.400
6 绿地率 % 20
7 占地面积 m² 1729.589
其中高层占地面积 m² 1668.478
8 建筑密度 % 34.1
9 停车位 辆 496
其中 地上停车位 辆 11
地下停车位 辆 485 含40个微型车位
10 地上建筑层数 层 43
地下建筑层数 层 5
规划道路
43F H=186.950米
建设银行大厦
建筑标高24.03m
建筑标高181.35m
建筑标高162.47m
建筑标高145.24m
鹭江道

总平面图

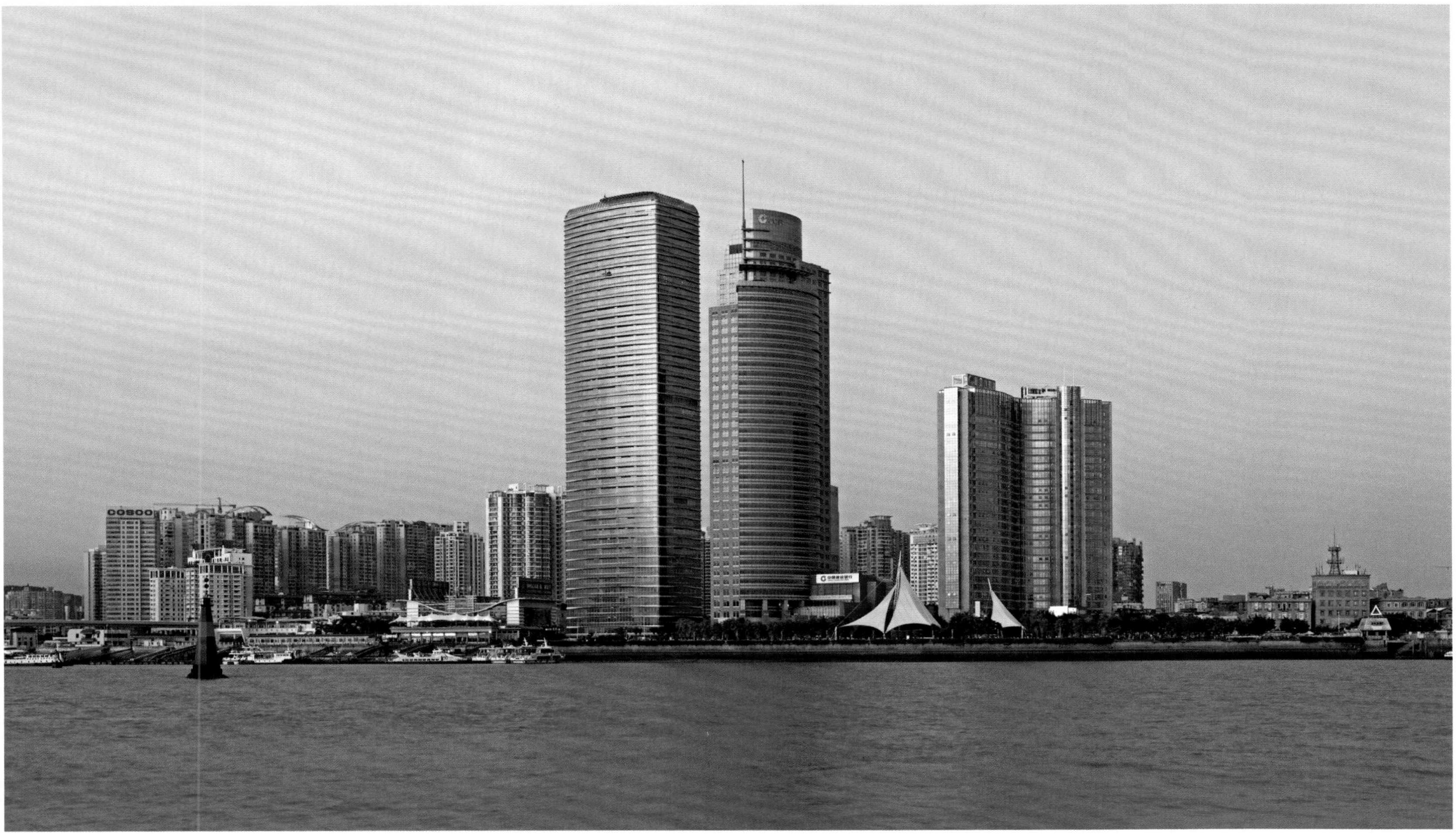

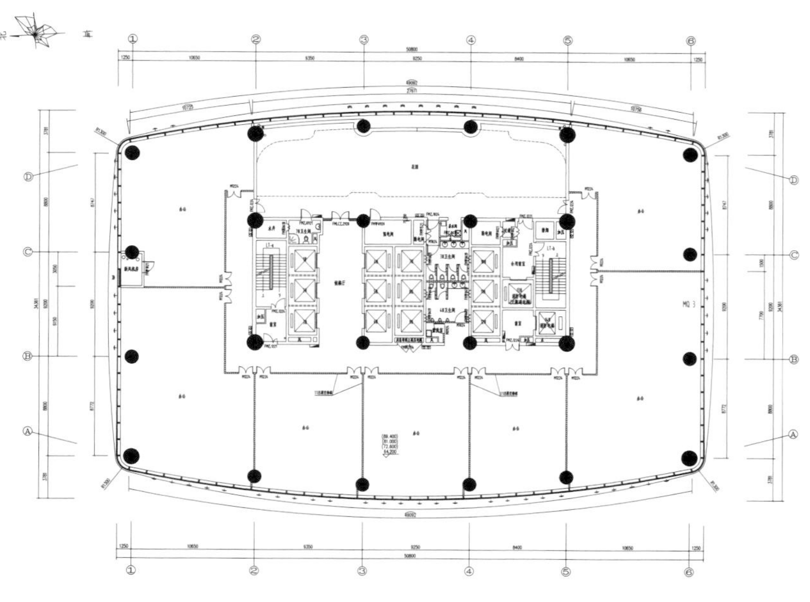

平面图 1

立面设计

项目的外观形象由香槟色的玻璃幕墙以及围绕在主体外呈水平状的铝合金翼板组成。不等距的水平翼板布置效仿自然矿层水平肌理；翻动的白色翼板也像在海边随风飘扬的缎带一般，为大楼带来生动的表情。

建筑设计

大楼按照甲级写字楼的标准进行建设，全钢结构体系创造出大跨度的无柱办公空间，办公层的层高 4.2 m，净高达到 3 m；空气调节通过每层设置的 VRV 加独立新风系统来完成，并利用空中花园进行辅助，令整个大楼的通风系统设置更为灵活，也更加节能环保；加上高性能双银 LOW-E 中空玻璃和水平翼板的遮阳效用，项目获得了良好的绿色办公环境。项目也成为了福建省第一栋获得美国 LEED 金级认证的超高层办公建筑。

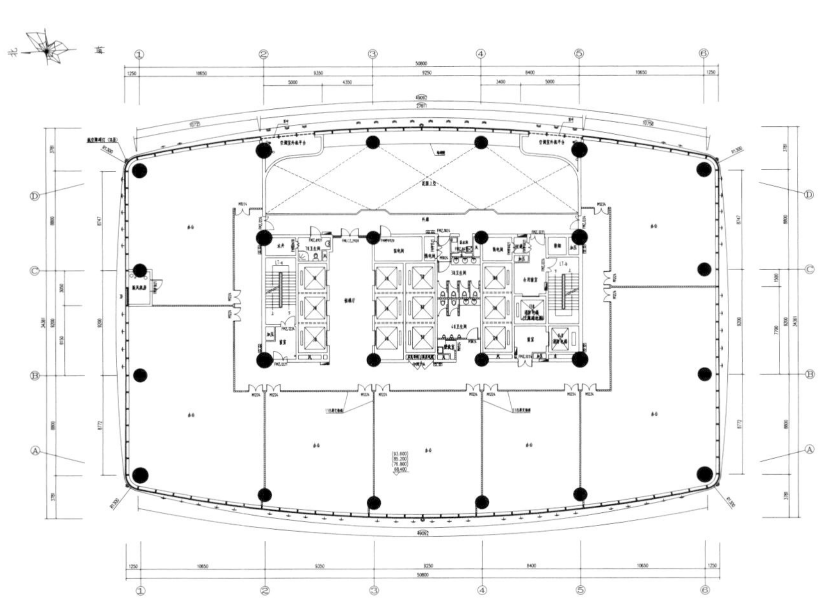

平面图 2

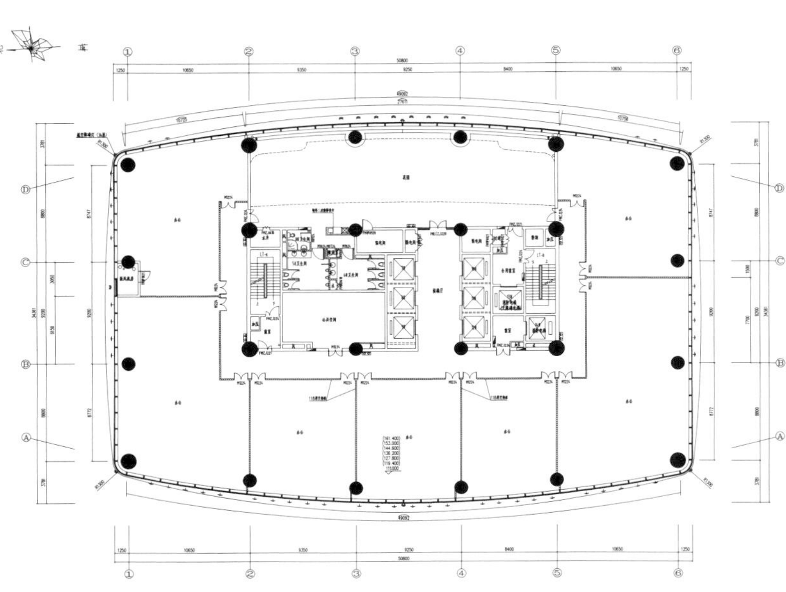

平面图 3

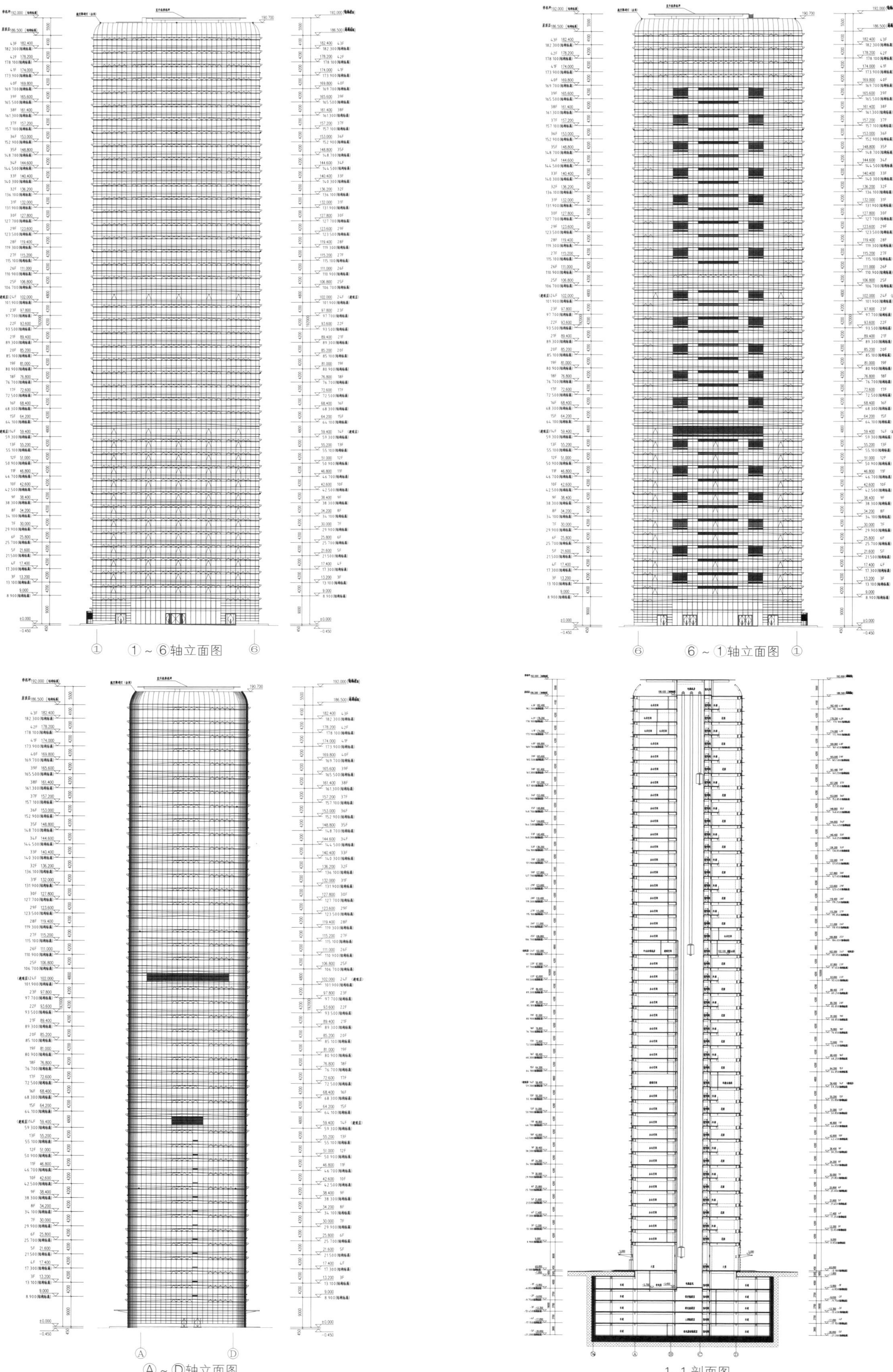

①～⑥轴立面图

⑥～①轴立面图

Ⓐ～Ⓓ轴立面图

1-1 剖面图

结构设计

为了最大程度地使用地下空间，地下部分采用 1 m 厚的连续墙作为地下室的外圈结构，兼作基坑围护结构，大大增加了地下室的使用面积。

为了加快建设进度，项目采用逆作法施工方式；而结合该方式，大楼主体采用“圆钢管混凝土柱框架—钢支撑”结构体系。这是由钢框架与增设钢臂的钢结构支撑芯筒所组成的体系；平面上内外围筒柱皆采用钢管混凝土柱。在内围芯筒中，沿纵横方向分别设置了 2、4 道从上到下的连续斜撑；14、24 层避难层设置整圈同楼高的伸臂桁架，提高整体刚度和水平承载力。

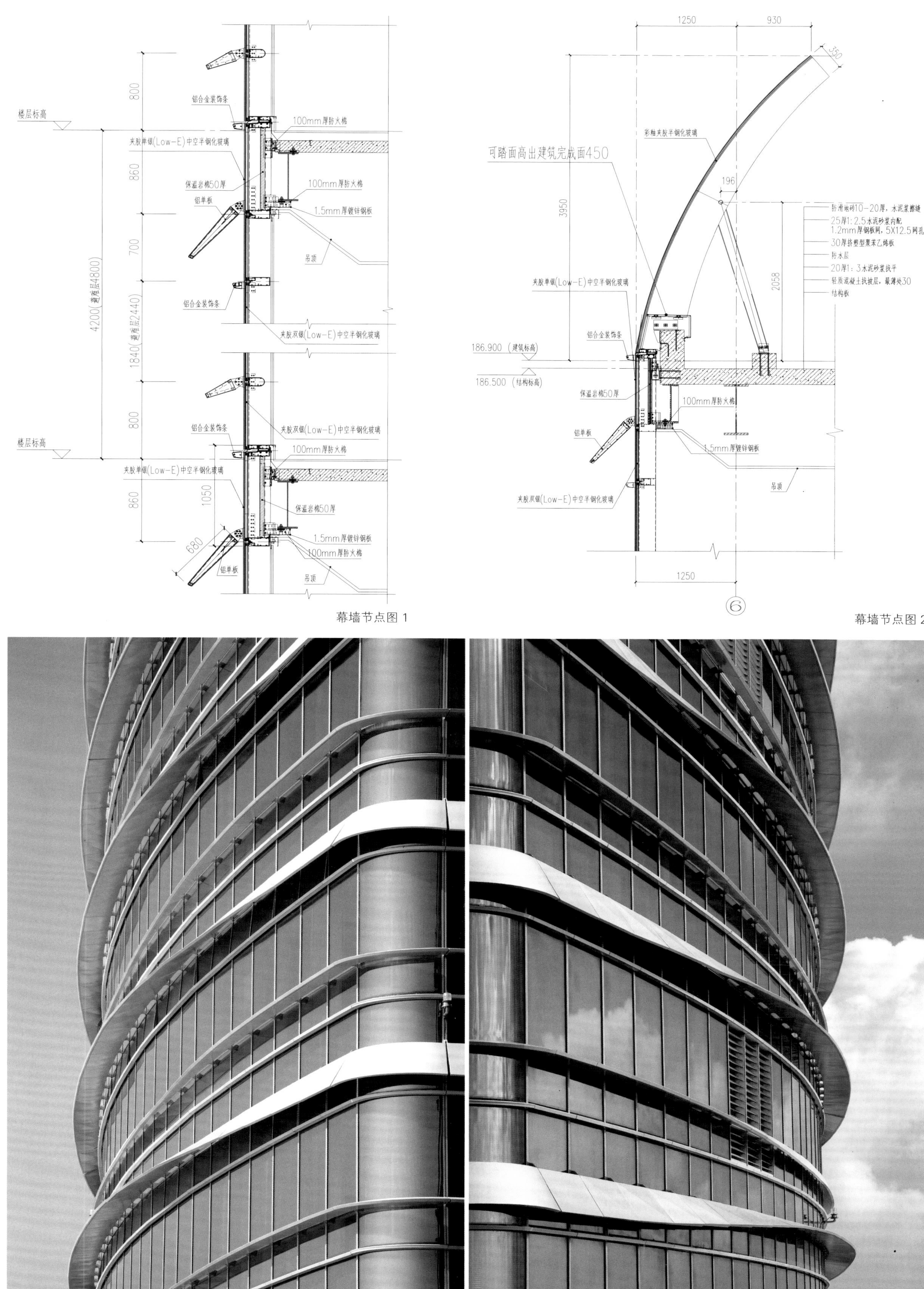

幕墙节点图 1

幕墙节点图 2

多面办公楼

- 项目地点：荷兰乌德勒支
- 建筑设计：荷兰 Ibelings van Tilburg 建筑事务所（Ibelings van Tilburg Architecten）
- 建筑师：Aat van Tilburg、Marc Ibelings
- 面积：24 600 m^2
- 摄影：Luuk Kramer

高层办公建筑

关 键 词 ● 水晶造型 ● 多面结构 ● 三角形坡面

项目亮点

建筑外观全部由三角形玻璃板打造，构成了晶体状的建筑体量。从 A2 高速公路开车路过，便可见由这些三角形坡面形成的起伏线条。设计师将建筑实体加以抽象，打造出水晶般的造型，使建筑的每个面都能从不同角度折射出天空的景观。

项目概况

多面办公楼（Office Building Facet）与附近的 The Wall 以及 Hessing Cockpit 共同组成了一面巨型隔音屏，为办公楼本身及其后方的住宅区提供了有效的隔音保障。

晶体状体量

建筑外观全部由三角形玻璃板打造，构成了晶体状的建筑体量。从 A2 高速公路开车路过，便可见由这些三角形坡面形成的起伏线条。设计师将建筑实体加以抽象，打造出水晶般的造型，使建筑的每个面都能从不同角度折射出天空的景观。

停车场

入口广场被抬高，形成了地面停车场，设有 365 个内部停车位。种有大型灌木的花箱有序地布置于广场中，同时广场还为外部车辆预留了 70 个停车位。

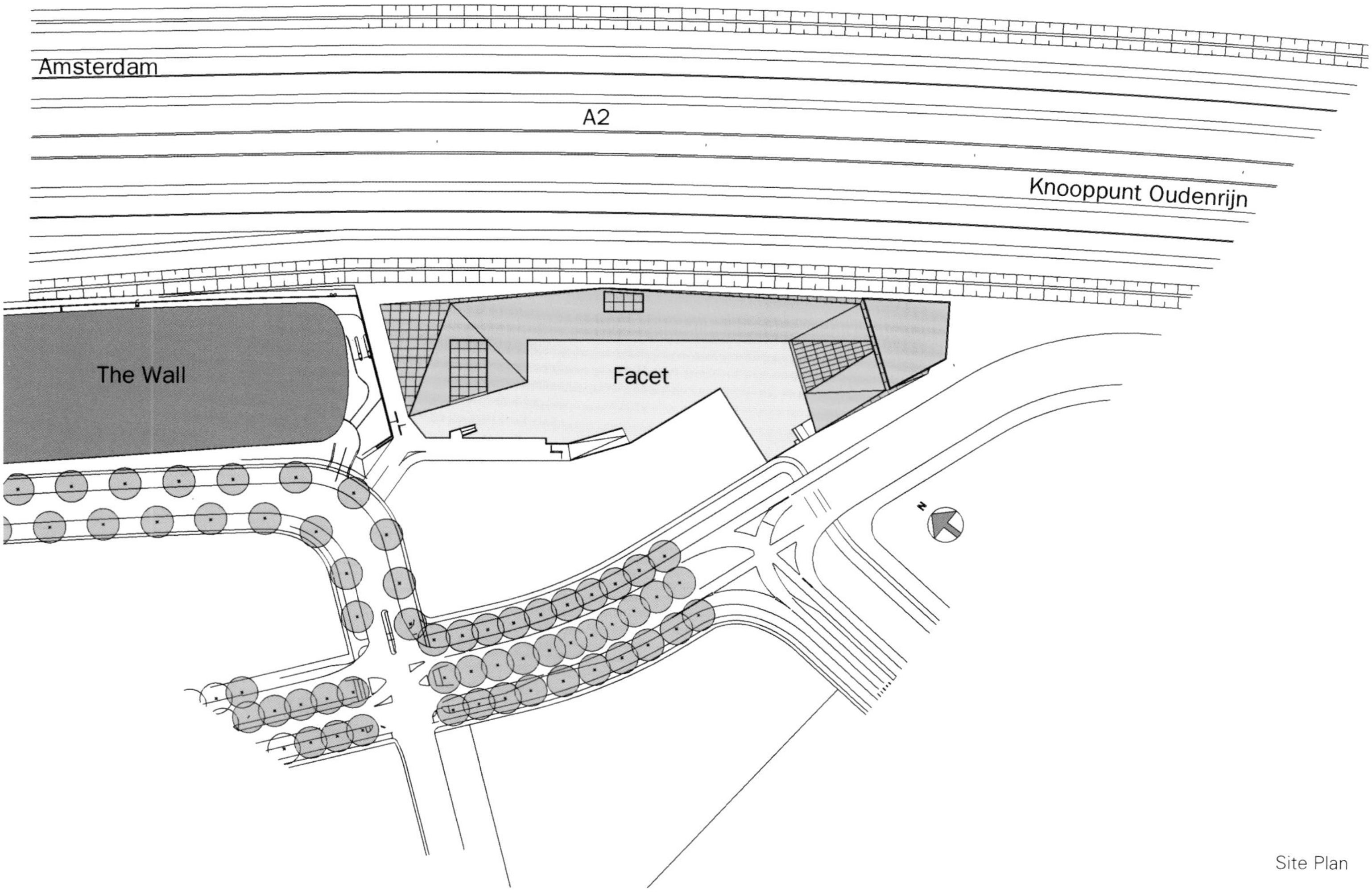

Amsterdam

A2

Knooppunt Oudenrijn

The Wall

Facet

Site Plan

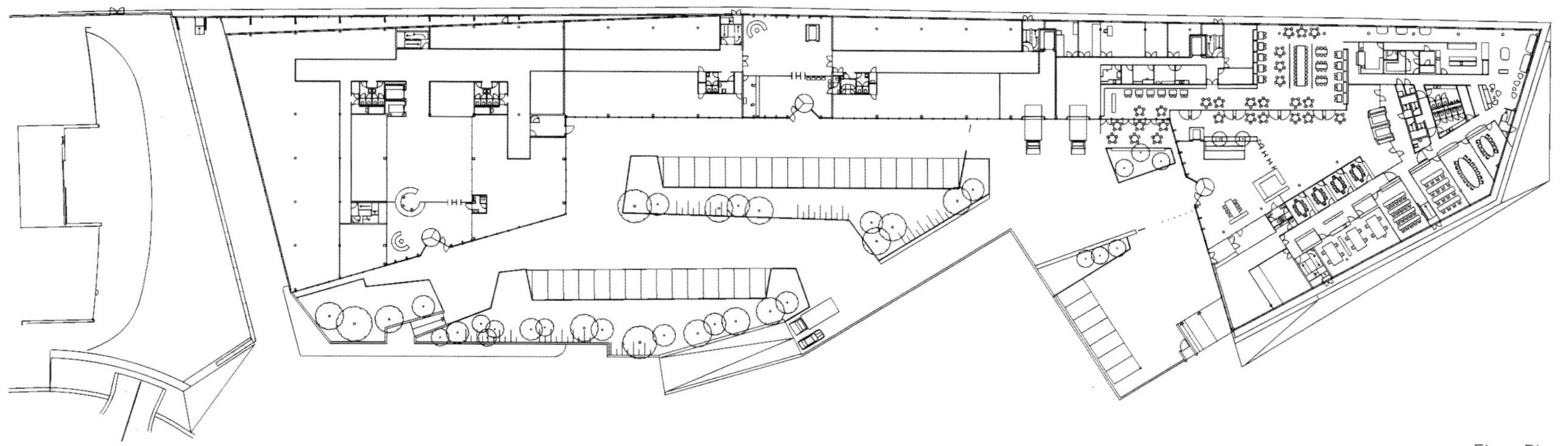

Floor Plan 1

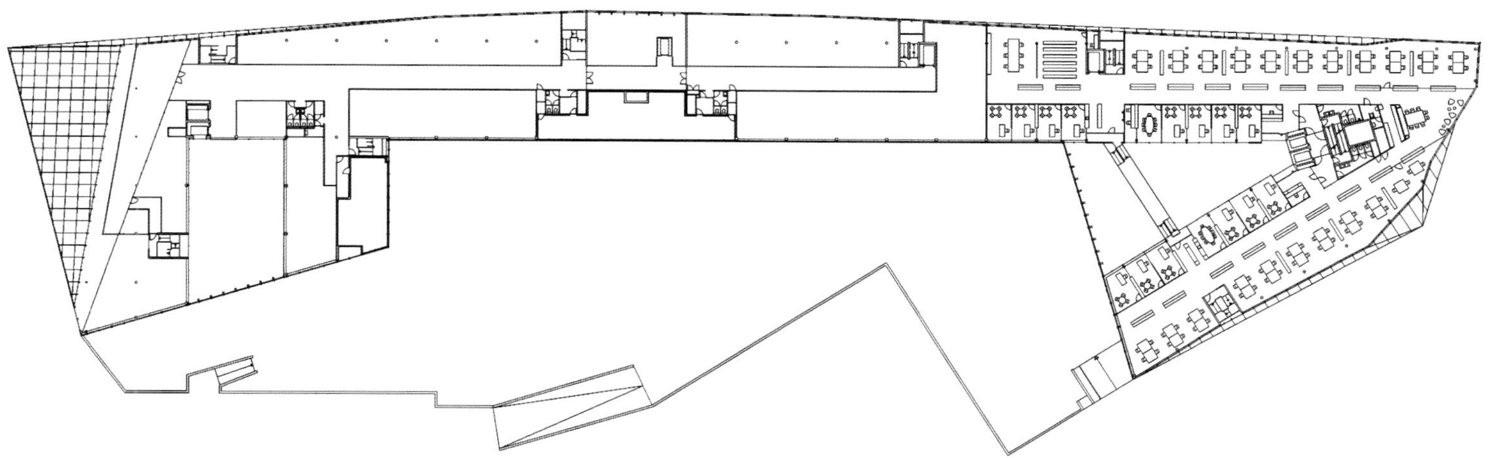

Floor Plan 2

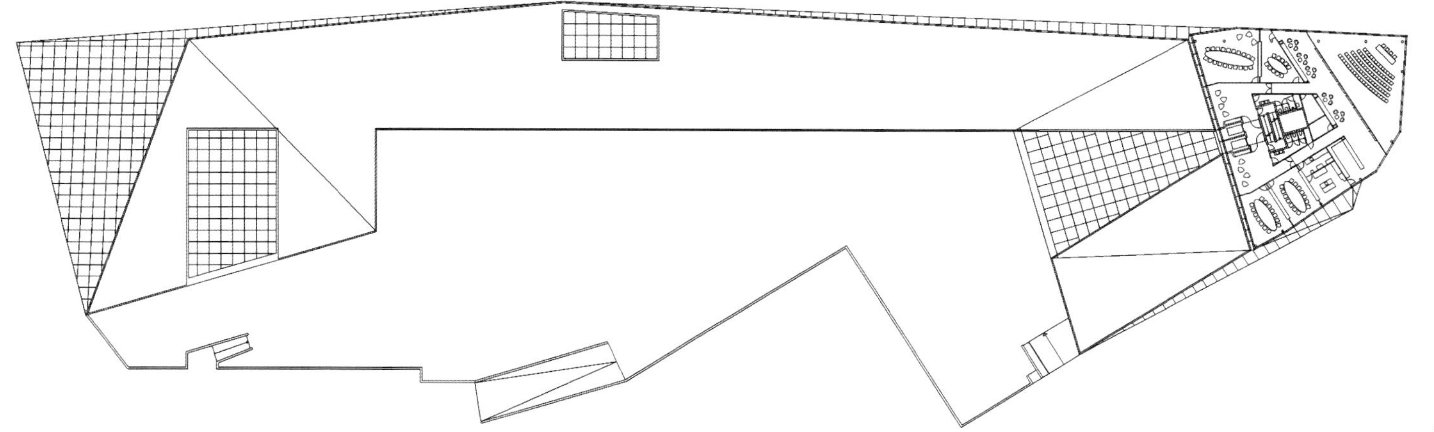

Floor Plan 3

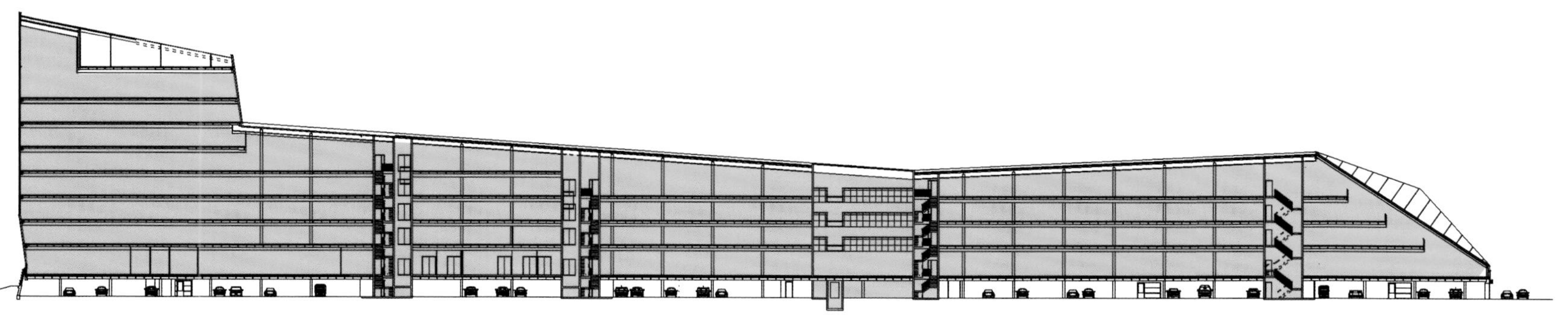

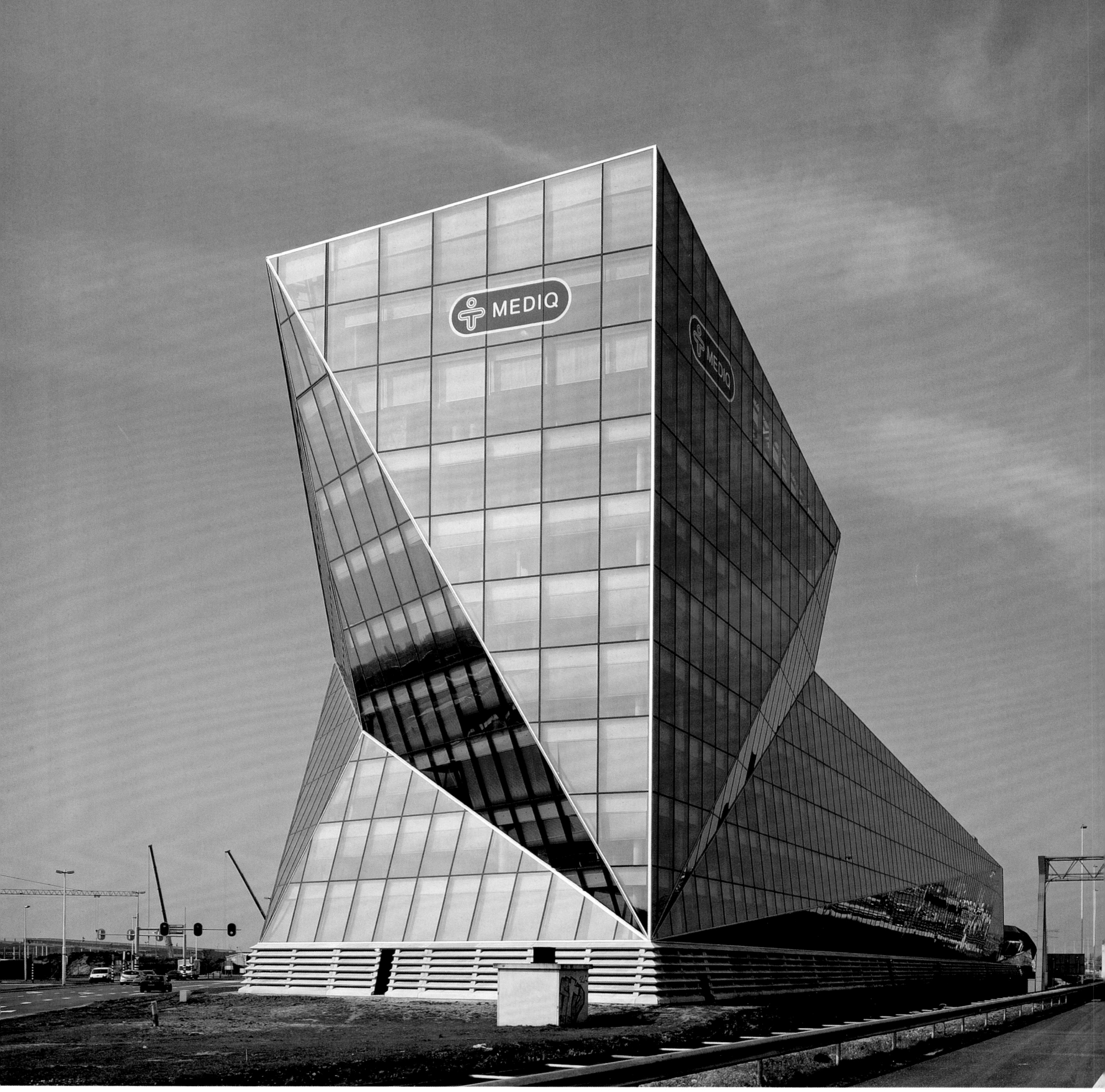

多租户

项目将租给多家公司进行办公。目前入驻的两家公司分别为位于建筑“头部”的 Mediq 和位于“尾部”的 Oracle。两家公司均从中庭进入。中庭不仅具有引导作用，同时还可供访客在此等候或用来举办大型活动。

两百米长建筑体量

晶体结构使这座 200 m 长的建筑呈现出不同的高度。“头部”高耸的多面结构逐渐延伸，变得细长，并在尾部与大红色的 The Wall 相连。两座建筑的衔接通过建筑前方现有隔音板以及水泥墙基的延续来实现。

MEDIO

巴黎“推板”办公楼

- 项目地点：法国巴黎
- 客户：法国巴黎 ICADE
- 建筑设计：MVRDV
- 设计团队：Winy Maas、Jacob van Rijs、Nathalie de Vries、Frans de Witte、Bertrand Schippan、 Catherine Drieux、Victor Perez、Delphine Borg、Billy Guidoni
- 合作建筑师：North by North West, Paris, FR
- 项目面积：19 000 m^2
- 摄影：Philippe Ruault

关 键 词 ● 节能技术 ● 遮阳设计 ● 高效低能耗

项目亮点

这座建筑有两幅面孔：较为冷静的一面与巴黎北部的城市肌理形成对话，而更为动态的一面朝向南面，与大马路垂直。建筑由一层木质表皮包裹，玻璃窗则构成了富有节奏的带状，为室内空间提供了最佳的自然光照。

项目概况

“推板”项目位于两个完全不同的城市网格之间：一个是北部的高密度街区城市肌理，一个是南部的包括其清晰而直观的基础设施在内的较为松散的城市肌理。该设计基于所需的办公功能和节能要求，将成熟的节能技术融入到独立的办公楼层和户外空间——例如庭院、阳台和花园之中。建筑提供了三个核心筒和一个中央大堂，具有高度的灵活性：可以租给一个或多个租户而无需进行结构调整。

规划布局

建筑位于从前的一段铁路路基之上，占地约 4 000 m^2。长 150 m、宽 21 m 的板状建筑形态遵循了基地的限制。其中的开口设计避免了对附近一栋历史建筑的视线遮挡。为了创造这个城市之窗并提高该区域的城市品位，设计师把这个长板“推”至破裂，然后再向南面扭曲。这个“推”的行为让楼板产生形态上的变化，从而创造出多个能够从工作区亦或外部楼梯都能直达的退台空间。城市之窗的二层形成了一个巨大的平台。露台和阳台都设有盆栽树木，为工作人员提供了一个轻松而舒适的环境。

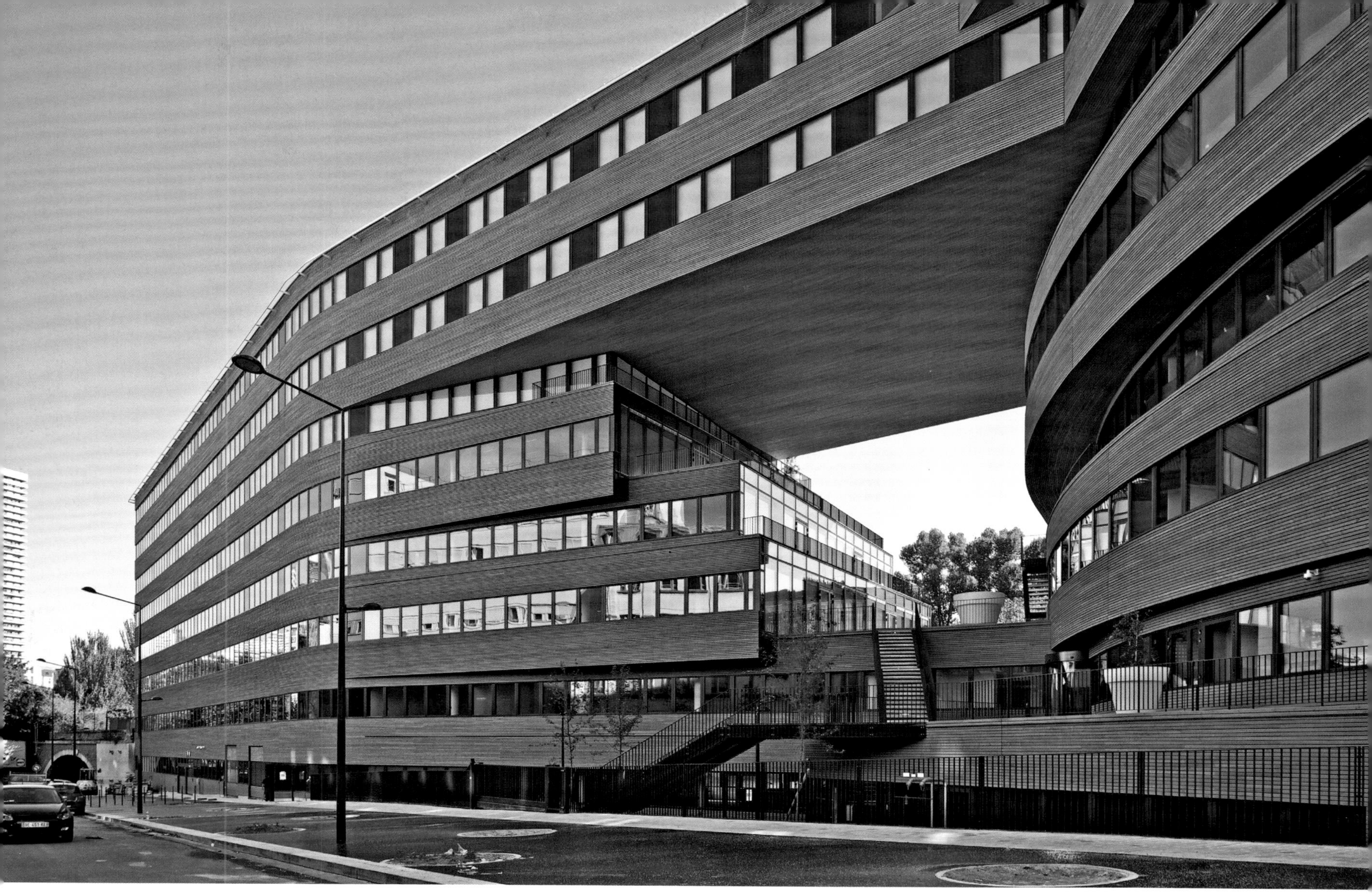

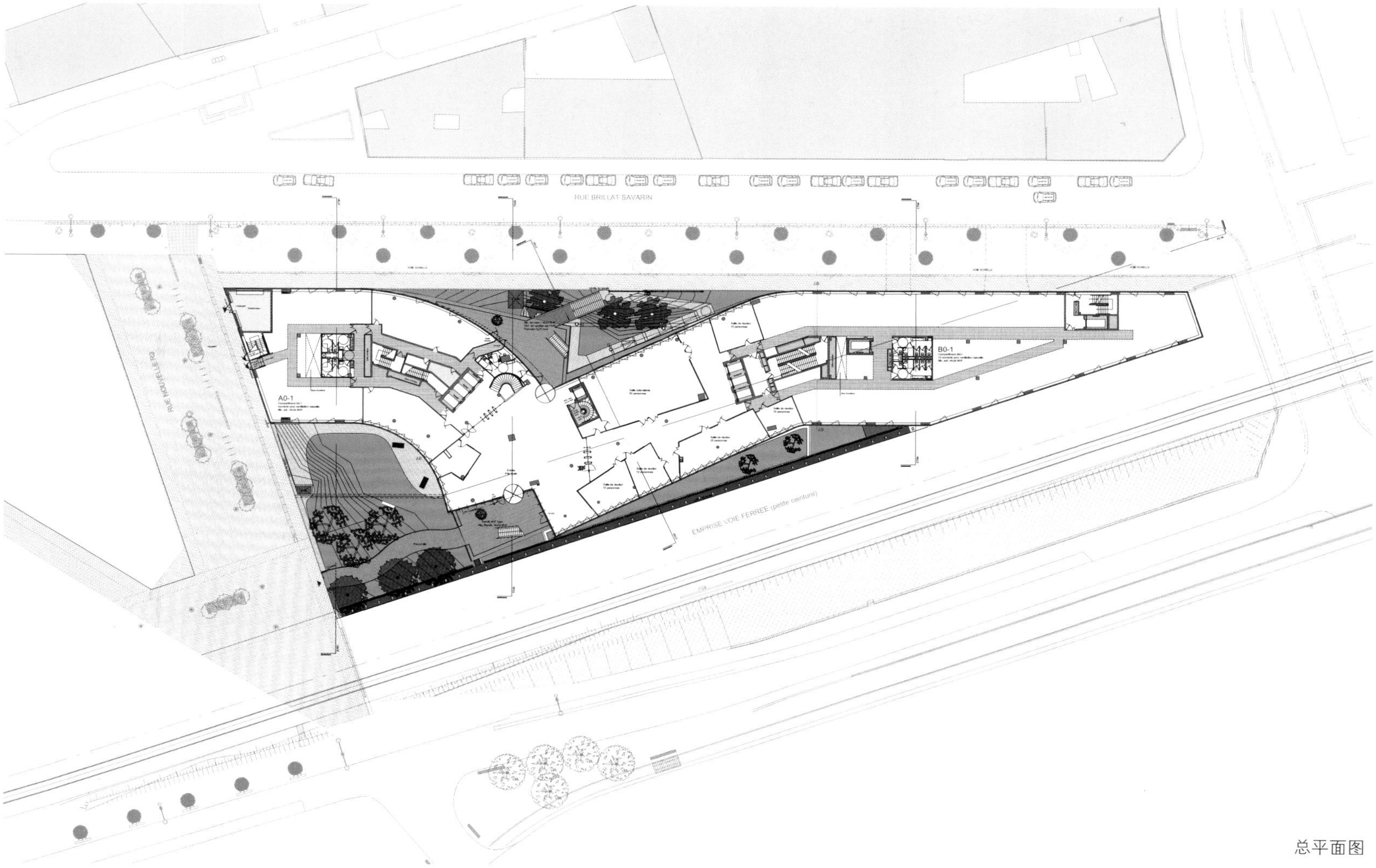
RUE BRILLAT SAVARIN
A0-1
B0-1
EMPRISE VOIE FERREE (petite ceinture)

总平面图

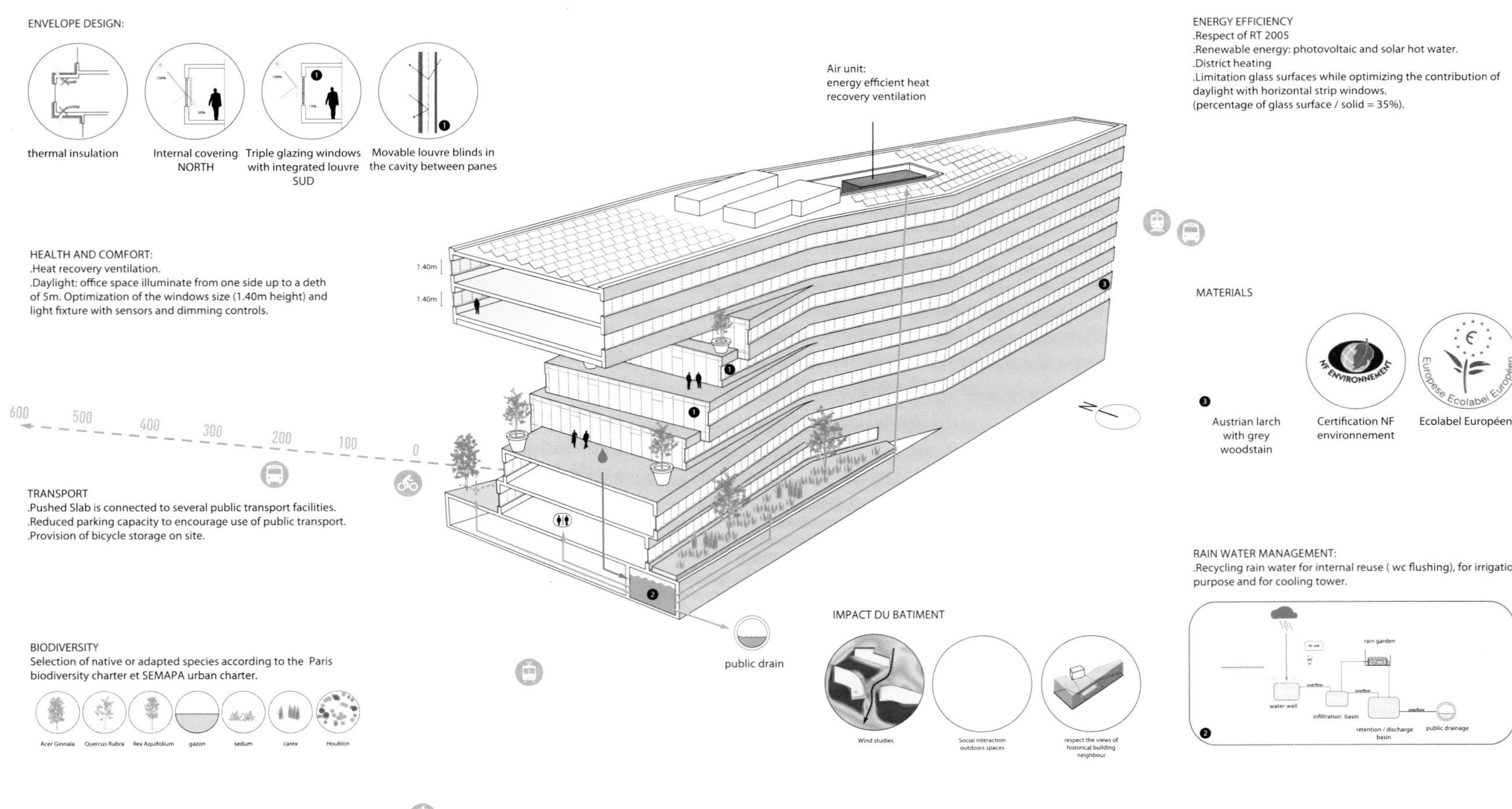

PUSHED SLAB - SUSTAINABILITY
Certification: RT 2005 CEP < 0.40 Cep ref
Certification HQE Batiment Tertiaire millésime 2008
ENVELOPE DESIGN:
thermal insulation
Internal covering NORTH
Triple glazing windows with integrated louvre SUD
Movable louvre blinds in the cavity between panes
Air unit:
energy efficient heat recovery ventilation
ENERGY EFFICIENCY
.Respect of RT 2005
.Renewable energy: photovoltaic and solar hot water.
.District heating
.Limitation glass surfaces while optimizing the contribution of daylight with horizontal strip windows.
(percentage of glass surface / solid = 35%).
HEALTH AND COMFORT:
.Heat recovery ventilation.
.Daylight: office space illuminate from one side up to a deth of 5m. Optimization of the windows size (1.40m height) and light fixture with sensors and dimming controls.
1.40m
1.40m
MATERIALS
Austrian larch with grey woodstain
Certification NF environnement
Ecolabel Européen
NF ENVIRONNEMENT
Europese Ecolabel Européen
600
500
400
300
200
100
0
TRANSPORT
.Pushed Slab is connected to several public transport facilities.
.Reduced parking capacity to encourage use of public transport.
.Provision of bicycle storage on site.
RAIN WATER MANAGEMENT:
.Recycling rain water for internal reuse (wc flushing), for irrigation purpose and for cooling tower.
rain garden
water well
infiltration basin
retention / discharge basin
public drainage
IMPACT DU BATIMENT
public drain
Wind studies
Social interaction outdoors spaces
respect the views of historical building neighbour
BIODIVERSITY
Selection of native or adapted species according to the Paris biodiversity charter et SEMAPA urban charter.
Acer Ginnala
Quercus Rubra
Ilex Aquifolium
gazon
sedum
carex
Houblon

Sustainable Diagram

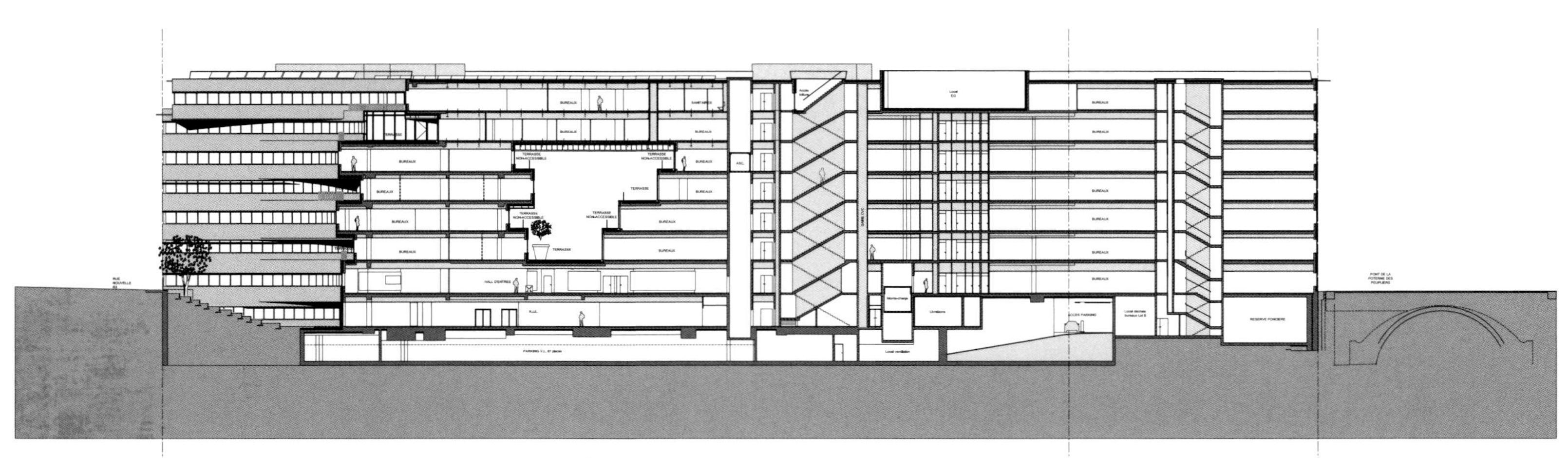

剖面图

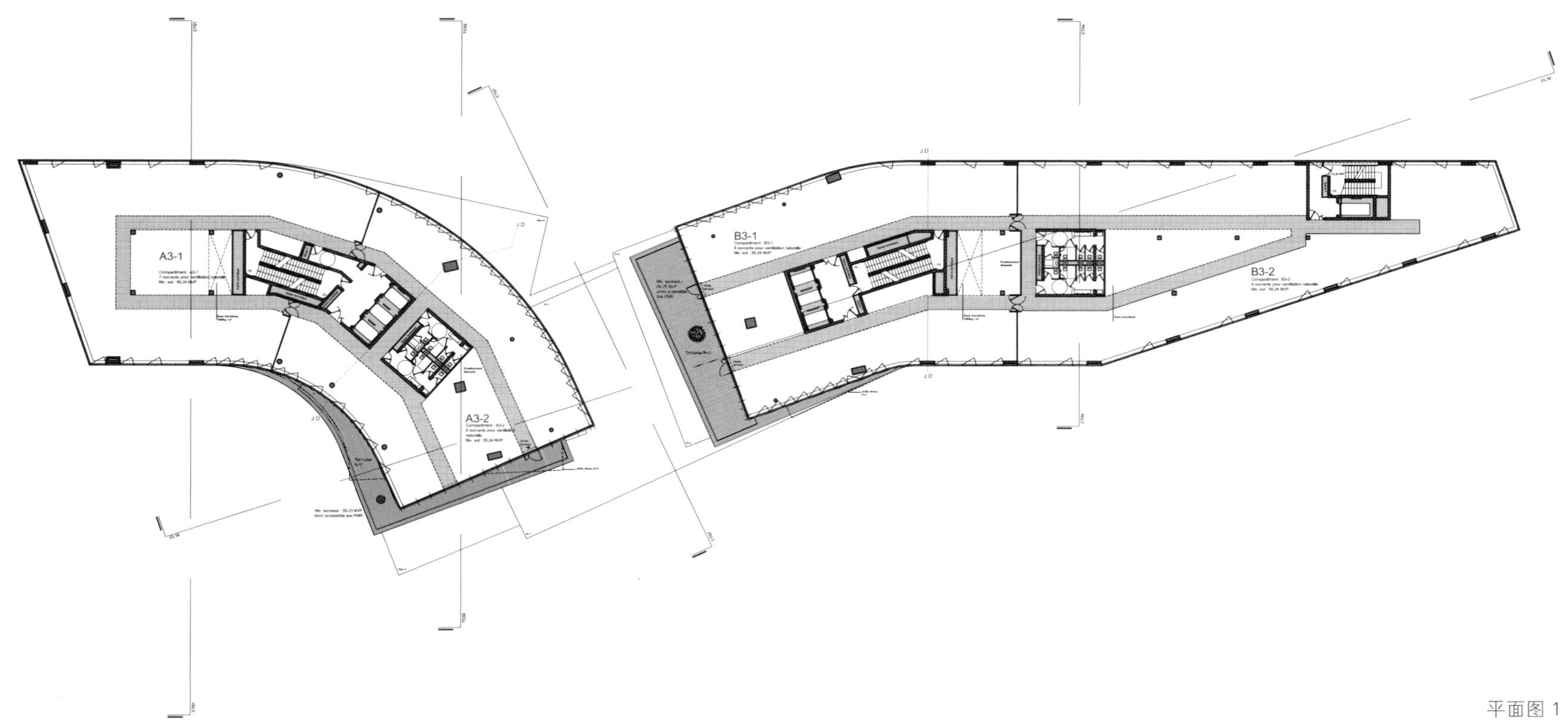

平面图 1

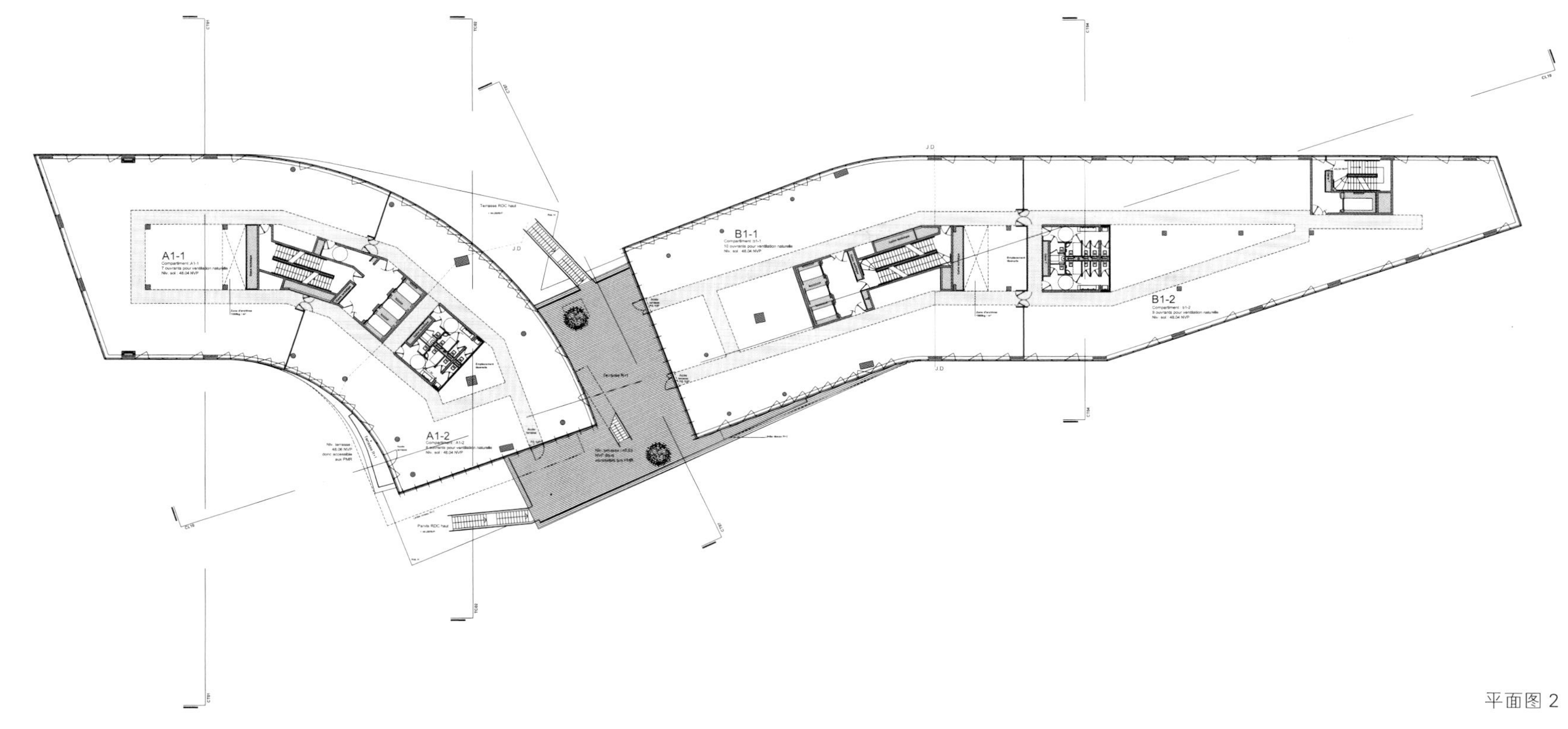

平面图 2

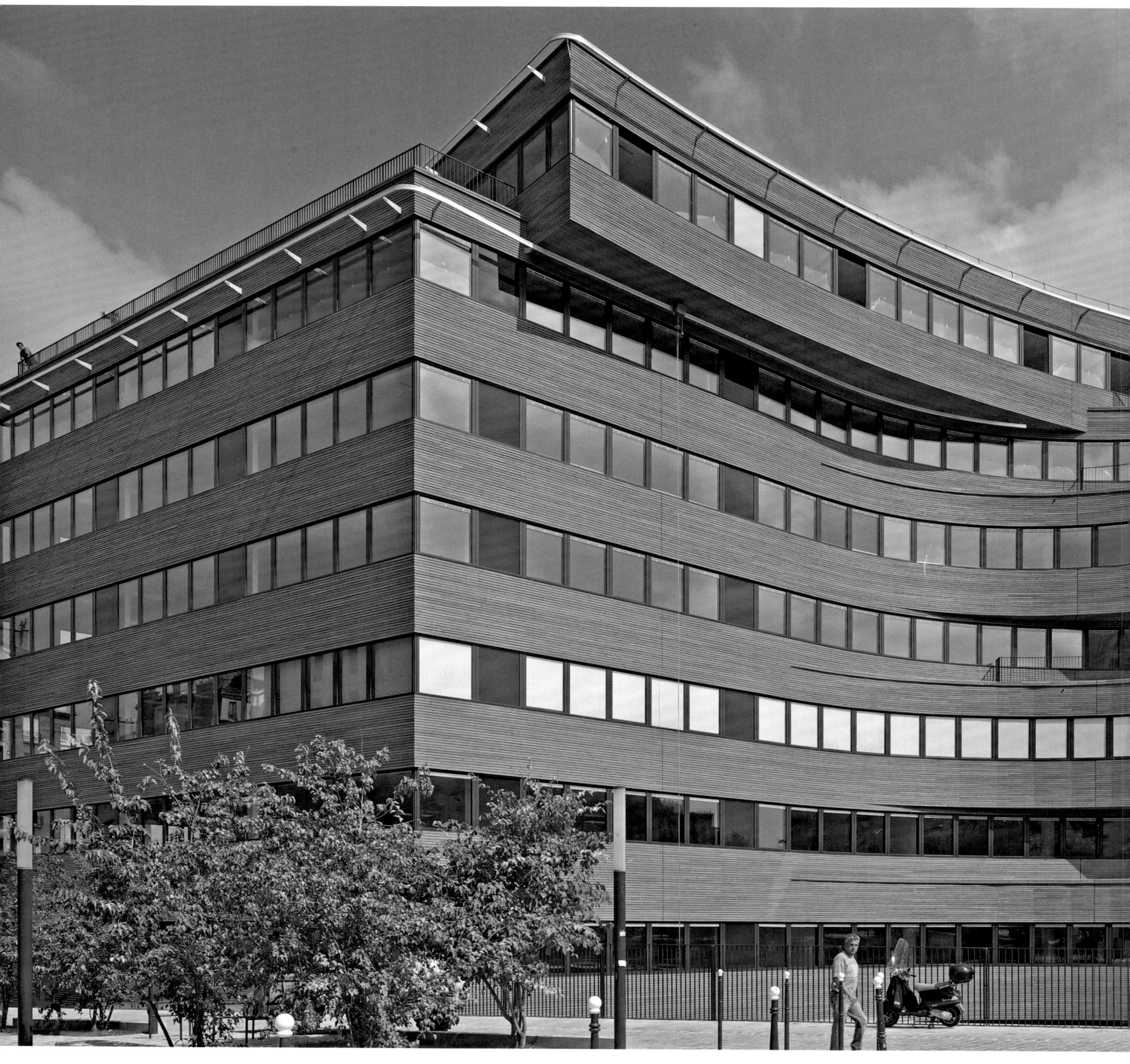

立面布局

这座建筑有两幅面孔：较为冷静的一面与巴黎北部的城市肌理形成对话，而更为动态的一面朝向南面，与大马路垂直。建筑由一层木质表皮包裹，玻璃窗则构成了富有节奏的带状，为室内空间提供了最佳的自然光照。考虑到森林采伐的影响，且为了促进可持续发展，建筑采用的都是通过 FSC 认证的木材。

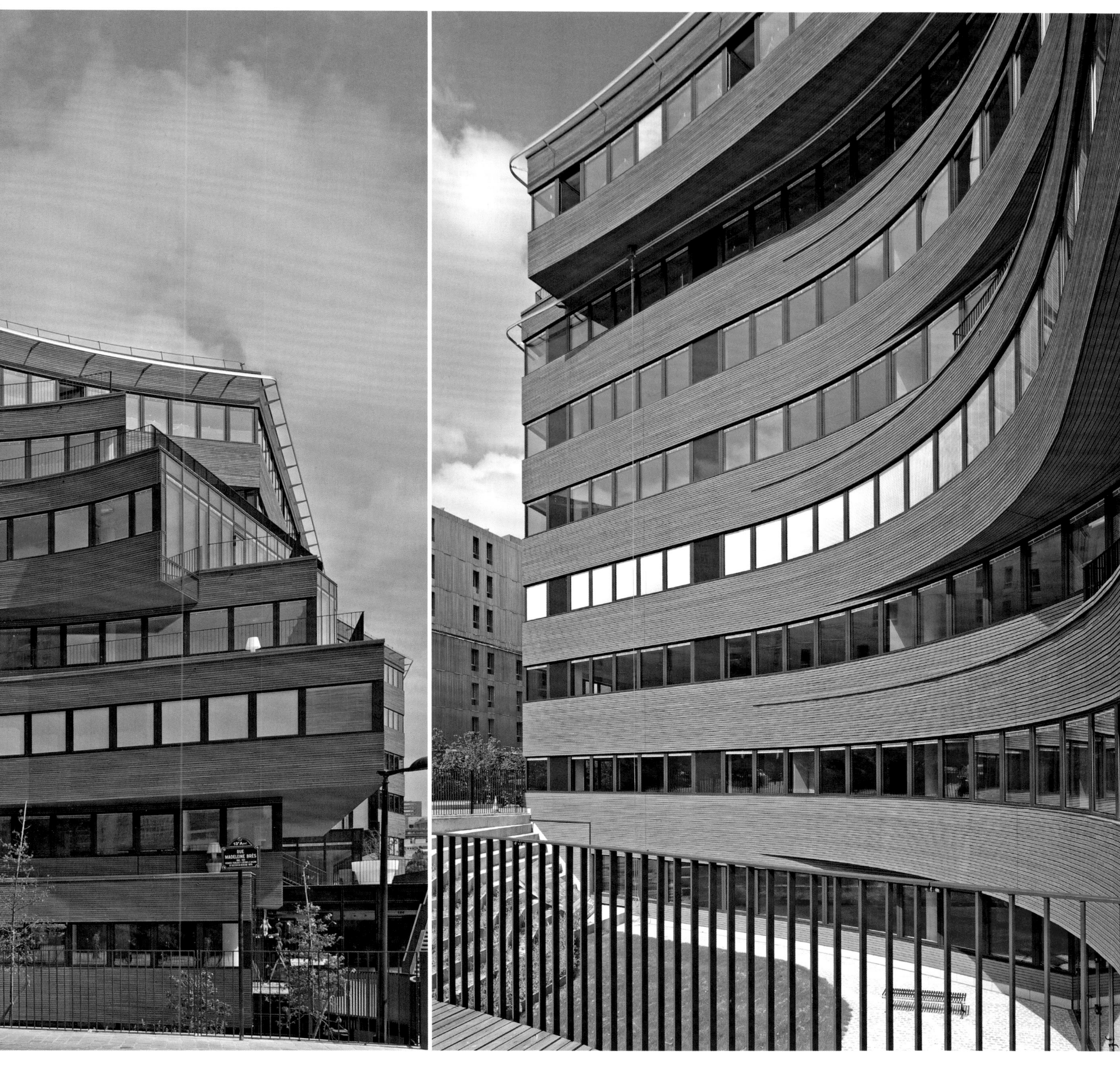

绿色设计

“推板”是巴黎第一个“生态四分一”（eco-quarter）计划首个被实现的项目。屋顶的 264 块光伏板每年将产生 90 兆瓦的电力。建筑也将启用一个灰水循环系统。用于把水加热的 45% 的能源会由 22 块太阳热能集热器产生。建筑的南立面以及切入面都集成了遮阳设计。建筑与外部隔热以减少热桥效应。依靠上述所有这些成熟、可靠的科技，能使大楼每年能源消耗控制在每平方米 46 千瓦时。因此，该建筑成为一个高效低能耗的建筑，且获得 BBS Effinergie 能源标签，并符合“巴黎气候计划”（Plan Climat de la ville de Paris）制定的目标。